中国水贫困研究

孙才志 等 著

科 学 出 版 社

北 京

内 容 简 介

水资源短缺已经逐渐成为全世界普遍面临的主要危机之一。中国面临的水问题更加严峻，人均水资源量低、水资源时空分布不均匀、水资源供需矛盾尖锐等引起了一系列社会、经济、生态等问题。随着中国人口增长、经济发展、城市化进程的加快，水资源不安全、水环境不安全和水生态不安全会更加严重并交织在一起，水问题将成为制约中国经济社会发展的较大资源瓶颈之一。在此背景下，本书从中国水贫困、中国农村水贫困的角度出发，深入而系统地探索中国水贫困与中国农村水贫困、中国水贫困与中国经济贫困、中国水贫困与城市化工业化、中国农村水贫困与中国城市水贫困之间的内在联系，并针对农村水资源援助的实施提出应对性的建议。

本书可作为从事水资源经济与水资源管理研究工作的科研工作者，以及从事资源、经济、水利、环境、地理、地质、管理等有关专业的科技工作者和管理人员的参考用书。

图书在版编目(CIP)数据

中国水贫困研究/孙才志等著. —北京：科学出版社，2017.11

ISBN 978-7-03-054737-8

Ⅰ. ①中… Ⅱ. ①孙… Ⅲ. ①水资源短缺-研究-中国 Ⅳ. ①TV211.1

中国版本图书馆 CIP 数据核字（2017）第 246385 号

责任编辑：张 震 孟莹莹 / 责任校对：邹慧卿
责任印制：吴兆东 / 封面设计：无极书装

科学出版社出版
北京东黄城根北街 16 号
邮政编码：100717
http://www.sciencep.com

北京京华虎彩印刷有限公司 印刷

科学出版社发行 各地新华书店经销

*

2017 年 11 月第 一 版 开本：720×1000 1/16
2018 年 1 月第二次印刷 印张：17 1/4
字数：348 000

定价：118.00 元

（如有印装质量问题，我社负责调换）

作 者 名 单

孙才志

（以下编写人员按姓氏笔画排序）

王雪妮　刘文新　汤玮佳

吴永杰　陈　琳　邹　玮

郑德凤　赵良仕　董　璐

韩　琴

前　言

地球是一个水的星球，但是它本身的淡水很少，不到水资源总量的3%。更为重要的是，这不到3%的淡水滋养了全人类，对人类具有不可替代的作用。一般意义上，清洁、可利用水资源的稀缺性被视为一个地方性的问题，然而随着时间的发展，关于水资源的国际冲突不断显现，表明水资源短缺也是一个全球性的问题。人与水之间的关系甚至影响着人类社会的发展进程。

中国水资源总量居世界第 6 位，由于人口众多，水资源人均占有量仅为世界平均值的 1/4 左右，是一个严重缺水的国家。水资源对中国的社会和经济发展、粮食安全和农民生计至关重要。近 30 年来，中国经济社会发展迅速、工农业进展加快，水资源分配不公，矛盾迭起。另外，由于一些人为原因，如滥排污水、对水资源低效利用，出现河道断流、水体污染、生态退化等情况，加剧了水资源的紧缺形势。水资源紧缺问题已成为中国经济社会可持续发展的主要瓶颈，也给水资源管理提出了新的命题和挑战。

在当前背景下，水资源的短缺不仅表现为单纯意义上的资源短缺，而且包含水与经济、水与社会、水与生态环境等诸多方面问题。为此，国内外诸多学者对其开展了广泛的研究，并取得了丰硕的成果。水贫困理论就是其中相对突出的一个理论结晶，自 2001 年由 Sullivan 提出以来，就在学术界迅速扩散。该理论将水资源短缺的评价融入资源、社会、经济、生态环境等多方面的复杂系统中进行研究，并成功运用于国际、国家、地区以及社区等尺度。但是，目前中国的水贫困还没有一个全面而系统的研究，多是针对单一尺度的定量测度，而忽略了对中国水贫困形成原因和理论基础的分析，并且也没有考虑各个尺度之间的相互关系。针对以上问题，作者近年来主持和参与了多个国家级和省部级基金项目，对中国水贫困的研究方法以及尺度评价进行了深入而有效的研究，并在评价方法上做了一些有益的尝试。本书是作者对中国水贫困研究方法和取得的理论成果的一个系统的总结，期望为相关学者今后开展研究提供借鉴，为政府制定水资源管理政策提供有益的参考。

全书共十二章。

第一章由孙才志、王雪妮、汤玮佳、董璐、刘文新、吴永杰完成。第二章由孙才志、王雪妮、汤玮佳、董璐、刘文新、吴永杰完成。第三章、第四章由孙才志、汤玮佳、董璐、郑德凤、邹玮完成。第五章、第六章由孙才志、汤玮佳、陈琳、赵良仕、邹玮完成。第七章由孙才志、王雪妮完成。第八章由孙才志、刘文新完成。第九章至第十一章由孙才志、吴永杰、刘文新完成。第十二章由孙才志、董璐、韩琴完成。

本书得到国家社会科学基金项目（项目编号：11BJY063）与教育部新世纪优秀人才项目（项目编号：NCET-13-0844），以及教育部人文社会科学重点研究基地——辽宁师范大学海洋经济与可持续发展研究中心专项资金、辽宁省特聘教授专项经费的资助，在此向支持和关心作者研究工作的所有单位和个人表示衷心的感谢。感谢我的硕士研究生童艳丽、刘淑彬、马奇飞、张灿灿、郜晓雯在本书校阅时提供的帮助。本书有部分内容参考了相关学者的研究成果，已在参考文献中列出，在此一并表示由衷的感谢。

孙才志

2017年1月

目　录

前言

第一章　绪论……1

第一节　研究背景及意义……1

一、研究背景……1

二、研究意义……4

第二节　国内外研究现状及趋势……6

一、国外研究综述……7

二、国内研究综述……8

三、研究的不足与建议……10

第三节　研究内容及研究方法……11

一、研究内容……11

二、研究方法……13

参考文献……14

第二章　水贫困的概念、成因及理论基础……17

第一节　水贫困相关概念……17

第二节　水贫困的成因透视……19

一、资源角度……19

二、经济角度……20

三、制度角度……22

四、社会角度……23

第三节　水贫困的理论基础……25

一、水资源综合管理理论……25

二、贫困经济学理论……27

三、新制度经济学理论……28

四、可持续发展理论……30

五、社会适应性理论……31

参考文献……32

第三章　中国农村水贫困研究……33
第一节　中国农村水资源概况……33
第二节　中国农村水贫困评价指标体系……34
第三节　农村水贫困测度的研究方法……36
一、水贫困测度模型……36
二、层次分析法……37
第四节　中国农村水贫困水平以及空间格局分析……38
一、中国农村水贫困评价……38
二、中国农村水贫困空间格局分析……41
第五节　治理农村水贫困的政策建议……44
参考文献……47
第四章　灾害学视角下的中国农村水贫困研究……49
第一节　水贫困的灾害性透视……49
第二节　研究方法和数据来源……50
一、研究方法……50
二、数据来源……55
第三节　指标体系的确立……55
第四节　实证分析……57
一、全国农村水贫困风险分析……57
二、农村水贫困子系统风险分析……58
三、灾害学视角下农村水贫困风险测评值分析……62
第五节　农村水贫困风险障碍因子及阻力类型分析……65
一、数据处理……65
二、模型输出……67
三、障碍因子诊断分析……67
参考文献……74
第五章　基于农村经济贫困下的中国农村水贫困问题研究……76
第一节　指标体系的建立……76
一、指标体系的选取原则……76
二、农村水贫困评价指标体系的构建……77
三、农村经济贫困评价指标体系的构建……78
第二节　模型以及模型输出……79

一、水贫困测度模型……79
二、经济贫困测度模型……79
三、处理过程……80
第三节 共生关系的验证……81
第四节 农村水贫困与经济贫困的格兰杰因果检验……83
一、格兰杰检验模型……83
二、模型输出……86
第五节 农村水贫困与经济贫困的耦合度计算……94
第六节 农村水贫困和经济贫困的耦合等级时空分异……97
一、农村水贫困滞后型地区……101
二、经济贫困滞后型地区……103
第七节 缓解水贫困促进经济脱贫的对策……104
参考文献……107

第六章 农村水贫困与水贫困、城市化、工业化进程的关系透视……109

第一节 研究方法和数据来源……110
一、研究方法……110
二、数据来源……112
第二节 农村水贫困与水贫困的空间分析……112
一、耦合度空间分析研究……113
二、耦合协调度空间分异研究……115
第三节 农村水贫困与城市化、工业化的时空分异……116
一、城市化与工业化进程综合评价指标体系……116
二、城市化及工业化进程系数……118
三、农村水贫困与城市化及工业化水平的协调程度和空间差异分析……120
第四节 调控对策……127
参考文献……129

第七章 中国水贫困研究……130

第一节 全国水资源概况……130
第二节 指标体系的建立与数据来源……133
第三节 中国水贫困的研究方法……135
一、主、客观综合赋权法……135
二、动态层次分析法……136

三、水贫困系统聚类分析 …… 137
四、水贫困空间自相关分析 …… 139
五、水贫困基尼系数 …… 140
六、水贫困锡尔指数 …… 141
第四节 中国水贫困水平测度 …… 142
第五节 中国水贫困的驱动效应分析 …… 143
一、双因素支配型 …… 145
二、三因素主导型 …… 145
三、四因素协同型 …… 145
四、五因素联合型 …… 147
第六节 中国水贫困时间动态分析 …… 147
一、资源系统 …… 149
二、设施系统 …… 150
三、能力系统 …… 150
四、使用系统 …… 151
五、环境系统 …… 151
第七节 中国水贫困空间自相关分析 …… 152
一、全局空间自相关检验 …… 152
二、局部空间自相关检验 …… 153
第八节 中国水贫困时空差异分析 …… 156
参考文献 …… 159

第八章 基于城乡二元结构下中国水贫困研究 …… 161

第一节 研究背景 …… 161
第二节 指标体系的构建和数据来源 …… 162
一、中国城市与农村水贫困指标体系的构建及权重 …… 162
二、研究对象和数据来源 …… 164
第三节 中国城市水贫困和中国农村水贫困指标的冗余性检验 …… 164
一、相关分析 …… 164
二、冗余检验 …… 165
三、中国城市、农村水贫困的冗余性分析 …… 166
第四节 中国城市水贫困以及农村水贫困测度结果 …… 166
一、研究方法 …… 166
二、中国城市水贫困与农村水贫困测度水平 …… 170
第五节 中国城市水贫困与农村水贫困的协调发展分析 …… 171

一、协调发展模型 …… 171
二、城市水贫困与农村水贫困协调发展程度的时空演变分析 …… 174
第六节 讨论 …… 180
参考文献 …… 181

第九章 基于主成分分析与灰色关联度的市区尺度应用实例研究 …… 183

第一节 研究的背景与意义 …… 183
第二节 研究区概况 …… 185
一、大连市自然环境概况 …… 185
二、大连市社会环境概况 …… 187
三、大连市水资源概况 …… 188
第三节 市级水贫困评价指标体系的建立 …… 190
一、水贫困评价指标体系理论 …… 190
二、大连市水贫困评价指标体系的建立 …… 190
三、研究方法 …… 192
第四节 实证分析 …… 197
一、数据来源和处理 …… 197
二、主成分分析 …… 198
三、基于主成分的灰色关联度计算 …… 201
第五节 实证结果分析 …… 203
一、基于主成分分析的实证结果分析 …… 203
二、基于灰色关联度的实证结果分析 …… 205
第六节 结论 …… 207
参考文献 …… 208

第十章 基于 WPI-LSE 的流域尺度应用实例研究 …… 209

第一节 辽河流域基本概况 …… 210
一、自然地理概况 …… 210
二、气候以及水文特征 …… 211
三、经济社会概况 …… 213
四、防洪蓄水工程 …… 213
第二节 指标体系的建立与权重的确定 …… 214
第三节 结果与分析 …… 216
一、水贫困时序变化 …… 216

二、水贫困空间变化……218
第四节 结论……220
参考文献……221

第十一章 基于DPSIR-PLS的全国尺度应用实例研究……222

第一节 研究方法与数据来源……223
一、DPSIR框架模型……223
二、PLS结构方程……224
三、马尔可夫链……226
四、核密度……226
五、数据来源……230
第二节 实证研究……230
一、指标体系构建和模型设定与检验……230
二、DPSIR-PLS模型的水贫困评价测度……236
第三节 结论……245
参考文献……246

第十二章 中国农村水资源贫困援助战略研究……248

第一节 中国农村水资源战略实施的可行性和制度性障碍……248
一、农村水资源援助的概念界定……248
二、中国农村水资源战略实施的可行性……249
三、中国农村水资源战略实施的制度性障碍……249
第二节 中国农村水资源援助战略推行的必要性……251
第三节 中国农村水资源援助战略体系框架的构建……253
一、农村水资源援助战略框架构建原则……253
二、农村水资源援助战略框架构建……254
第四节 中国农村水资源援助战略的运行机制……259
第五节 中国农村水资源援助策略实施的对策建议……260
参考文献……264

第一章　绪　　论

水是生命之源，是自然环境的组成部分，是社会经济发展不可或缺的资源。水养育了人类，但是随着经济发展、人口增加，人类面临的水状况越来越恶劣，人类、经济、社会与水资源之间的矛盾越来越突出，关系越来越受到关注。因此，当今学术界十分重视对水资源和资源之间相互关系的研究，围绕着水所产生的种种问题的研究也成为当今世界的研究热点。本章在对前人和作者研究成果的基础上，从研究背景及意义出发，阐述相关水资源理论的研究现状，并扼要介绍本书的主要内容。

第一节　研究背景及意义

一、研究背景

地球是个水的星球，全球约有 3/4 的面积覆盖着水。然而，陆地上的淡水资源总量只占地球上水体总量的 2.53%，而且主要分布在南北两极地区的固体冰川内。除此之外，地下水的淡水储量很大，但绝大部分是深层地下水，被开采利用的很少。人类目前比较容易利用的淡水资源主要是河流水、淡水湖泊水以及浅层地下水，这些淡水储量只占全部淡水的 0.3%。雪上加霜的是，全球淡水资源分布与人口分布不成比例，加上水资源污染和使用过程中的浪费，世界上许多国家和地区存在着淡水资源紧张的情况。

近年来，随着全球人口的稳定增长和经济规模的不断扩大，人们对水资源量的需求也日益递增。同时，受全球变暖、积雪地区雪线上升、森林锐减、地下水位下降以及水体污染等因素的共同影响，水资源供应形势日趋紧张。水资源短缺问题不断引起人们的关注，已经逐渐成为全世界普遍面临的主要危机之一。目前，世界上大约有 11 亿人（约占全球人口总数的 1/5）得不到安全饮用水，有 24 亿人（约占全球人口总数的 2/5）缺少必要的卫生设施。如果这一问题得不到足够重视且没有采取比现在更有效的措施，当 2025 年水资源需求总量增长 40%时，全球将有 1/2 的人口生活所在地区缺水，有 1/3 的人口不能得到最基本的可饮用水，超过 1/2 的人口缺少必要的卫生设施。如果将温饱作为人类第一需求，饥寒作为人类第一贫困，解决脏与渴问题则可视为人类第二需求，而以脏与渴为特征的水贫困则是人类的第二贫困。粮食安全、水资源缺乏和油气资源短缺是21世纪制约人类可持续发展的三大问题[1,2]。水资源正在变成一种宝贵的稀缺资源，水资源问题已不仅仅是资源问题，更成为关系到国家经济、社会可持续发展和长治久安的重大战略问题。

中国的水问题更加严峻，显示出比国外更加复杂的复合多元性特点。中国是一个水资源短缺、水旱灾害频繁的国家，水资源总量约2.8万亿m^3，居世界第6位，但是中国人口众多，中国人均水资源量不足世界人均占有量的1/4。水资源年内、年际和区域分布均不相配，大部分地区年内连续四个月降水量占全年的70%以上，连续丰水年或连续枯水年较为常见。全国水资源80%分布在长江流域及其以南地区，人均水资源量为3490m^3，亩①均水资源量为4300m^3，水资源相对丰富。长江流域以北广大地区的水资源量仅占全国14.7%，人均水资源量为770m^3，亩均水资源量约为471m^3，是水资源短缺的地区，其中，黄淮海流域水资源短缺尤其突出。水资源时空分布严重不均，目前有18个省市人均水资源量低于联合国可持续发展委员会审议的人均占有水资源量2000m^3的标准，其中，有10个省市人均低于1000m^3的最低限。全国669座城市中有400多座供水不足、110座严重缺水，年缺水量近60亿m^3，影响工业产值超过2000亿元，农业年缺水量超过300亿m^3，水资源供需矛盾十分尖锐。与此同时，中国水体污染问题严重，全国有近50%的河段、90%的城市水域遭受不同程度的污染；水土流失形势严峻，全国共有水土流失面积约356万km^2（包括水力侵蚀和风力侵蚀），占国土总面积的37%；水生态严重恶化，中国西北地区、华北地区和中部地区由于水资源的匮乏破坏了水生态系统的平衡，进而引发了江河水量减少甚至断流、湖泊面积不断缩小、湿地逐渐消失、地下漏斗情况越发严重、森林和草原日益退化甚至变为荒漠等一系列生态问题[3]。随着人口的增加、工农业生产的发展，污水排放总量在不断增加，其中，生活污水的排放量已经超过工业废水的排放量，成为主要污染源。2003～2014年，全国废水排放总量增加了233.8亿t，仅生活污水排放量就上升了48.79%。2014年，虽然各地区城市污水处理率和工业用水重复利用率达到了85%以上，但一些省份的农村地区卫生厕所普及率还不到50%，且化肥和农药的使用量也在持续上升，更严重的是，某些城乡交界区因工农业与生活用水管理的缺失导致工业废水、城市生活污水和化肥农药残渣等相互渗透直接排入江河湖泊，造成水源污染加剧、地下水环境恶化。这些问题不仅加剧了中国的水资源短缺，还威胁人民生活和经济发展。随着人口增长、经济发展、城市化进程加快，中国水资源不安

① 1亩≈666.7m^2。

全、水环境不安全和水生态不安全会更加严重并交织在一起，水问题将成为制约中国经济社会发展的较大资源瓶颈之一[4]。

在这种背景下，2011 年发布的“中央 1 号”文件《中共中央国务院关于加快水利改革发展的决定》指出，“水资源供需矛盾突出仍然是可持续发展的主要瓶颈”，提出要力争通过 5～10 年的努力基本建成 4 大体系：①防洪抗旱减灾体系，重点城市和防洪保护区防洪能力明显提高，抗旱能力显著增强；②基本建成水资源合理配置和高效利用体系，城乡供水保证率显著提高，城乡居民饮水安全得到全面保障，各行业用水效率明显提高；③基本建成水资源保护和河湖健康保障体系，城镇供水水源地水质全面达标，主要江河湖泊水功能区水质明显改善，地下水超采基本得到遏制；④基本建成有利于水利科学发展的制度体系，基本建立最严格的水资源管理制度，基本建立有利于水资源节约和合理配置的水价形成机制。“1 号文件”在新中国成立 62 年历史上首次聚焦水利建设。文件明确指出“水利是现代农业建设不可或缺的首要条件，是经济社会发展不可替代的基础支撑，是生态环境改善不可分割的保障系统，具有很强的公益性、基础性、战略性”；首次提出“加快水利改革发展，不仅事关农业农村发展，而且事关经济社会发展全局；不仅关系到防洪安全、供水安全、粮食安全，而且关系到经济安全、生态安全、国家安全”[5]。这种新战略定位是党对水利认识的又一次重大飞跃[6]。

首先，中国是一个农业大国，2014 年农村人口占全国总人口的 45.2%，第一产业从业人员占农村就业人员的 60.1%，农业发展始终关系着中国社会政治的稳定和国民经济的发展。作为农、林、牧、副、渔五业所组成的复合生态经济系统，农业对水的量变和质变十分敏感。然而，当今水资源供需矛盾日益尖锐，且由于种种原因中国农业水利发展模式基本属于粗放型，与农业的高速发展要求不相适应，严重制约中国农业乃至整个国民经济的可持续发展，成为影响国家安全的重大战略问题。2010 年，中国因水旱灾害直接造成经济损失 4514 亿元，其中，旱灾造成粮食损失 168 亿 kg，超过中国粮食年产量的 3%，反映出农业抵御自然灾害的能力低下，现有农田水利已无法满足粮食安全生产和适应极端气候变化的需要。

其次，农业作为用水大户，用水量占总用水量的 70%以上，且主要消耗于灌溉，但灌溉水的利用率仅在 40%左右，而一些发达国家可达到 80%以上。中国灌溉水的生产效率不足 1.0kg/m³，远远低于发达国家的 2.0kg/m³，农村农业生产领域的用水问题治理已经刻不容缓。

再次，水资源是人类赖以生存和发展的自然资源之一，居民生活用水质和量的水平是衡量一个国家和地区文明程度的重要标志。中国农村人口约占全国人口的 70%，农村居民饮水安全与否和水环境状况好坏直接关系到中国整体文明的建设进程，保证农村饮水和乡镇供水安全是促进整个农业健康发展的重要内容之一。

然而，现状是广大农村地区居民的生活用水状况不容乐观，到2009年年底农村尚有1.6亿多规划内的人口饮水不安全。具体表现在以下几个方面：①农村饮水工程设施简易、技术状况差、工程设计标准不高，缺乏水处理设施，饮水水量和水质没有保证；②经营管理落后，模式单一，解决农村饮水安全问题的周期赶不上设施破损的周期；③随着工农业和农村城镇化的发展，工业、农业、生活造成饮用水水源的污染日益严重；④农民卫生意识不强，用水观念有待转变。

最后，随着城市污染产业向农村转移、农村生活污水的增加以及面源污染的不断扩大，农村水污染呈现恶化趋势，农村生态环境恶化问题凸显：①农业生产产生的大量废物和污水无序排放，残留化肥、农药及养殖粪便等进入水体，降低了水体自净能力，加剧了水体污染；②由于城市环境污染控制的日益严格，许多污染严重的企业转移到小城镇和乡村，对当地水环境造成破坏；③布局分散、经营粗放的乡镇企业任意排放非达标废水，加之农村水体大部分都位于大江大河的支流地区，绝大部分不在国家控制面上，监测和管理的缺失导致局部污染更为严重。总体来看，农村人口众多，农村经济和生活水平滞后，农村地区水资源污染和生态环境恶化对保证粮食安全是十分不利的，农业作为农民的主业，正面临着众多发展瓶颈。

基于上述背景，学术界在水资源管理方面有许多激烈讨论。综合来看，一致认为农村地区水资源的管理必须遵循水与自然和谐发展的规律，以水资源的可持续利用促进生态农业健康发展，通过水资源的有效保护、合理开发、高效利用、综合治理、优化配置、全面节约和科学管理，促使农业生产与水资源和生态环境协调发展。作为农业大国，粮食安全始终关系着中国社会政治的稳定和国民经济的持续、健康发展。加入世界贸易组织后，如何合理配置农业资源、增强粮食综合生产能力、建立健全国家粮食保障体系已成为关键。考虑到中国农业承担着养活十几亿人口和向工业化提供重要支撑的重任，且由于农村人口众多，农村经济和生活水平滞后，农业始终还是农民的主业，对农业和农村进行生态补偿具有积极意义。特别是国家在保障粮食安全的同时也付出了沉重的资源与环境代价，城乡、区域的统筹发展问题相对突出，在认清当前严峻局面的情况下，水贫困的研究可以为协调国家与地方及农民利益关系提供有效的解决途径。

二、研究意义

水是人类的生命源泉，是人类社会发展的重要基础性资源，事关人类的生存、发展和社会进步，作为经济活动重要的投入要素之一，其短缺也会直接制约社会经济的发展。全球淡水资源短缺且地区间分布不平衡，中国更是一个干旱缺水严重的国家，水资源紧缺问题已经成为普遍现象。除了因为总量匮乏而导致的北方地区水资源紧缺以外，由于水体污染和水资源与产业结构的不匹配，东南沿海等一些水量相对丰富的地区也存在较严重的水资源紧缺问题。利用效率低下与经济杠杆的失调进一步加剧了各个地区的水资源紧缺形势。一方面水资源紧缺地区日益增多；另一方面，水资源紧缺成因复杂，呈现出明显的地域性特征。为了合理配置水资源，有必要深入研究水资源紧缺成因及类型，有针对性地提出解决方案与对策，为各地解决水资源紧缺问题提供参考。

受水资源自然禀赋和经济社会发展规模与阶段的影响，中国面临着突出的水资源问题，且正以稀缺的水资源和脆弱的水生态环境支撑世界上规模最庞大的人口。面对如此严峻的水资源问题，单纯依靠传统的利用工程措施增加新水源供应的方法无法有效地解决水资源问题。研究水资源短缺的视角和方法非常多，有的学者从资源承载力角度研究，有的从水资源管理角度研究，如建立水市场、水银行等，也有从消费角度切入研究的，如水足迹和虚拟水贸易等。而在研究水资源问题的众多理论中，水贫困理论从一般的贫困理论出发，将水资源开发、利用和管理以及人们利用水资源的能力和生计影响等问题有机结合起来，开创了认识与解决水资源短缺问题的相对独特的研究视角，其研究成果可以对集成的水资源管理提供理论依据，并通过集成管理，达到人水和谐共生的目的。但目前中国尚未系统开展水贫困问题的研究，从事这方面研究的学者很少，与国外研究水平相比，还存在很大的差距。因此，认清中国水贫困的时空条件及驱动因素并有针对性地提出建议与对策，具有重要的理论价值及现实意义。水贫困指数综合考虑了社会、经济、资源、环境等方面的指标，除了能反映区域水资源安全外，还包括影响社会经济干旱的外部条件和内在因素，能较全面地反映不同区域的水资源状况及相对缺水程度。鉴于此，本书引入水贫乏指数评价社会经济干旱，将各种衡量水资源与社会经济状况的因子一并纳入评价体系，综合考虑区域水资源状况、供水设施状况、利用能力、利用效率和生态环境状况评价中国的社会经济干旱现状，为抗旱减灾提供决策依据和技术支撑。该方法可全面反映社会经济干旱的状况，且能较好地揭示导致干旱的原因，可为管理者提供参考和决策依据。

中国正在全面建设小康社会，建设小康社会的首要任务是反贫困，在目前尚未彻底解决传统贫困——经济贫困问题情况下，同时又面临着非传统贫困——水贫困问题的威胁。这两种贫困问题在时空上耦合在一起，无疑加大了水贫困问题的研究难度，但这也为人们深入地开展水贫困研究提供了较好的研究对象基础，因此，开展水贫困研究具有较好的应用价值。

第二节　国内外研究现状及趋势

随着经济的发展和社会的进步，贫困从是否能满足需要过渡到满足程度的问题，意味着人们对贫困的研究不再仅仅从单纯的经济角度出发，而且考虑到了社会道德范畴。人们从更广泛的社会、文化范围考察贫困，将文化生活的匮乏、身心健康、自尊甚至政治参与程度等社会文化方面的内容都纳入基本需要的范围，从而极大地扩展了贫困的内涵和研究内容[7]。水贫困这一术语是伴随着人类社会对水资源短缺问题的日益重视产生的，并在实践中不断得到丰富与发展。

水贫困评价的研究从产生至今，其发展较为迅速。对水贫困评价指标的选取和模型建立的研究也在不断增加，并逐步形成了水贫困分析框架。水贫困的测度也经历了权重由相同到不同、变量由单个到多个、由简单到复杂、分析结果由单一化到多样化的历程。最早的水资源评价是瑞典水文学家 Falkenmark 于 1989 年提出以人均水资源量作为衡量一个国家或地区水资源供需关系是否紧张的指标，由此形成了水分胁迫指数（hydrological water stress index，HWSI，也称为 Falkenmark index）[8]，该指标在当时得到了较为广泛的应用，以这种标准赋值后得到的 HWSI 标志着水贫困测度研究的开始。但是，水分胁迫指数完全没有包含能够反映研究国家或地区的经济发展程度、居民健康和福利水平以及水与生命支持系统相互关系的相关信息，更没有考虑到一个国家或地区对水资源稀缺进行调整的社会、制度和经济能力、水质以及社会供水能力等问题，其指标的构建方法也对水资源短缺评价有较大的主观性影响。

为了克服水分胁迫指数的缺陷，德国学者 Ohlsson 在水分胁迫指数的基础上，于 1999 年将人文发展指数（human development index，HDI）纳入指标[9]。他用人文发展指数对水资源均量的修正作为人类社会系统对水资源缺乏程度的影响因子，创建了人类社会水贫困指数（social water scarcity index，SWSI）。该指标弥补了水分胁迫指数的缺陷，建立起水资源缺乏与经济社会发展之间的联系，阐述了水贫困对社会系统产生的影响和作用，但在对人类社会系统发展水平的衡量中仅包括了人文发展指数指标中的预期寿命、受教育程度和人均国民生产总值等方面，而更广泛的和人类活动密切相关的水资源开发利用管理水平没有得到应有的度量。由此看来，用人类社会水贫困指数指标评价结果来代表水资源丰歉程度亦有其局限性。

英国牛津大学研究员 Sullivan 于 2000 年提出水贫困指数（water poverty index，WPI）[10,11]，该指标融合了水资源状况、供水设施状况、利用能力、利用效率和环境状况5个方面的指标来度量水资源的贫乏程度，可以分别在社区尺度、流域尺度和国家尺度上对水资源短缺进行测度。这一指数的出现，在水贫困理论发展过程中起到了里程碑的作用。水贫困指数的建立使人们对水资源的可获得性、用水安全和人类福利之间的关系有了更好的理解，成为水资源管理的集成分析框架和工具，使水资源管理更有效、更透明、更公正和更易于理解，为水资源管理策略提供必要的理论基础，该模型得到广泛认可和应用。2003年，在日本京都举行的第三届世界水论坛上，水贫困指数得到了普遍认可，其应用也迅速推广开来，已经在许多国家与地区得到广泛的应用。

一、国外研究综述

随着城市化和工业化持续发展，经济规模和人口数量均在急速扩张。在全球范围内，水资源短缺是一个普遍存在的问题。当前，经济社会所需要面对的水资源短缺问题已不再局限于资源型缺水，还需要应对自身发展带来的水质型缺水。因此，在水资源系统内，考虑经济社会因素对水生态的作用显得尤为必要。水贫困理论将水资源的开发、利用和管理以及人们利用水资源的能力、权利和生计影响有机地结合起来，为水资源短缺问题研究提供全新视角。

国外关于水贫困的研究较早也更为深入，但起始阶段的研究多为思辨性成果，并没有形成分析框架。阿马蒂亚·森解释贫困原因是个人基本能力被剥夺以及可行能力的缺失。Desai和Scoones对贫困的原因进行深入剖析，从人类应对贫困的能力缺失和生计资本的不足角度丰富水贫困的内涵[12-14]。Sullivan将水资源自然禀赋和人类的能力、权利联系起来构建水贫困指数，该指数由以下五部分组成：水资源状况（resources），包括自然水资源实际状况以及潜在的水资源变动；基本供水设施状况（access），包括地区水资源供给设施的完善以及配备程度；资源利用能力（capacity），表示区域充分利用水资源的基本能力；资源使用效率（use），即水资源高效率使用的基本状况；资源利用对环境状况的影响（environment）。在水贫困研究框架构建成型的基础上，Sullivan先后发表了一系列水贫困论文，使得水贫困指数成为了水贫困定量分析的重要研究模型[15-17]。

此后关于水贫困的研究多是对水贫困指数指标体系的延伸和扩展，Sullivan等后继提出了水资源财富指数（water wealth index，WWI）[17]，Kragelund等提出了气候脆弱性指数（climate vulnerability index，CVI）[18]。水资源财富指数综合了食物、生产力和健康状况等因素，反映了水与食物及贫困之间的相互联系；气候脆弱性指数考虑到地理空间信息和自然灾害的风险，充分体现了该地区的气候脆弱性。根据这两者的研究，可以收集更广泛的水资源短缺有关的指标，一定程度上增加了水贫困定量化的准确度。Adkins和Dyck在水贫困指数指标体系的基础上对部分子系统和指标进行调整和细化，建立了加拿大水资源可持续利用指数（Canadian water sustainability index，CWSI）[19]，用以反映加拿大在社区尺度上的水资源可持续发展程度。Garriga 和 Foguet 将压力-状态-响应（pressure-state-response，PSR）模型与水贫困指数模型相结合建立了增强型水贫困指数（enhanced water poverty index，eWPI）[20]，探讨一个地区压力、状态及反应与水贫困的响应关系。并且这两位学者与 Molina 等合作将水贫困指数模型和压力-状态-响应模型结合，不光从压力、状态和反应三方面评价水贫困，还试图引入人工智能中惯用的贝叶斯网络方法，用来分析水贫困指数中的不确定性推理和数据分析，并对流域尺度上的水贫困状况和产生原因进行了系统的评价表述[21]。

Sujata 等[22]以尼泊尔河西部的卡利甘达基河流域为研究对象，结合研究区的实际情况，借助水贫困指数分析其水贫困程度，结果表明在此流域范围内亦需要因地制宜实施有差别的政策干预。Hatem 和 Sullivan[23]运用改进后的水贫困指数测算方法对以石油致富但缺水的海湾国家和经济贫困但水资源相对丰富的非洲之角国家进行实证分析和对比，以判断两地区水资源可获得性与可利用程度。Masoumeh 和 Ezatollah[24]运用农业水贫困指数对伊朗进行案例分析，得出当地农业用水的水贫困程度，旨在实现农业可持续发展的政策建议。Toure 等[25]以沿海城镇姆布尔为例，运用地理信息系统（geographic information system，GIS）技术和实地调查搜集整理的数据，展现了研究区经济贫困和水资源缺乏的空间分布特征，并给出政策建议。Jemmali 和 Matoussi[26]在水贫困指数的基础上，结合水的可用性和社会经济能力建立评价指标，使用主成分分析方法摒弃信息量较小的变量，给予重要变量更大权重，评价了突尼斯地区的水贫困现状，为内陆地区制定缓解水贫困的措施提供了理论依据。Jemmali 和 Abu-Ghunmi[27]结合约旦的实际情况和改进的水贫困指数，对约旦的水贫困现状进行分析，并就不足提出建议。国外学者对水贫困的研究较为深入，关于研究区的描述比较详尽，而且数据获取方面的空间更为宽广，这是值得国内学者学习的方面。

二、国内研究综述

在国内，水贫困理论及应用研究仍属于新兴方向，且国内学者对水贫困理论的应用研究相对较晚，大多数水贫困的研究都是基于水贫困指数对不同尺度的水贫困的实例研究，如水贫困与经济贫困的空间耦合性、基于不同尺度下的水贫困评价、水贫困空间驱动因素、基于时间序列的水贫困空间分布格局等。2005 年，曹建廷在论文《水匮乏指数及其在水资源开发利用中的应用》中介绍了水贫困概念和国内等在 2002 年完成的部分水贫困研究成果[28]。何栋材等[29,30]将水贫困理论引入中国水资源评价的体系当中，并且详细介绍了水贫困理论的内涵以及发展背景，为水贫困理论在中国的流行及发展奠定了重要的理论发展基础。邵薇薇和杨大文在 2007 年运用水贫困指数的维度和算法，对中国七大流域——辽河、海河、淮河、黄河、松花江、长江和珠江进行了水贫困指数测算，在 5 个维度下设置了 29 个指标，这属于国内较早运用水贫困指数进行定量分析的研究成果[31]。靳春玲和贡力[32]将水贫困指数理论纳入水资源安全性评价之中，并且以兰州市的水资源状况作为研究对象，对兰州市的水资源进行测算和评价。

随后，孙才志等[33-36]对中国水贫困问题进行了更深层次的定量研究。研究成果均是从空间关联的角度切入，研究中国水贫困的空间关联格局状况和空间驱动类型。以水贫困指数与探索性空间分析法（exploratory spatial data analysis，ESDA）、最小方差法（least square error，LSE）或者耦合协调度等其他数量模型叠加使用的分析方式，揭示了中国水贫困形成机理与空间特征等规律，拓展了水贫困评价方法及水贫困理论。曹茜和刘锐[37]在水贫困指数指标框架下，选择适应性指标，对赣江流域水贫困进行合理评价。陈莉等[38]通过建立石羊河流域水贫困评价指标体系，综合最小方差模型对干旱地区水资源状况进行分析研究，为实现石羊河流域的水资源可持续发展，解决以石羊河为代表的西北干旱区域水资源问题提供借鉴范本。杨玉蓉等[39-42]主要将水贫困评价融入农村县域和乡村社区，其中，以湖南省农村县域作为评价对象，对湖南省农村水贫困的驱动因素进行系统划分，明晰其内部驱动机制，突破性地在村级研究尺度上，实现了对农村社区的水贫困状况评价，将常德澧县梅家港村作为研究区域，为农村水贫困实现小区域范围研究做出了突出贡献。

水贫困作为水资源短缺的重要研究工具，综合考虑经济激励、社会结构变化和制度演变等社会资源的作用，将水资源短缺问题从水文工程领域扩展到社会经济领域，与人类生产生活的多个系统紧密相关。王雪妮等[43]将水贫困与经济贫困相结合，对水贫困与经济贫困的耦合协调度进行空间分析研究，研究发现两者呈现出较高的耦合度。孙才志等[44]运用水贫困指数模型和城市化与工业化进程系数模型，揭示了农村区域水资源状况与农村城镇化以及工业化发展之间的作用关系，也为中国农村地区实现经济、社会以及环境全面可持续发展提供了科学的借鉴依据。孙才志等[45]在前人的基础上，深入分析中国农村地区水贫困与经济贫困的相互作用关系，计算 1995～2011 年中国 31 个省（自治区、直辖市）农村水贫困得分和农村经济贫困得分，通过二次项拟合回归验证了各省农村水贫困与经济贫困存在共生关系，随后，他们对这些地区水贫困得分和经济贫困得分进行格兰杰因果分析，明确了中国农村水贫困和经济贫困之间存在的因果关系。

Sun 等[46]结合和谐发展模型对中国城市和农村的水贫困进行评估，为缓解中国城乡二元结构背景下的水资源开发和利用提供重要的理论基础。

三、研究的不足与建议

水贫困评价的概念、量化方法研究呈现多样化趋势，政策的研究得到越来越多的重视，水贫困的研究也较为全面地透视了水的安全性问题，为缓解水资源短缺决策提供了有效辅助手段，但是，在水贫困评价和测度模型方面还存在一些不足：

（1）水贫困的概念尚不成熟，因此导致其形成机理尚不明确。水贫困这一术语在全球科学界提出已经有十几年时间了，但有关它的概念还一直处于争论之中，水贫困指数仅对水资源的自然属性和经济属性进行了概括分析，“资源、设施、能力、效率、环境”五系统之间的动态发生次序与彼此之间的关联性没有明确说明，由此导致水贫困的形成机理比较模糊。

（2）水贫困评价指标体系和测度模型存在不足。对于指标体系，应当加强指标的甄选，针对不同的研究区域选取的评价因素是变化的，水贫困评价的目的是尽可能使用已存在的数据，而不是识别数据的可用性。应建立灵活的指标体系，寻求能代表水资源短缺不同属性及应对关键性的控制性指标，科学把握水质水量、供需矛盾等问题，针对不同的空间尺度和管理目标，辨识出核心指标体系。水贫困指数的计算对数据的依赖性很大，为了提高指标的代表性，可以采用主成分分析法挑选出最主要的能反映综合信息的指标，以减少信息的繁杂性。对于测度模型，水贫困是一个涉及水资源系统、经济系统及社会系统的多维度问题，这些系统都存在复杂的非线性、模糊性特征，而目前常用的指数模型无法充分反映这些特点。并且，这些系统都是不断变化的系统，各指标之间的相对重要性随着时间的变化而变化，目前的定权模型掩盖了这个关键问题，从而导致评价结果的解释力不足。

（3）国内外学者多是在 Sullivan 建立的水贫困指数体系基础上构建评价不同尺度范围内的水贫困指标体系，层次分析法（analytic hierarchy process，AHP）、熵值法（entropy value method，EVM）或主成分分析等方法确定指标权重，计算综合得分，展开评价或是进行驱动机理分析。但是，不同的赋权方法具有一定的不确定性，应当选取一种或几种主观赋权法，将其与客观赋权法按一定的比例组成综合权重，减少单独使用主观赋权法或客观赋权法的不足，避免主观性和随意性。而且，还应考虑到随着时间的推移，这些系统本身与系统里各指标的权重也会发生一定的改变，导致评价结果的准确性不足。因此，赋权可以根据不同的时间表示成关于时间的相关矩阵，避免时间序列上权重一致性的缺陷[47]。关于权重确定的前提也存在可发展的空间。例如，权重的获取对计算结果影响重大，而依照水贫困指数选取的指标体系鲜有检验，继而权重确定和综合得分的评估也就缺失准确性和科学性，研究者还应在这方面做出努力。

（4）近年来，GIS 和遥感（remote sensing，RS）技术发展迅速，这两种以计算机为操作平台的工具，不仅可以对地理空间数据进行搜集、存储、分析和处理，而且能把以往的平面底图以独特的视觉化效果和地理分析工具结合起来，给人们以全新的视觉分析和问题处理。应该择优选取 GIS 和 RS 可视化表达和空间分析功能，为水贫困评价、辅助决策提供一种可能的强力的有效分析表达工具。

（5）学术界关于水贫困与经济贫困的交互耦合机理的研究比较薄弱。这两种贫困问题在时间上的因果关系与空间上的对应关系应该成为水贫困研究的核心问题，但该问题目前却被严重忽视，现有研究成果只是将水贫困指数与少数特定的经济指标（如人均 GDP）进行相关分析，无法准确揭示两者之间的时空耦合机理。关于水贫困和经济贫困的研究分析出评价对象在各子系统中的优劣势，并以此为实现研究区水资源可持续治理与管理提供可借鉴之处。但是，贫困地区如何根据水资源情况提高产业升级、优化产业结构值得思考。

（6）学术界关于水贫困与经济贫困之间协调机制的研究也很薄弱。水贫困问题的最终解决需要水资源系统、经济系统与社会系统的协同发展，但目前的研究除了指标有所交叉外，基本上还是处于分散研究状态，集成研究成果很少。上述贫困之间的协调机制研究应该成为水贫困研究的重点问题。

除了改进上述不足之外，国内外学者还应多将水贫困理论用于对干旱和半干旱地区（尤其是西北地区）水贫困的研究。干旱和半干旱地区水资源较为缺乏，水成为协调该地区社会、经济和生态可持续发展的重要因子，假如把水贫困指数用于干旱、半干旱区，并构建产业结构指标体系，研究水贫困与产业结构的影响机理，将不仅对缓解水贫困问题、提高水的利用能力具有极其重大的理论和现实意义，而且也将会对实现干旱、半干旱地区水资源的可持续利用和社会经济的发展，实现区域在水资源约束条件下产业可持续发展的适宜模式，提出可靠性改善水贫困、合理布局产业结构、优化产业升级的对策及建议具有很大帮助。鉴于此，本书以前人的研究成果为基础，紧密结合上述问题开展有针对性的研究，以期在丰富水贫困基础理论、拓展水贫困研究领域、构建具有中国特色的水贫困评价指标体系等方面做出实质性贡献，也为水贫困今后展开更加广泛深入的研究打下良好基础。

第三节 研究内容及研究方法

一、研究内容

本书是作者多年来对水贫困研究探索的成果集成，全书共十二章，介绍水贫困理论产生的前世今生以及当前理论发展状况，在此基础上，利用相关模型深度解析中国各个尺度的水贫困状况，创造性地探讨双尺度背景下的中国水贫困评价，期望本书能为缓解中国水资源短缺状况以及相关政策的制定提供一定的指导。

第一章主要介绍水贫困理论的产生背景、发展状况以及研究现状，为全书的研究奠定理论基础。

第二章在对水贫困的内涵以及概念深刻把握的基础上，对水贫困的成因进行深入细致的分析，同时从水资源综合管理、贫困经济学、制度经济学、可持续理论以及社会适应性理论的角度探讨水贫困的理论基础。

第三章首先对中国整体水贫困综合了解，中国是一个农业大国，农村总人口占全国总人口的70%以上，但是目前鲜有文献对农村水贫困进行系统研究。与城镇相比，中国农村地区水资源短缺状况更为严峻，2011年，中国农村人均生活用水量为82L，不足城镇人均生活用水的一半，农村居民用水被城镇用水无偿压缩，用水权力遭到抑制；农田水利设施老化，节水灌溉力度不足，水资源浪费严重；农药和化肥高施用量更造成了土壤的深度污染，农村水资源短缺的局面急需得到改善。因此考虑到中国农村水资源的特殊性，通过更新及拓展水贫困指数体系使其更好地适用于中国农村地区水贫困领域的研究，对中国各省市（自治区）农村水贫困状况进行研究与分类。深入细致地探讨中国农村水贫困的现状，分析其产生的原因，并在相关原因的理解上，给出相关政策。

第四章从灾害风险管理的角度出发，在对水贫困灾害性进行透视分析的基础上，建立适用于省际可比较的水贫困灾害风险指标体系，对中国31个省（自治区、直辖市）农村水贫困的灾害风险进行分析。同时，引入逼近理想解排序法（technique for order preference by similarity to ideal solution，TOPSIS）模型、障碍因子诊断模型和LSE模型，剖析不同地区水贫困灾害风险的障碍因素与阻力模式，旨在实现农村地区水贫困灾害风险的有效控制。

第五章在农村水贫困评价基础上，以联合国开发计划署人类贫困指数为基础，综合考虑收入、支出、教育、健康、发展环境、家庭及就业等方面，根据评价结果进一步探讨中国农村水贫困与农村经济贫困之间的时空耦合关系。在此基础上，利用格兰杰因果检验深层次研究农村水贫困与经济贫困间的关系，并从建立与完善水权制度、加强水资源设施建设和加强水生态保护与管理等方面对中国减贫问题提供政策启示。

第六章在了解中国农村水贫困和水贫困状况、城市化进程、工业化进程综合状况的基础上，进一步剖析四者之间的关系，运用协调度模型对四者间的耦合协调关系进行研究，并就空间差异进行分析，力图为中国社会经济可持续发展，实现城乡协调提供科学依据及政策启示。

第七章在建立水贫困评价指标体系的基础上，借助空间自相关分析、基尼系数和锡尔指数方法，对中国水贫困的空间集聚情况、不同省（市）水贫困差距的大小、区域组间差异和组内差异各自的变动方向和变动幅度进行进一步的考察和揭示，对中国水贫困的评价结果进行时空分异及演变特征分析。同时，利用最小方差法对2009年中国31个省（自治区、直辖市）的水贫困水平及其驱动类型进行计算和分析，为解决局部水贫困的严峻形势奠定研究基础。

第八章在中国当前城乡二元结构矛盾相对突出的背景下，在城乡水资源矛盾突出的现状上，对中国城乡水资源矛盾的原因进行分析，并引入变权重的方法对指标体系进行测度。同时，采用协同发展模型对城乡水贫困的矛盾状况进行量化分析，最后给出相关政策。

第九章以大连市为例对水贫困进行小尺度评价，基于水贫困指数体系，运用主成分分析确定指标权重，进而运用灰色关联度客观真实地呈现大连市水贫困程度的评估过程和水贫困现状。可为全市水资源贫乏的管理和宏观政策制定提供理论参考依据，同时也为其他北方沿海城市评估水贫困现状提供了研究方法上的借鉴。

第十章针对当前中国对流域研究较少的情况，在国内外相关文献的基础上，在调查和分析下辽河流域水资源状况的基础上，运用水贫困理论，从水资源状况、供水设施状况、资源利用能力、资源使用效率及资源利用对环境状况的影响五个方面对下辽河流域水资源贫困水平进行评估。

第十一章是作者在多年研究水贫困理论的基础上，尝试引入一种新模式来对中国水贫困进行评价。该章将DPSIR（driver force，pressure，state，impact，response）模型与偏最小二乘（partial least square，PLS）模型进行结合，深入探讨各指标体系之间的内在联系，并进行模型检验，是一个新的理论探索。

第十二章首先对中国水贫困状况和农村水贫困状况进行整体掌握，正如减贫需要通过制度性的国家扶贫战略，水贫困问题需要通过水资源援助战略来缓解，在农村水资源援助战略实施的可行性和制度性障碍的基础上，构建农村水资源援助战略框架，并针对农村水资源援助的实施提出应对性的建议。

二、研究方法

本书的研究涉及多个学科领域，结合实证分析和规范分析的方法，兼有动态分析和静态分析方面的考虑，并且使定性分析与定量方法相辅相成。

1. 实证分析与规范分析相结合的方法

通过实证分析方法对中国水贫困的严重程度、不同省份的具体情况进行客观描述，在实证研究基础上，根据规范分析方法对水贫困格局的形成机理做出理性判断，对水贫困的解决途径做出科学设计，达到“理论”与“实践”的相互补充和结合。

2. 动态分析与静态分析相结合的方法

中国水贫困格局以及农村水贫困格局的变化过程，实际上就是水资源系统、经济系统与社会系统在较长时间序列中相互作用、耦合联动的过程，所以对其形成机理的研究必须采用动态分析的方法。同时，要对具有代表性的静态时间断面进行深入剖析，补充动态分析的不足，深化动态分析的结果。

3. 定性分析和定量分析相结合的方法

在界定水贫困的概念及内涵、水贫困形成的过程和原因等方面时需采用定性分析方法。而在探究水贫困与经济贫困的时空耦合关系机理方面，则需进行定量分析。至于水贫困评价方法，由于既有易于量化的指标，又有不易于量化的指标，采用定性、定量相结合的分析方法。

4. 多学科交叉的研究方法

借鉴可持续生计理论框架和贫困经济学理论，建立水贫困评价体系；运用地理学方法评价自然水资源条件；运用社会适应性理论研究经济和社会因素对水贫困的适应及调节作用；运用耦合协调度方法，探究水贫困和传统的经济贫困之间是否存在时间上的耦合关系；利用空间统计学中的空间自相关分析方法对水贫困和经济贫困之间的空间耦合关系进行探索；借助协同理论，研究水贫困与经济贫困之间的协调机制。此外，还将根据社会资本理论，探讨水贫困与社会资源稀缺性的关系；运用地理信息系统 MapInfo 地图软件对分析结果进行地图绘制，同时采用 Fortran 语言设计关于时空相关性、差异性等的程序，探索中国水贫困格局的时空演变规律。

参考文献

[1] 吴季松. 中国可以不缺水. 北京: 北京出版社, 2005.

[2] 蒲晓东. 我国节水型社会评价指标体系以及方法研究. 南京: 河海大学, 2007.

[3] 花建慧. 基于循环经济的水资源开发利用模式及对策. 资源经济, 2008, (1): 10-11.

[4] 中国科学院可持续发展战略研究组. 2007 中国可持续发展战略报告——水：治理与创新. 北京: 科学出版社, 2007.

[5] 中共中央国务院关于加快水利改革发展的决定. 人民日报, 2011-01-30(02).

[6] 陈雷. 沿着中国特色水利现代化道路奋力推进水利改革发展新跨越. 求是, 2011, (6): 15-18.

[7] 叶普万. 贫困经济学研究. 西安: 西北大学, 2003.

[8] Heidecke C. Development and evaluation of a regional water poverty index for Benin. International Food Policy Research Institute, Environment and Production Technology Division, 2006: 35-36.

[9] Ohlsson L. Water conflicts and social resource scarcity. Paper prepared for the European Geophysical Society, 1999: 12-23.

[10] Sullivan C A. Constructing a water poverty index: a feasibility study. World Development, 2002, 30(7): 1195-1210.

[11] Sullivan C A, Meigh J R, Giacomellol A M. The water poverty index: development and application at the community scale. Natural Resources Forum, 2003, 27(3): 189-199.

[12] 阿玛蒂亚・森. 以自由看待发展. 北京: 中国人民大学出版社, 2010.

[13] Desai M. Poverty, Famine and Economic Development. Aldershot: Edward Elgar, 1995.

[14] Scoones I. Sustainable rural livelihoods: a framework for analysis. IDS Working Paper, Brighton, 1998.

[15] Meigh J, Sullivan C A. Targeting attention on local vulnerabilities using an integrated approach: the example of the climate vulnerability index. Water Science and Technology, 2005, 54(1): 69-78.

[16] Sullivan C A. Constructing a water poverty index：a feasibility study. World Development, 2002, 30(7): 1195-1210.

[17] Sullivan C A, Charles J, Eric C, et a1. Mapping the links between water, poverty and food security, Wallingford, 2005: 23-24.

[18] Kragelund C, Nielsen J L, Thomsen T R, et a1. Ecophysiology of the filamentous alphaproteobacterium meganema perideroedes in activated sludge. FEMS Microbiology Ecology, 2005, (1): 111-122.

[19] Adkins P, Dyck L. Canadian water susminability index. Project Report, 2007: l-27.

[20] Foguet A P, Garriga R G. Analyzing water poverty in basins. Water Resources Management, 2011, (14): 3595-3612.

[21] Garriga R G, Foguet A P, Molina J L, et a1. Application of Bayesian networks to assess water poverty. International Conference on Sustainability Measurement and Modeling, Barcelona, 2009.

[22] Sujata M, Vishnu P P, Futaba K. Application of water poverty index (WPI) in Nepalese Context: a case study of Kali Gandaki River Basin (KGRB). Water Resources Management, 2012 , 26(1): 89-107.

[23] Hatem J, Sullivan C A. Multidimensional analysis of water poverty in MENA region: an empirical comparison with physical indicators. Social Indicators Research. [2012-12-1]. http: //link. springer. com/article /10. 1007/s11205-012-0218-2.

[24] Masoumeh F, Ezatollah K. Agricultural water poverty index and sustainability. Agronomy for Sustainable Development, 2011, 31(2): 415-431.

[25] Toure N M, Kane A, Noel J F, et al. Water-poverty relationships in the coastal town of Mbour (Senegal): relevance of GIS for decision support. International Journal of Applied Earth Observation and Geoinformation, 2012: 33-39.

[26] Jemmali H, Matoussi M S. A multidimensional analysis of water poverty at local scale: application of improved water poverty index for Tunisia. Water Policy, 2013, 15(1): 98-115.

[27] Jemmali H, Abu-Ghunmi L. Multidimensional analysis of the water-poverty nexus using a modified water poverty index: a case study from Jordan. Water Policy, 2016, 18(4): 826-843.

[28] 曹建廷. 水匮乏指数及其在水资源开发利用中的应用. 中国水利, 2005, (9): 22-24.

[29] 何栋材, 徐中民, 王广玉. 水贫困测量及应用的国际研究进展. 干旱区地理, 2009, 32(2): 296-303.

[30] 何栋材. 水贫困理论及其在内陆河流域的应用——以张掖市甘州区为例. 兰州: 西北师范大学, 2009.

[31] 邵薇薇, 杨大文. 水贫乏指数的概念及其在中国主要流域的初步应用. 水利学报, 2007, 38(7): 866-872.

[32] 靳春玲, 贡力. 水贫困指数在兰州市水安全评价中的应用研究. 人民黄河, 2010, 32(2): 70-71.

[33] 孙才志, 王雪妮. 基于 WPI-ESDA 模型的中国水贫困评价及空间关联格局分析. 资源科学, 2011, 33(6): 1072-1082.

[34] 孙才志, 王雪妮, 邹玮. 基于 WPI-LSE 模型的中国水贫困测度及空间驱动类型分析. 经济地理, 2012, 32(3): 9-15.

[35] 孙才志, 汤玮佳, 邹玮. 中国农村水贫困测度及空间格局机理. 地理研究, 2012, 31(8): 1445-1455.

[36] 王雪妮, 孙才志, 邹玮. 中国水贫困和经济贫困空间耦合关系研究. 中国软科学, 2011, (12): 180-192.

[37] 曹茜, 刘锐. 基于 WPI 模型的赣江流域水资源贫困评价. 资源科学, 2012, 34(7): 1306-1311.

[38] 陈莉, 石培基, 魏伟, 等. 干旱区内陆河流域水贫困时空分异研究——以石羊河为例. 资源科学, 2013, 35(7): 1373-1379.

[39] 杨玉蓉, 谭勇, 皮灿, 等. 湖南农村水贫 INNS#异及其驱动机审. 地域研究与开发, 2014, 33(1): 23-27.

[40] 杨玉蓉, 张青山, 邹君. 基于村级尺度的农村水贫困评价——以常德澧县梅家港村为例. 生态经济, 2013, (7): 28-32.

[41] 杨玉蓉, 张青山, 邹君. 南方丘陵区农村社区水贫困调查——以湖南省衡阳县礼梓村为例. 资源开发与市场, 2013, 29(3)：289-293.

[42] 杨玉蓉, 张青山, 邹君. 基于村级尺度的湖南农村水贫困比较研究. 长江流域资源与环境, 2014, 23(7)：1027-l034.

[43] 王雪妮, 孙才志, 邹玮. 中国水贫困和经济贫困空间耦合关系研究. 中国软科学, 2011, (12): 180-192.

[44] 孙才志, 汤玮佳, 邹玮. 中国农村水贫困与城市化、工业化进程的协调关系研究. 中国软科学, 2013(7)：86-100.

[45] 孙才志, 陈琳, 赵良仕, 等. 中国农村水贫困与经济贫困的时卒耦合关系研究. 资源科学, 2013, 35(10): 1991-2002.

[46] Sun C Z, Liu W X, Zou W. Water poverty in urban and rural China considered through the harmonious and developmental ability model. Water Resources Management, 2016, 30(7): 2547-2567.

[47] 杨倩, 王梅, 韩林芝, 等. 水贫困评价问题研究进展. 生态经济, 2016, 01: 170-175.

第二章　水贫困的概念、成因及理论基础

水贫困的概念至今没有一个统一的说法，它的定义仍然处于争论之中，但是任何人对它的限定至少都包含生计资本的一个或者多个方面。在十几年的发展历程中，国内外学者从多个角度对它进行探讨。水贫困理论源于水资源综合管理理论以及一般的贫困理论，贫困理论确定了人们为了消除贫困必须具备的五种能力以及需要采取的调控政策。随着时间的发展与研究的深入，对其理论基础的把握本书作者有更深刻的理解。

第一节　水贫困相关概念

最初对水贫困的定义没有考虑到水资源难以利用的经济和社会原因，人们经常将其与水匮乏、水紧张以及水压力等概念混用[1]。例如，Salameh[2]将水贫困定义为某一地区的人口为了家庭生活和食物生产所需水资源的可获得性（丰富程度或者缺乏程度），但是没有考虑到水资源难以利用的社会原因。之后，一些学者在考虑上述因素的同时，试图将水贫困与生计成本、生计能力，居民家庭税费支出和家庭收入等经济因素联系起来。例如，Feitelson 和 Chenoweth[3]将水贫困定义为一个国家或者一个地区的人们在任何时候都负担不起可持续清洁水供应的费用的一种状况，该定义在确定水短缺的内涵时，将向人们提供清洁水供应的成本与国家负担该成本的能力两者之间建立起有机的联系，从而引导人们将水资源与贫困联系起来。Fitch 和 Price[4]认为水贫困是这样一种状态，当一个家庭将其收入的3%以上用于水费支出时，该家庭就处于水贫困的状态。该定义首次将居民家庭水消费支出与家庭收入联系起来，但是涉及的测量维度单一。Lawrence 等[5]将水贫困解释为人们之所以会产生水贫困，是因为没法得到水或者收入贫困。更进一步，学者们将社会因素加入到水贫困的定义中来。

Black[6]对水贫困的受众定义如下：①被持续的干旱或者洪涝限制生存机会的人群；②受困于水源不充足同时以依赖水源供给支持的粮食生产与采集的人群；③水资源被损毁或征用后没有得到等值对价补偿的人群；④难以受到供用水系统保障的人群；⑤被迫花费更多资金获得等量水源的人群；⑥深受水污染困扰或者无其他水源可满足需求的人群；⑦为获取水资源而付出较高的生存、经济与社会风险的女性群体；⑧因水资源安全保障不足而感染疾病却得不到足够保护的

人群。这个定义非常详细，但在做定量分析时对统计口径具有较高要求。Sullivan[7]将水贫困定义为一个社会没有充足而稳定的水供应的状态。Cullis 和 O'Regan[8]认为，水贫困即没有足够的机制保障人们拥有开发利用水的能力，抑或没有详尽的系统规范赋予人们利用水的权利，从而将水资源的制度安排和水资源管理方式引入水贫困的界定中。

Sullivan 的水贫困理论是以贫困被定义为能力与权利缺乏为基础的[9]。Sen[10]认为，"一个人所具备的可行能力即是他所拥有的实现各种不同生活方式的实质自由。贫困的原因是个人基本的可行能力被剥夺"。此后，Desai 对能力贫困内涵进行深化，提出适用于对贫困进行定量分析的人类五种基本能力，即他们以任何可选择的方式拥有必需的资源以便维持和从事他们的活动，包括：①延长生命的能力；②确保生命繁衍的能力；③健康生活的能力；④社会交往的能力；⑤拥有知识和自由表达思想的能力。Desai 认为，贫困即是上述五种能力的缺乏[11]。Scoones 更倾向于认为，贫困是人类生存和发展所需的生计资本不足，如自然资本、物质资本、金融资本、人力资本、社会资本等[12]。

Sullivan 将上述的人类五种基本能力以及生计资本概念融合到了水贫困指数（WPI）的维度设计中，提出水贫困指数（WPI）包含潜在水资源状况（resources）、供水设施状况（access）、资源利用能力（capacity）、资源使用效率（use）及资源利用对环境状况的影响（environment）5 个组成要素，使前者和后者存在了对应关系[7]。

本书选取水贫困指数作为水贫困的定义，它是用于定量评价国家或地区间相对缺水程度的一组综合性指标，不仅反映区域水资源的本底情况，而且反映工程、管理、经济、人类福利与环境情况[13]。在贫困经济学、水资源综合管理和社会适应性能力理论基础上，本书总结前人研究成果，认为水贫困是指自然界中缺少可供使用的水，或者人们缺少获得水的能力或权利。它包括以下两个方面：

（1）不考虑人类活动的水文学意义下的水资源贫乏。

（2）综合考虑经济和社会因素影响下人们对水资源的汲取、使用及排放情况的水资源使用能力低下或者用水权力的缺乏。

鉴于此，根据是否考虑人类活动影响，本书将水贫困分为两类：

（1）自然水贫困，即水文学意义下的水资源贫乏。

（2）经济社会水贫困，是水贫困概念的第二个方面，指人们通过利用自己的经济和社会能力，对本质水资源情况进行适应后的水资源贫乏情况。

自然水贫困是评价经济社会水贫困的基础，经济社会水贫困体现了人类活动与水资源相互作用的关系。本书旨在评价经济社会水贫困水平，若无特殊说明，后面所说水贫困皆指经济社会水贫困。

第二节 水贫困的成因透视

一、资源角度

地球的表面70%被水体所覆盖。据有关资料估计，地球上全部水体总量为13.86亿km^3，其中海洋储水13.51亿km^3，占总水量的96.5%。在总水量中，含盐量不超过0.1%的淡水仅占2.5%，其余97.5%属于咸水。淡水中68.7%被固定在两极地带的冰盖和山区冰川中，而江河、湖泊、沼泽和土壤中所容纳的淡水还不及0.5%。所谓水资源，通常包含质和量两方面的含义，一般被理解为某一区域逐年可以恢复的淡水量。最能反映水资源量和特征的是河流的年径流量，它不仅包含大气降水和高山冰川融水产生的动态地表水，而且包含绝大部分的动态地下水，所以各国常用多年平均河川径流量来估算水资源量。陆地上多年平均河川径流量，包括南极、冰川径流量在内，大约为46.8万亿m^3。但是，有人居住和适合人类生活的地区拥有的年径流量只占总径流量的40%，约19万亿m^3。如果世界人口以56亿计，则世界人均占有水量约为8400m^3，是中国人均占有水量的3.5倍，可见中国水资源并不丰富[14]。

中国是一个幅员辽阔的发展中国家，受特定的自然条件、经济发展水平和社会状况等因素的影响，水资源还存在分布不均衡的特点。降水年际变化大，且多集中在6～9月，占全年降水量的60%～80%。空间分布总体上呈“南多北少”趋势，长江以北水系流域面积占全国国土面积的64%，而水资源量仅占19%，水资源空间分布不平衡。由于水资源与土地等资源的分布不匹配，经济社会发展布局与水资源分布不相适应，水资源供需矛盾十分突出，水资源配置难度大。

根据南水北调公众意愿与社会心理课题组的调查，目前农村饮用水的主要水源为井水，占54.29%；以河水、水库水等地表水作为饮用水水源的加在一起不到3%。而城市居民的用水主要以自来水为主，自来水的水源主要是水库水。为了调配水资源，国家投资兴建了许多大中型的水库，水库作为饮用水水源主要供给大中型城市。由于水库的建设，原本流向农村的河流干涸了，有些河流不仅在干旱季节无水，而且多年看不到河水。作为饮用水的地下水水位正连年下降，在靠近沿海的地区，地下水水位低于海平面，地下淡水变咸，有的已不能饮用。加上城市生活污水和工业废水的排放，近一半的农村生活用水的水质正在恶化，越来越多的农村人口饮用水困难[15]。

近年来中国城市化进程加速，城市用水增加使得农村用水受到挤压的可能性增大。城市用水需求是否已经替代地理空间，成为农村用水新的限制条件，这需要纳入资源角度的考虑范围。用城市用水和农村用水负相关关系描述城市用水对农村用水的挤压程度，通过 1999～2010 年 31 个省（自治区、直辖市）各年总用水量和城市总用水量计算得出对应的农村总用水量，分别计算 31 个省（自治区、直辖市）12 年内的农村总用水量和城市总用水量的相关关系，得出存在城市用水和农村用水负相关的 10 个地区（表 2-1）。

表 2-1　城市用水和农村用水的负相关关系

水贫困地区	水贫困程度	相关系数	均值
贵州	1	−0.035	−0.177 5
吉林	1	−0.32	
陕西	2	−0.147	−0.332 25
北京	2	−0.32	
江西	2	−0.412	
安徽	2	−0.45	
四川	3	−0.077	−0.198 75
山东	3	−0.188	
河南	3	−0.2	
湖南	3	−0.33	

注：其中由于 2001 年全国各省市用水总量没有披露，数据通过人均综合用水量和人口数之积估算得出；1，2，3 分别表示高水贫困地区、中水贫困地区和低水贫困地区

数据来源：1999～2010 年《中国统计年鉴》

1999～2010 年中国 21 个省市城市用水和农村用水都呈现同向变动，主要是由于各省市城市规模扩张导致生产生活用水快速上升，同时农业粗放用水方式转变缓慢，当产量预期不断增加时，农村用水量上升。对比各省市城乡用水负相关程度和农村水贫困程度，中水贫困地区负相关系数平均值最高，低水贫困地区居中，高水贫困地区居末位。这表明城市用水对农村用水的挤压作用大小与农村水贫困程度高低不存在对应关系。各省市包括水资源在内整体资源禀赋差异明显决定发展城市化依靠的主导产业布局各有不同，导致城市用水量增长幅度对农村缺水的影响存在区别。以吉林、北京、湖南为例，尽管三个省市在城市用水和农村用水的挤压程度上相近，但初始水资源禀赋、经济发展水平、主导产业发展方向等差异过大，使得三者农村地区的水贫困程度不同。总体上，城市用水对农村用水的挤压程度没有替代地理空间，成为农村水贫困的主要资源因素。

二、经济角度

中国水资源短缺的状况仍然相当严重，正常年份全国每年缺水量近 400 亿 m^3，

北方地区尤甚；且存在水资源利用率偏低的情况，中国农业灌溉水的利用效率只有 40%～50%，而发达国家可达 70%～80%。全国平均单方水实现 GDP 仅为世界平均水平的 1/5；单方水粮食增产量为世界水平的 1/3；工业万元产值用水量为发达国家的 5～10 倍。同时，用水结构的不合理和浪费严重，以及水管理体制不顺，多龙治水、条块分割、利益冲突、管理落后等原因导致主要流域的水资源供需关系矛盾日益突出。农业灌溉用水是农村用水的主要部分，占总用水量的 70%～80%。由于流经附近村庄的河水被水库拦截，河湖水面萎缩，有的甚至干涸，灌溉用水困难，农民只能以地下水作为灌溉主要水源。地表水过度利用，地下水得不到及时的补充，所以地下水水位下降很快，在河北省沧州地区，有的地下水水位已经下降到 80m。长期过量超采地下水导致一些地方地面沉降塌陷，地下漏斗面积不断扩大。靠近海边的地区海水入侵，土地盐碱化。在课题组抽样调查的 385 户农户中，45.19%的农户使用井水灌溉，占第一位。49%的农户认为灌溉用水比较短缺或很缺，对于缺水的主要原因，第一位的原因中 83.5%的人认为是由于降水太少，这是自然原因，人们无能为力。但在第二位的原因中，25.24%的人认为是由于水被上游截流，其次是水被污染（占 20%），还有本地工业用水的增加（占 8.52%），这三个原因都是人为原因，加在一起共计 53.76%。可以看到，造成灌溉用水短缺人为的原因越来越重要，也就是说，农村灌溉用水的缺乏在正常的年份主要是城市用水挤占造成的。根据各流域水资源供需现状的分析，黄淮海地区现状缺水 131 亿～178 亿 m^3，其中，城市缺水 53 亿 m^3（见水利部《南水北调工程实施意见》第 10 页表 5），主要依靠不合理的挤占生态及农业用水来补充。由于城市用水对农业灌溉用水的挤占，在水资源严重缺乏的情况下，城市排放的生活污水和工业污水逐渐成为一些地区农民灌溉的主要来源。水资源紧张，使用污水进行灌溉作为一定程度上缓解农业灌溉用水未尝不可，但污水必须是经过处理以后，达到灌溉水质要求的水。但是目前，中国一些地区农业灌溉用的污水大多未经处理，污水中含有镉、铬等重金属，还有各种有毒物质，用其灌溉生产的粮食和蔬菜中残存着的有毒物质直接威胁着使用者的身体健康。据农业部的一位专家估计，全国污水灌溉面积已占全国灌溉总面积的 7.3%，这一趋势还在不断增加。

1997～2009 年工农业用水比例和工农业产值对比表（表 2-2）表明：第一，在要素价值上，农业生产远低于工业生产，水资源被过多投入到农业是不经济的；第二，从经济效益看，缺水引起的工业产值损失至少高于农业产值损失 4 倍。在水资源稀缺和 GDP 主要依靠工业产值支撑前提下，将水资源重点投入工业的策略拥有更强的经济激励。

表 2-2　1997～2009 年工农业用水比例和工农业产值对比表

年份	每 1%用水带来产值变动		产值对用水量的弹性	
	每 1%工业用水带来的工业产值/亿元	每 1%农业用水带来的农业产值/亿元	工业产值对用水量的弹性系数	农业产值对用水量的弹性系数
1997	1 629.772	205.140 6	0.049 504 942	0.014 204 544
1998	1 643.401	213.818 2	0.048 309 18	0.014 430 016
1999	1 732.44	213.439 3	0.048 309 19	0.014 450 867
2000	1 933.99	217.219 5	0.048 309 17	0.014 534 885
2001	2 125.883	229.713 2	0.048 780 489	0.014 556 038
2002	2 280.351	243.191 2	0.048 076 924	0.014 705 884
2003	2 486.222	269.483 7	0.045 248 874	0.015 503 875
2004	2 937.387	331.465 9	0.045 045 039	0.015 479 874
2005	3 387.316	352.515 7	0.043 859 652	0.015 723 269
2006	3 935.776	380.379 7	0.043 103 45	0.015 822 783
2007	4 586.51	462.471 7	0.041 493 773	0.016 155 088
2008	5 496.211	543.580 6	0.042 194 093	0.016 129 031
2009	5 804.288	564.519 2	0.042 918 458	0.016 025 64

数据来源：历年《水资源公报》和《中国统计年鉴》

农业的弱质特点是导致水资源在中国农村和城镇配置中偏向城镇和工业的关键因素，配置的结果是可用水量下降后农村水贫困，主要表现如下：第一，农业刚性用水需求高，降水量多少制约农产品产量，表明产量和水资源关联的人为可控程度不高；第二，农产品收入少与用水量稳定偏大反映出收入成本不匹配；第三，农村水利基建缺口大且改善慢，实现集约用水过程漫长。在资源稀缺的前提下，农业弱质性存在使农业在生产要素竞争中劣势明显，无论通过市场配置或者政策调控，水资源都必然从产出较低的农业逐步向工业转移。

三、制度角度

进入 20 世纪 90 年代以后，水日益成为制约经济社会建设与发展的重要因素，摆在人们面前的三大水问题日益严峻。一是水多，中国历来是个洪涝灾害频发的国家，洪水的威胁和洪涝灾害的发生是常年性的；二是水少，干旱缺水，以及由于经济、人口、城市化的迅速发展，水的需求量剧增，缺水困扰着人们，成为制约经济社会持续发展的瓶颈；三是水污染严重，由于对水资源的开发、利用、管理不善以及掠夺开采、粗放管理、随意排放，破坏了水环境，也进一步加剧了缺水。水情的变化、生产的发展、人口的增长和聚集、社会关系的多元化、水利行业职能的转变和社会综合功能的日益突出，都要求政府革新水资源管理体制，并认识到传统的通过资源的高消耗追求经济数量增长的模式已不适合现在及未来发展的要求，必须寻找一条人口、经济、社会、资源、环境相互和谐发展的道路，即通过有效的水资源管理，实现水资源的可持续利用。

人的可行能力包括权利和能力，可行能力缺失表现为权利缺失或者能力缺失。农村水贫困是农村居民能力缺失和权利缺失的结果[4]。

造成农村水贫困的农村居民能力缺失是指农村居民收入较少和储蓄偏低，用于更新水利设施和引进集约用水技术的购买力不足，导致他们提高生活和生产用水能力不足。虽然农村居民最了解农村用水情况和用水障碍，但是农村居民主要收入来自农业生产，农业弱质特征造成他们收入整体水平偏低，缺乏足够的自有资金更新以供自身生产生活需要的小型水利设施和节水技术，农村居民无力改善自身用水条件。

造成农村水贫困的农村居民权利缺失是指中国农村长期处于弱势地位，农村居民生存权、发展权长期受限导致农村居民用水权利受到极大制约。中国城乡二元结构安排长期抑制农村利益，农村是城市获得廉价或者免费水资源的供应方，又是用水收益的次要受益者和水资源补偿的盲点。优先城市发展的供水策略造成农村水供给量和用水权利范围缩小，农村居民需要面对农田景观、居住地以及生活方式等改变。在缺乏明确规则界定农村居民的用水权益和环境利益，界定流域范围内生态价值补偿的前提下，农村居民合理用水权利难以得到保障。

四、社会角度

水资源是基础自然资源和战略经济资源，水资源的可持续利用是经济社会可持续发展的保证，而水资源可持续利用的核心就是提高用水效率，建成节水防污型社会。因此，如何提高用水效率已成为全球密切关注的问题。农业一直是中国的用水大户，目前全国可利用水资源的 2/3 仍用于灌溉。由于供水总量不足，加之工业和城市用水需求的不断增加，中国农业用水形势颇为严峻。“十五”期间，全国平均每年灌溉缺水 300 亿 m^3，农田受旱面积年均达 3.85 亿 hm^2，每年因旱减产粮食 350 亿 kg。水资源短缺不仅成为中国农业发展的一个重要制约因素，而且直接关系到由农业生产能力所导致的国家粮食安全问题。“短缺”不仅仅来源于供给数量不足，更主要的原因是使用低效造成的浪费。2006 年，中国农业节水灌溉面积占有效灌溉面积的 35%，而在英国、德国、法国、匈牙利和捷克等国家节水灌溉面积比例都达到 80%以上。为了确保国家粮食生产安全、实现农业的可持续发展，中国政府在“十一五”规划中明确提出农田灌溉水有效利用系数由 0.45 提高到 0.50 左右的约束性指标。提高农业用水效率已成为中国节水型社会建设的关键环节。众所周知，中国水资源地域分布极不均衡，主要特点为南方多、北方少；东部多、西部少；山区多、平原少。作为中国主要的粮食生产基地，北方（长江流域以北）半干旱地区拥有全国 64.1%的耕地，而水资源量仅占全国水资源总量的 19%。随着城市化和工业化进程的加快，粮食需求增长迅猛，提高用水效率成为缓解北方地区农业生产中水资源短缺制约的迫切需要。相反，中国南方地区拥有丰富的水资源，是水稻的主产区，与北方地区相比，这里很少面临提高农业用水效率的压力。

短期来看，流经农村的不达标工业废水排放造成农村外源水污染。各省省内农村和地级市的工业废水污染强度均高于省会城市的工业废水污染强度，相比之下，地级市和农村拥有更少的可用水源。例如，2010 年 31 个省（自治区、直辖市）主要城市与省内其他区域废水排放未达标比例之差均为负值；31 个主要城市废水排放未达标均值是 0.053 679；31 个省（自治区、直辖市）地级市和农村废水排放未达标均值是 0.259 695。

长期来看，过度依赖化肥农药使用的种植方式恶化了农村水污染程度。2001～2010 年全国逐年边际化肥施用量变化率和边际农药使用量变化率之和大于边际产量变化率（表 2-3）表明：化肥和农药使用量增速快于粮食产量增速；化肥农药使用过剩是长期的。在化肥农药的使用针对性尚未明显改善的前提下，以产量为目标依赖化肥农药的种植方式和以环境保护为目标的完全无化肥农药的种植方式的权衡过程中，农产品预期收入水平是农民可预期的未来生存条件，决定了农村居民更倾向于经济指标和承担高污染风险。长期积累的过剩化肥农药施用量是农村自身的水污染来源。基于人们对农产品的刚性需求使得其费用在人均收入相对稳定，单纯依靠提高农业生产率和增加农业产出无法实现长期持续提高农民收入水平[8]。进而，水贫困恶化速度在长期快于农民收入水平变动程度，是农村社会出现水贫困的主要原因。

表 2-3　2001～2010 年全国边际化肥施用量、边际农药使用量及边际产量变化率计算结果

年份	边际化肥施用量变化率	边际农药使用量变化率	化肥和农药变化率之和	边际产量变化率
2001	0.025 89	−0.003 68	0.022 207	−0.020 64
2002	0.020 13	0.028 584	0.048 713	0.009 767
2003	0.016 631	0.010 652	0.027 283	−0.057 68
2004	0.051 007	0.045 88	0.096 887	0.090 027
2005	0.027 96	0.053 33	0.081 29	0.030 998
2006	0.033 879	0.052 85	0.086 729	0.028 966
2007	0.036 557	0.055 776	0.092 333	0.007 149

续表

年份	边际化肥施用量变化率	边际农药使用量变化率	化肥和农药变化率之和	边际产量变化率
2008	0.025 684	0.030 454	0.056 138	0.054 04
2009	0.031 566	0.021 97	0.053 536	0.003 994
2010	0.029 102	0.028 801	0.057 903	0.029 495

数据来源：《改革开放三十年农业统计资料汇编》（1978～2007）、《中国统计年鉴》（2000～2010）

综上所述，中国的农村水贫困情况不容乐观。导致中国农村存在水贫困的主要原因有四点：显著的各地水资源禀赋差异是决定因素；在要素的市场竞争中，农村弱质性加剧农村水资源向城市转移；水贫困的根本原因是城乡二元结构导致农村居民用水权利难以得到保障；城市废水排放管制不严和化肥农药过度使用压缩农村可用水量。

治理农村水贫困首先需要考虑水资源自然分布，因地制宜安排产业布局，在城市化过程中缓解城市用水对农村用水的挤压作用。为促成城市和农村的用水权益实现共赢，政府需要提高农村居民的永久性收入以增强他们的用水能力。同时，政府需要对农村中小型水利设施建设进行直接补贴，还原农村居民在生存和发展中应当享有的用水权益，给予兼具实际操作可行性和真正约束力的生态补偿规则，引导农民提高化肥农药使用的针对性，激励以环境保全为目标的农业种植方式的推广。

第三节　水贫困的理论基础

一、水资源综合管理理论

水资源管理是指水资源开发利用的组织、协调、监督和调度。运用行政、法律、经济、技术和教育等手段，组织各种社会力量开发水利和防治水害；协调社会经济发展与水资源开发利用之间的关系，处理各地区、各部门之间的用水矛盾；监督、限制不合理的开发水资源和危害水资源的行为；制定水系统和水库工程的优化调度方案，科学分配水量。水资源管理的目标如下：改革水资源管理体制，建立权威、高效、协调的水资源统一管理体制；以《中华人民共和国水法》（以下简称《水法》）为根本，建立完善水资源管理法规体系，保护人类和所有生物赖以生存的水环境和水生态系统；以水资源和水环境承载能力为约束条件，合理开发水资源，提高水的利用效率；发挥政府监管和市场调节作用，建立水权和水市场的有偿使用制度；强化计划节约用水管理，建立节水型社会；通过水资源的优化配置，满足经济社会发展的需水要求，以水资源的可持续利用支持经济社会的可持续发展。

水资源综合管理是促进水资源、土地资源和相关资源共同开发与管理的过程，目的是在不损害重要生态系统可持续性的前提下，以公平、公正的方式实现最大的经济收入与社会福利。随着社会人口的增多、经济的发展，水相对于人的需求供给不足，水具有了经济内涵，此时，人类面临的问题除了干旱洪涝灾害之外，还有水资源短缺。为了增加水资源供给，人类加大了水资源开发力度，在一定程度上缓解了水资源的供需矛盾，但同时也带来了新的问题——生态环境的恶化。目前，人类同时面临着干旱洪涝灾害、水资源短缺、生态环境恶化等多重危机，水资源管理必须解决这些问题。因此，现代水资源管理要求政府在实施公共管理过程中，首先，应注重水资源及其环境的承载能力，遵循水资源系统的自然循环规律，提高水资源开发利用效率；其次，优化配置水资源，在保障经济社会与水资源利用协调发展中，维护水资源系统在时间与空间上的动态连续性，使今天的开发利用不致损害后代的开发利用能力，并将保证基本生活用水的要求当做人类的基本生存权利；最后，运用现代科学技术和管理理论，在提高开发利用水平的同时，强化对水资源经济的管理，尤其是发挥政府宏观管理与市场调节的职能作用。

关于水资源管理的原则，中国政府前几年就提出“五统一、一加强”，即坚持实行统一规划、统一调度、统一发放取水许可证、统一征收水资源费、统一管理水量水质，加强全面服务的基本管理原则。

20 世纪 80 年代，人口增长和社会经济发展给水资源系统带来了日益增长的压力，水资源综合管理由此而生。随着世界不断地发展，无论发达国家还是发展中国家，都因为水资源缺少与水质恶化问题，不得不重新考虑水资源管理方法。因此，水资源管理在世界范围内出现了一次巨大的变化，由原来偏向供给为导向、以工程为途径转为以需求为导向、多部门合作的途径，即水资源综合管理。水资源综合管理概念的提出，使人们从集中在水资源可用性和开发上的自上而下水资源管理规划转到全面水资源政策规划。

水资源综合管理的一个关键方面是资源的管理与开发应该与使用者、使用途径（社会经济系统）和制度要求互相满足。这样应用的水资源综合管理就考虑了与社会和经济活动及功能相关的资源的利用。水贫困评价方法正是从这一关键问题出发，统筹考虑资源禀赋、用水情况、供用水设施、社会管理及经济手段影响方面的因素，综合考察农业、工业、生活及环境四个用水部门的用水情况，并提倡通过提高用水效率来缓和用水压力，以实现对水资源的综合评价和管理。同时，水资源综合管理要求制定评估指标体系用于测量实施过程的进展、行动的直接结果和造成的长期影响，这也构成了水贫困评价的实践动力。

二、贫困经济学理论

贫困是贯穿人类社会发展历史进程的客观现象，也是当今世界各国尤其是发展中国家面临的共性问题。20 世纪 80 年代，诺贝尔经济学奖获得者阿马蒂亚·森第一次提出了能力贫困和权利贫困的概念。经过多年的发展，贫困不仅具有收入、消费水平等方面的经济短缺内涵，还应包括对机会、社会服务的准入、排斥以及风险、脆弱性等社会剥夺的内容，这已成为国际社会的普遍共识。贫困的测度也由最初单一的收入、消费度量拓展到包括经济领域和教育、健康、营养、资源禀赋、环境、区位、脆弱性等非经济领域的综合度量[16]。

贫困经济学的研究起源于 Schutz 于 1965 年在《美国经济评论》第 40 卷发表的《贫困经济学：一位经济学家关于对穷人投资的看法》，之后有很多发展经济学家专注于对贫困经济学理论的研究。而由于贫困经济学研究领域较为复杂，其学科体系至今仍不完善，学者们主要围绕贫困的界定、度量方法、经济发展与贫困的关系以及如何减少贫困等问题进行研究。其中，对贫困内涵的界定是一个逐渐发展不断深入的过程，学者们对贫困的定义最开始针对其表象，而所研究贫困的范围从最基本单纯的物质生活上的“缺乏”扩展到社会、精神、文化层面上的“缺乏”。之后，“社会排斥”也曾用来定义贫困，从由于贫困者资源有限，以致他们被排除在所在国可以接受的最低限度的生活方式之外的角度分析。贫困的另一种定义是从能力的角度，将贫困定义为“缺乏达到最低生活水准的能力”。最具代表性的是 Sharp 首次将该框架模型中的五大生计资本引入绝对贫困度量。但他并没有完全依照该框架模型的内在逻辑进行分析和应用，而仅仅是将五种生计资本作为他所定义的绝对贫困度量的一个维度进行了指标的选择和主观加权综合。这个框架将家庭所拥有的 5 种生计资本（人力资本、自然资本、金融资本、物化资本、社会资本）的数量和结构组合视为“生计五边形”，某些资本的缺乏或者是资本组合不平衡会使其“生计五边形”大大缩小；脆弱性的环境和背景与农户的生计资本发生着直接和间接的相互加强或削弱作用；而政策、相关机构以及它们作用的过程却可能通过对脆弱性的环境或背景以及生计资本的影响而改善或恶化一个贫困农户的生计；农户则会在综合他们能够使用的资产、考虑脆弱的环境/背景以及支持或阻碍的政策、机构和过程的情况下做出相应的生计策略，以产生相应的生计输出；生计输出不仅直接影响了农户的生计状况，也将决定农户进一步的生计资本及其可获得程度。根据该框架的内容，各个农户家庭的生计水平及其可持续状况决定了其是否在经历或即将经历贫困，这个过程是动态的、可持续的，其作用过程主要体现在以下方面：农户家庭如何根据其所拥有的生计资本状况有效应对环境、背景脆弱性的冲击，抓住政策、机构和过程中的有利因素而采取正确的生计策略并产生预期的生计结果，以达到改善未来生计状况的目的。

水贫困的提出建立在一般的贫困理论基础上，对水贫困内涵研究的深入遵循了界定贫困内涵的发展过程。建立水贫困评价指标体系是为了形成一个与水资源利用有关的评价贫困程度的工具[17]，不仅包含水资源的自然状态，而且涉及人们的社会能力。

三、新制度经济学理论

20 世纪 40 年代，制度学派由于凯恩斯主义的兴起，一直被忽略，直到 60 年代，制度主义才重新被大家重视。新制度经济学是以科斯、诺思、威廉姆森等人为代表的、内容广泛的理论体系，是西方经济学的一门新兴学科，它的兴起对经济学研究发展来说是一次重大的革命。经过长时间的演化和发展，新制度经济学初具规模，形成了以交易成本理论、产权理论、制度与制度变迁理论等为主要支干的理论体系。

（1）交易成本理论。交易成本理论是新制度经济学研究的核心范畴。科斯关于交易的理论思想是在对企业性质的研究当中展开的，科斯的“交易”在多数场合指的是市场交换或市场交易。相比之下，康芒斯准确地定义了“交易”，看到了权利在人们之间转让的实质，却没有将它与资源配置联系起来。科斯的重要贡献在于：交易是稀缺的、可计量的，交易的成本和收益也是可以计量和比较的，因而可以运用新古典经济学方法进行分析并纳入正统经济学的分析框架。科斯的这些贡献为将制度分析与资源配置联系起来、将制度经济学与传统微观经济学融合起来架起了桥梁。科斯在《企业的性质》一文中认为，企业的出现和存在是因为通过内化市场交易可以节约成本费用。另外，企业的规模又不能无限扩大，因为企业组织协调生产活动需要管理成本，而管理成本会随着企业规模的扩大而提高，当边际管理成本与边际交易成本相等时，企业和市场的规模就被界定下来，因此，交易成本就成为决定企业和市场边界的唯一因素。乔治·斯蒂格勒曾指出，一个没有交易成本的社会，宛如自然界没有摩擦力一样，是非现实的。科斯的原创性贡献，使经济从零交易成本走向正交易成本的现实世界，从而获得了对现实问题较强的解释力，使其得到广泛应用。

（2）产权理论。产权不是指人与物之间的关系，而是指由物的存在及关于它们的使用所引起的人们之间相互认可的行为关系。产权不仅是人们对财产使用的一束权利，而且确定了人们的行为规范，是社会制度。尽管各产权学家对权利的划分不尽相同，依据已有文献可将产权构成归纳为四种基本权利，即所有权、使用权、用益权和让渡权。西方产权学者从产权的排他性程度将产权分为三种类型：私有产权、共有产权和国有产权。在一个资源稀缺的环境中，如果不对人们获取资源的竞争条件和方式作出具体的规定，就会发生争夺稀缺资源的利益冲突，以产权界定为前提的交易活动也就无法正常进行。因此，产权制度对资源使用决策的动机有重要影响，并因此影响经济行为和经济绩效。产权的基本功能可以概括为以下几点：①激励和约束功能；②外部性内在化；③资源配置功能。科斯定理指出，当对产权做出明确的划分时，减少交易成本的目的就可以轻而易举地达到。

（3）制度与制度变迁理论。在影响人的行为决定、资源配置与经济绩效的诸制度变量中，产权的功效非常重要，但它并不是唯一的因素，除了它之外的其他因素也可以对上述现象产生影响。因此，有必要在一个比产权更广的制度内涵中来考虑这些问题，这就是新制度学派取得的新进展。按舒尔茨的观点，制度被定义为管束人们行为的系列规则，它是某些服务的供给者，它们应经济增长的需求而产生。他还将制度所提供的服务进行了富有经验意义的归纳：①用于降低交易费用的制度（如货币、期货市场）；②用于影响要素所有者之间配置风险的制度（如合约、分成制、公司、保险等）；③用于提供职能组织与个人收入联系的制度（如产权、资历等）；④用于确立公共品和服务的生产与分配框架的制度（如学校、农业试验站等）。以诺思为首创立的制度变迁理论把制度分为制度环境与制度安排。前者即“一系列用来确立生产、交换与分配的基本的政治、社会与法律规则”，如支配选举、产权与合约权利的规则，后者则是“支配经济单位之间可能合作与竞争方式的规则”。制度安排之所以会被创新，是因为有许多外在性变化促成了利润的形成。但是，又由于对规模经济的要求，使厌恶风险、市场失败以及政治压力等原因成为外部性内在的困难，这些困难使得潜在的外部利润无法在现有的制度安排结构内实现。在原有制度安排下，为了获取潜在利润，就会有人率先来克服这些障碍，从而导致一种新的制度安排的形式产生。当创新改变了潜在的利润或者创新成本的降低使制度安排的变迁变得合算，制度创新便会产生，进而制度发生变迁。

自新制度经济学被介绍到中国，它的革命性的理论含义、对现实经济问题的解释力、充满想象力的独特思路使得它在中国经济理论界引起的变革超出了其他任何一种西方经济理论。新制度经济学在中国以至在世界范围的成功，首先应归功于以上的理论价值。从 20 世纪 70 年代到 90 年代，中国以及其他传统计划经济国家纷纷走上市场化改革之路，雄辩地证明了新制度经济学的理论力量和预见力。另外，在以市场化为主要内容的制度变革过程中，新制度经济学又是一种非常有效的理论工具。从某种意义上讲，制度经济学在本质上就是一种关于制度变革的理论。水资源短缺日益成为人类不得不面对的严峻挑战，通过水资源管理体制改革或进行相关的制度安排已逐渐成为解决水资源短缺问题的重要措施之一。新制度经济学理论的形成、发展以及在中国乃至世界范围所取得的成功，使得用新制度经济学理论体系对水资源管理提供理论依据成为可能。

制度缺陷是水资源短缺危机的根本原因。由于人类涉水行为、涉水观念存在偏差，涉水的经济制度、社会制度、管理制度存在缺陷，水资源的管理体制和运行机制不恰当。近 20 年来，人们针对中国水资源的危机提出了种种应对之策，例如，建设节水型社会；转变经济增长方式；防污、治污、修复水生态系统；教育全民转变水观念、改变水行为、改变浪费水的生活方式；完善水法律，改进水体制，实现治水转型，引入市场水机制等。这些对策都非常重要和必要，是在某一特定的、具体的水资源危机或某一个环节上关键且具有决定性意义的对策。但是，水资源危机是系统性危机，应对危机的措施也应该是综合性的、系统性的，节水、治污、调水等具体技术措施只有得到制度、体制、机制创新的支撑、促进和保障才能产生长久的效益。因此，构建完善的水资源制度是缓解中国水资源危机的第一步，水资源管理制度、体制和机制的创新在解决水资源危机中起关键作用。

四、可持续发展理论

可持续发展是一个涉及经济、社会、文化、技术和自然环境的综合概念，是指既满足当代人的需求，又不对后代人满足其自身需求的能力构成危害的发展。这个定义包含了两个关键性的概念：一是人类需求，特别是世界上穷人的需求，这些需求应被置于压倒一切的优先地位；二是环境限度，如果它被突破，必将影响自然界支持当代和后代人生存的能力[18]。

具体来说，可持续发展系统的内涵可以归结为以下三个方面的内容。

（1）可持续发展的公平性。可持续发展所追求的公平性包括三层意思：一是本代人的公平，即同代人之间的横向公平。可持续发展要满足全体人民的基本需求和给全体人民机会以满足他们要求较好生活的愿望，要给世界以公平的分配和公平的发展权，要把消除贫困作为可持续发展进程特别优先的问题来考虑。二是代际间的公平，即世代人之间的纵向公平性。人类赖以生存的自然资源是有限的，当代人不能因为自己的发展与需求而损害人类世世代代满足需求的条件——自然资源与环境，要给世世代代以公平利用自然资源的权利。三是公平分配有限资源。可见，可持续发展不仅要实现当代人之间的公平，而且要实现当代人与未来各代人之间的公平，向当代人和未来世代人提供实现美好生活愿望的机会。

（2）可持续发展的持续性。可持续发展的持续性是指任何不断发展中的系统继续正常运转到无限的将来而不会由于耗尽关键资源而被迫衰弱的一种能力。它可进一步分为经济发展的持续性、社会发展的持续性和资源环境发展的持续性。其核心指的是人类的经济和社会发展不能超越资源与环境的承载能力。离开了资源与环境，经济持续发展、社会持续发展，甚至人类的生存与发展就无从谈起。

资源的永续利用和环境系统的持续性的保持是人类持续发展的首要条件。

（3）可持续发展的协调性。可持续发展的协调性主要是指可持续发展的实现手段。一般来说，当系统包含若干相互矛盾或相互制约的子系统时，当系统具有存在利益冲突的多个独立个体或因素时，当系统包含对各个目标有不同评价标准的参与者时，系统协调是实现可持续发展的关键手段。系统协调的基本思想是，通过某种方法来组织和调控所研究的系统，寻求解决矛盾或冲突的方案，使系统从无序转换到有序，达到协同或和谐的状态。系统协调的目的就是减少系统的负效应，提高系统的整体输出功能和整体效应。

可持续发展的概念和内涵强调了在发展过程中应该是公平性、持续性和协调性三位一体的高度综合。可持续发展的实质是要处理好人口、资源、环境与经济的协调发展关系。水是可持续发展的支撑条件，分别从其在人口、环境、经济中扮演的角色来看，其重要性体现在以下几个方面：①水是生命之源，是人类和一切生物赖以生存不可缺少的宝贵资源；②水是生态环境的基本要素，是支撑生命系统、非生命环境系统正常运转的必要条件，如果无水或缺水，将无法维持地球的生命力和生态、生物多样性，生态环境也必将遭到破坏；③水是一个国家或地区经济建设和社会发展重要的自然资源和物质基础，工农业生产活动必须要有水的参与。

综上所述，水作为人类所需而不可替代的一种资源，从水资源与可持续发展的关系来看，既要保证水资源开发利用的连续性和持久性，又要使水资源的开发利用尽量满足社会与经济不断发展的需求。两者必须密切配合，没有可持续开发利用的水资源，就谈不上社会经济的持续、稳定发展。反之，如果社会、经济发展的需求得不到水资源系统的支持，则会反作用于水资源系统，影响甚至破坏水资源开发利用的可持续性。

五、社会适应性理论

社会适应性能力是指社会对自然资源稀缺的适应能力，它是指“一个国家或地区开展应对自然资源稀缺的方法和手段的能力，以及接受、采纳和运用这些措施的能力”，包括经济发展、教育、人类平等（尤其是性别平等）和制度能力等。社会适应性能力理论将社会资源分为自然资源（称为第一类资源）和社会资源（称为第二类资源）两类。第一类资源稀缺会制约国家的经济和社会发展，但只有在第二类资源同时稀缺时，才会导致绝对的稀缺。如果一个国家或地区面临着某种自然资源的紧缺，但拥有良好的社会资源，也可以实现自然资源的有效管理与调控，以支持社会经济的可持续发展。

目前，国内外对社会适应性能力的研究还没有制定出一套完整的指标体系。

从适应性能力的概念可以看出，其主要包括经济发展、教育和制度能力等因素。将社会适应性能力的概念应用到水资源评价这一具体领域中，对应水贫困评价方法，本书亦将社会适应性能力分为设施状况、使用能力、利用情况和生态环境四个方面，来考察在社会适应性能力下中国的水贫困问题。

参考文献

[1] 邵薇薇, 杨大文. 水贫乏指数的概念以其在中国主要流域的初步应用. 水利学报, 2007, 38(7): 866-872.

[2] Salameh E. Redefining the water poverty index. Water International, 2000, 25(3): 469-473.

[3] Feitelson E, Chenoweth J. Water poverty: towards a meaningful indicator. Water Policy, 2002, 4(3), 263-281.

[4] Fitch M, Price H. Water poverty in England and Wales. Chartered Institute of Environmental Health, 2002: 67-69.

[5] Lawrence P, Meigh J, Sullivan C A. The water poverty index: an international comparison. Keele Economics Research Papers. 2002.

[6] Black M. Anti-poverty and integrated water resources management. GWP-China Technical Advisory Committee Context Paper-8, 2003: 8-9.

[7] Sullivan C A. Constructing a water poverty index: a feasibility study. World Development, 2002, 30(7): 1195-1210.

[8] Cullis J, O'Regan D. Targeting the water: poor through water poverty mapping. Water Policy, 2004, 6(5), 397-411.

[9] Sullivan C A. The water poverty index: development and application at the community scale. Natural Resources Forum, 2003, 27(3): 189-199.

[10] Sen A. Mortality as an indicator of economic success and failure. Economic Journal, 1998, 108(46): 1-25.

[11] Desai M. Poverty, Famine and Economic Development. Aldershot: Edward Elgar, 1995.

[12] Scoones I. Sustainable rural livelihoods: a framework for analysis. IDS Working Paper, Brighton, 1998.

[13] 何栋材. 水贫困理论及其在内陆河流域的应用——以张掖市甘州区为例. 兰州: 西北师范大学,2009.

[14] 王彬. 短缺与治理: 对中国水短缺问题的经济学分析. 上海: 复旦大学, 2004.

[15] 李玉敏, 王金霞. 农村水资源短缺:现状、趋势及其对作物种植结构的影响——基于全国 10 个省调查数据的实证分析. 自然资源学报, 2009,(02):200-208.

[16] 樊怀玉, 郭志仪, 李具恒, 等. 贫困论——贫困与反贫困的理论与实践. 北京: 民族出版社, 2002.

[17] 何栋材, 徐中民, 王广玉. 水贫困测量及应用的国际研究进展. 干旱区地理, 2009, 32(2): 296-303.

[18] 中国科学院可持续发展战略研究组. 2007 中国可持续发展战略报告——水: 治理与创新. 北京: 科学出版社, 2007.

第三章　中国农村水贫困研究

农村水资源是从区域角度出发对水资源进行的划分。长期以来，城市在社会、经济发展中发挥着重要的载体作用，承受着巨大的资源和环境压力，城市水资源一直是水资源保护的重点。但随着农村地区城镇化进程的加快和经济持续较快发展，农村有限的水资源大量由农村向城镇转移或由第一产业向第二、第三产业转移，农村水资源污染、短缺、用水效率低等问题逐渐凸显，加上农村人口居住分散、社会经济发展相对滞后以及水资源时空分布不均等因素的制约，使得农村水资源成了水资源保护的重点。本章通过构建中国农村水贫困测度评价指标体系，运用水贫困指数水贫困测度评价模型及主客观综合赋权法对中国 2004～2009 年 31 个省（自治区、直辖市）农村地区的水贫困程度进行计算，确定近年来中国农村地区水贫困程度分布范围，并对中国农村地区水贫困程度的空间格局机理进行探究，提出治理与缓解农村水贫困问题的对策建议。

第一节　中国农村水资源概况

中国的水资源总量为 28 000 亿 m^3，占全球水资源的 6%，但人均占有量不足世界人均占有量的 1/4、美国的 1/5，在世界上名列 121 位，是全球 13 个人均水资源较贫乏的国家之一[1]。中国拥有世界上最庞大的灌溉系统，灌溉在农业生产中发挥着至关重要的作用。全国 2/3 以上的耕地分布在降水量少于 1000mm 的常年灌溉带和补充灌溉带，灌溉面积的比例约为 50%，居世界首位。全国大约有 65%的粮食作物、75%的经济作物和 90%的蔬菜作物都生产在灌田上。灌溉在中国北方地区尤其重要，大约 96%的大米和 80%的小麦生产在灌田上，远远高于国家平均水平。中国共有耕地 13 003.92 万 hm^2，其中有效灌溉面积为 5424.94 万 hm^2，年灌溉用水量为 4190 亿 m^3 左右，约占全国总用水量的 70%以上，占农村用水量的 85%以上。长期以来，传统的粗放灌溉方式造成水资源极大浪费[2]。中国农村灌溉渠道 2/3 是土渠，渗漏大、蒸发严重，水利用系数约为 0.45。2001 年，中国粮食总产量为 45 263.7 万 t，由此看来，1m^3 水的效益平均为 1.08kg 粮食，而一些发达国家利用现代科技 1m^3 水的效益在 2kg 以上。在农村工业用水方面，从全国范围来看，沿海地区农村城镇民营企业较多，工业发达；内陆农村城镇主要以商业为主。总体农村工业用水比例较小，但浪费现象却惊人，水的重复利用率不到35%，有些地区和行业甚至不足10%，远远低于发达国家70%～80%的水平。

第二节　中国农村水贫困评价指标体系

Sullivan等提出水贫困指数后，相关的研究也是在水贫困指数基础上进行指标更新与方法推进。水贫困指数通过水资源状况、供水设施状况、利用能力、使用效率和环境状况五个方面的指标来衡量水资源贫乏度，具体表现在以下几点：①水资源指可以被利用的地表及地下水资源量及其可靠性或可变性；②供水设施指自来水及灌溉的普及率等，考虑了农业国家或地区的基本需水和卫生需水，反映了社会大众接近清洁水源的程度及用水安全性；③利用能力指基于教育、健康及财政状况等方面的水管理能力，反映了社会经济状况对水行业的影响；④使用效率指反映生活、工业和农业各部门的用水效率；⑤环境状况指与水资源管理相关的环境状况，包括水质及生态环境可能受到的潜在压力等。上述五个组成要素分别对应水贫困指数的五个分指标，每个组成要素又包含一系列变量，对应一系列子指标。国内对水贫困的研究尚处引进消化阶段，为数不多的实证分析多是严格应用水贫困指数模型[3]。

考虑到中国农村地区的实际情况，需要通过更新及拓展水贫困指数体系使其更好地适用于中国农村地区水贫困领域的研究，本书构建了在水贫困指数评价体系基础上由资源、设施、能力、使用和环境五个子系统综合而成的中国农村水贫困评价指标体系（表3-1），并对体系中的部分指标做了相应调整。

表3-1　中国农村水贫困测度评价指标体系

目标层	目标层权重	准则层	评价指标及单位	主观权重	客观权重	综合权重
资源	0.362	资源禀赋	水资源总量/亿 m^3	0.1682	0.2301	0.2631
			人均供水量/亿 m^3	0.2390	0.4205	0.2741
			降水量/m^3	0.1976	0.1537	0.1641
			人均水资源量/ m^3	0.3952	0.1957	0.2987
设施	0.198	农村节水	农业节水灌溉面积率/%	0.2599	0.1713	0.2161
			农村改水累计受益人口/人	0.4126	0.4899	0.4239
			农村卫生厕所普及率/%	0.3275	0.3387	0.3600
能力	0.198	宏观调控	国家投资占农村改水投资比例/%	0.0534	0.0894	0.0870
			国家投资占农村改厕投资比例/%	0.0534	0.1435	0.1030
			环境污染治理投资总额/元	0.0669	0.0538	0.0675
			政府消费支出/亿元	0.1073	0.0464	0.0603

续表

目标层	目标层权重	准则层	评价指标及单位	主观权重	客观权重	综合权重
能力	0.198	经济发展水平	人均国内生产总值/元	0.1236	0.1334	0.1357
		科技事业发展	科技市场成交额/元	0.0888	0.1527	0.1288
			科学技术支出占财政支出比例/%	0.1023	0.1072	0.1126
			全省乡镇环保监察科研机构数/个	0.1179	0.0588	0.0817
		人民生活质量	农村居民家庭恩格尔系数/%	0.1431	0.1657	0.1521
			农村居民消费支出/元	0.1431	0.0489	0.0713
使用	0.134	农村用水	万元国内生产总值用水量/m^3	0.1608	0.1242	0.1827
			农田实际灌溉亩均用水量/m^3	0.1455	0.3001	0.2453
			农村居民人均生活用水量/L	0.1455	0.1145	0.1073
			单位 GDP 农业用水量/m^3	0.1903	0.2745	0.2496
			生活污水排放量/t	0.1435	0.1071	0.1121
			农村有效灌溉面积/hm^2	0.2144	0.0796	0.1031
环境	0.107	农业污染	水污染投诉事件/封	0.0573	0.0754	0.0569
			各地突发水污染事件/次	0.0573	0.0872	0.0840
			畜养和农药化肥污染投诉事件/件	0.0573	0.0838	0.0710
			每公顷农田施用化肥数/t	0.1146	0.0897	0.0894
		农业生态环境	沙化土地面积/hm^2	0.0838	0.0929	0.1022
			水旱灾害损失情况/hm^2	0.1228	0.0896	0.1031
			荒漠化土地面积/hm^2	0.1031	0.1623	0.1395
		治理保护	自然保护区面积/hm^2	0.1329	0.1105	0.1176
			水土流失治理面积/hm^2	0.1258	0.0927	0.1104
			生态环境用水量/m^3	0.1452	0.1160	0.1258

在资源系统方面，强调地区的水资源禀赋条件差异状况，选取水资源总量均值、降水量均值、人均水资源量等作为基本评价指标，在宏观层面上对农村水贫困测度指标体系的建立给予支持。

在设施系统方面，侧重农村节水领域，囊括农村居民生活用水以及农业生产发展方面，具体包括农业节水灌溉面积率、农村改水累计受益人口及农村卫生厕所普及率三个指标，基本反映出设施系统在农村水贫困测度中的关键作用[4]。

在能力系统方面，以国家宏观调控、经济发展水平、科技事业发展、人民生活质量为视角，重点关注国家投资在农村改水和改厕项目中的投资比例以及对环境污染治理投资的总额，同时要对区域政府消费水平给予关注，另外，通过人均国内生产总值来反映区域经济发展状况，采用科技市场成交额、科学技术支出占财政支出比例以及乡镇级别的环保监察科研机构数三个指标诠释技术水平对能力系统的支持。特别指出运用恩格尔系数及农村居民消费支出指标作为衡量农村居民生活水平高低的关键，使得能力系统内部支撑系统更为有力。

在使用系统方面，直接关注农村用水现状，所选指标包括万元国内生产总值用水量、农田实际灌溉亩均用水量、农村居民人均生活用水量、单位 GDP 农业用水量、生活污水排放量、农村有效灌溉面积，这些指标对于分析农村水贫困测度的使用状况具有现实意义。

在环境系统方面，从农业污染、农业生态环境以及治理保护三个方面立意，具体评价指标为水污染投诉事件、各地突发水污染事件、畜养和农药化肥污染投诉事件、每公顷农田施用化肥数、沙化土地面积、水旱灾害损失情况、荒漠化土地面积、自然保护区面积、水土流失治理面积、生态环境用水量[5]。

为区分不同指标在农村水贫困测度评价指标体系子系统中的重要程度，需对各子系统内部评价指标进行权重分析。常用的权重确定方法有主观法和客观法。层次分析法是一种典型的主观赋权法，它依赖于专家经验和已有知识来确定指标的重要程度，主观性强。熵值法是一种典型的客观赋权法，通过调查数据计算及指标的统计性质确定指标重要程度，但不能依据理论上各指标的重要程度赋予不同的权重值[6]。

因此，为实现指标赋权的主客观统一，最大限度地消除指标权重的不确定性，本节用层次分析法和熵值法共同确定满足主客观条件的指标权重，保证各子系统内部权重之和为 1。具体构建的中国农村地区水贫困评价指标体系及目标层、各子系统内部指标权重大小见表 3-1。

本章选取 2004～2009 年 31 个省（自治区、直辖市）的农村地区作为研究对象，对其水贫困程度进行测算与分析。在空间层面上横向覆盖中国 31 个省（自治区、直辖市）（港、澳、台除外），在时间层面上纵向覆盖 2004～2009 年的统计数据，且数据均来源于《中国水资源公报》《中国统计年鉴》《中国环境统计年鉴》《中国环境统计年报》等，部分数据根据年鉴整理所得。

第三节　农村水贫困测度的研究方法

一、水贫困测度模型

水贫困指数是可以定量评价国家或地区间相对缺水程度的一组综合性指标。该指标不但能反映区域水资源的实际情况，还能反映工程、管理、经济、人类福利与环境情况[7]。

本节所构建的水贫困评价指标体系由资源、设施、能力、使用和环境五个子系统综合而成，各子系统内部分别设置了若干评价指标。以水贫困评价指标体系为基础，在五个子系统之间运用层次分析法进行加权，以体现在社会发展不同阶段利用社会资源对水资源稀缺的适应性不相同的客观情况，其公式如下：

$$\mathrm{WPI}=\frac{w_r R+w_a A+w_c C+w_u U+w_e E}{w_r+w_a+w_c+w_u+w_e} \tag{3-1}$$

式中，WPI 代表水贫困评价得分矩阵；R, A, C, U, E 分别代表资源、设施、能力、使用和环境子系统；w_i（$i=r, a, c, u, e$）代表利用层次分析法所求得对应子系统的权重[8]。

二、层次分析法

采用层次分析法确定评价因子的权重，基本过程如下。

首先，构造判断矩阵。判断矩阵表示针对上一层中某元素，评价层中各元素相对其重要性的状况，其形式如下：

$$M=\begin{pmatrix} f_{11} & f_{12} & \cdots & f_{1n} \\ f_{21} & f_{22} & \cdots & f_{2n} \\ \vdots & \vdots & & \vdots \\ f_{n1} & f_{n2} & \cdots & f_{nn} \end{pmatrix} \tag{3-2}$$

其中，对于任何一个矩阵而言，都应满足 $f_{ij}=1$ 且 $f_{ij}=1/f_{ji}$，f_{ij} 表示元素 f_i 对 f_j 的相对重要性的判断值，f_{ij} 定量化标度值见表 3-2。

表 3-2　标度对照表

标度值	含义
1	两个因素相比，具有同样重要性
2	两个因素相比，前者比后者稍微不重要
3	两个因素相比，前者比后者明显不重要
倒数	如果因素 i 与因素 j 的重要性质比为 f_{ij}，那么因素 j 与因素 i 重要性质比为 $f_{ij}=1/f_{ji}$

利用一定的数学方法对填写人填写后的判断矩阵进行层次排序，通过单排序计算每一个判断矩阵各因素针对其准则层的相对权重，并采用自上而下的方法计算，逐层合成，获得总排序结果。同时，由于判断矩阵是计算排序权向量的根据，层次分析法要求矩阵有大体上的一致性，以使计算的结果基本合理，因而必须对矩阵进行一致性检验（consistency index）。可以利用判断矩阵的一致性指标（C.I）和相应的随机一致性指标（R.I）之比，即随机一致性比例（C.R）来检验：

$$\mathrm{C.I}=\left(\lambda_{\max}-n\right)/\left(n-1\right) \tag{3-3}$$

$$\mathrm{C.R}=\mathrm{C.I}/\mathrm{R.I} \tag{3-4}$$

当 C.R<0.10 时，矩阵具有满意的一致性；当 C.R≥0.10 时，应该对判断矩阵

进行适当的修正，最后进行最终结果分析[9]。

根据以上步骤得到的各因素权重分布或决策结果，可以确定各因素最终的重要性排序及相应权重值，或者选定最符合逻辑判断的决策方案。

第四节　中国农村水贫困水平以及空间格局分析

一、中国农村水贫困评价

本节根据中国农村水贫困测度评价指标体系，运用水贫困指数方法对中国31个省（自治区、直辖市）的农村地区水贫困程度进行测算。

首先，由于水贫困测度评价指标体系中所有指标原始数据的计量单位不统一，要先对它们进行归一化处理，从而解决各项不同质指标值的同质化问题。考虑到评价指标性质的不同，为使得最终分值越低的地区越水贫困，因而对数值越高越水贫困的做负向指标处理，反之做正向指标处理。对于正向指标记 M_j 为其理想值；对于负向指标记 m_j 为其理想值。理想值通过指标数据 x_{ij} 获得，把极值作为理想值，即令 $M_j=\max(x_{ij})$，$m_j=\min(x_{ij})$，定义 x_{ij}^* 为 x_{ij} 对理想值的接近度，则

$$x_{ij}^* = \begin{cases} x_{ij} / x_{\max} & \text{（正向指标）} \\ x_{\min} / x_{ij} & \text{（负向指标）} \end{cases} \tag{3-5}$$

其次，运用主客观综合赋权法确定各指标综合权重，将子系统内部的各个指标进行加权求和，得到各地区各子系统的综合评价得分[10]。

再次，用层次分析法所得权重对各子系统之间进行加权求和，得到各省级行政单位农村地区水贫困总的得分情况，根据得分结果对中国农村地区的水贫困程度进行从低到高排序，得分越低则排名越靠前，即该区的水贫困情况越严重。

评价结果基本可以反映近年来中国农村水贫困的实际情况，具体评价结果见表3-3。

表3-3　2004～2009年中国农村水贫困测度得分及排名

地区	2009		2007		2005		2004		均值	
	得分	排名	得分	排名	得分	排名	得分	排名	得分	排名
北京	0.0182	18	0.0187	16	0.0181	16	0.0199	20	0.0191	18
天津	0.0062	3	0.0073	3	0.0084	3	0.0082	3	0.0073	3
河北	0.0217	22	0.0206	19	0.0220	21	0.0195	17	0.0211	21
山西	0.0101	6	0.0101	6	0.0097	5	0.0096	6	0.0099	5
内蒙古	0.0121	11	0.0123	12	0.0138	12	0.0133	10	0.0125	10
辽宁	0.0156	15	0.0149	14	0.0150	14	0.0139	12	0.0149	14

续表

地区	2009		2007		2005		2004		均值	
	得分	排名	得分	排名	得分	排名	得分	排名	得分	排名
吉林	0.0096	5	0.0104	7	0.0112	7	0.0094	5	0.0106	6
黑龙江	0.0179	17	0.0189	17	0.0183	17	0.0210	22	0.0186	16
上海	0.0143	13	0.0144	13	0.0144	13	0.0141	13	0.0145	13
江苏	0.0282	28	0.0284	28	0.0298	28	0.0265	28	0.0287	28
浙江	0.0246	24	0.0245	25	0.0269	26	0.0223	24	0.0249	25
安徽	0.0174	16	0.0178	15	0.0197	19	0.0197	19	0.0187	17
福建	0.0154	14	0.0209	20	0.0175	15	0.0156	14	0.0178	15
江西	0.0190	19	0.0219	22	0.0197	18	0.0191	16	0.0200	19
山东	0.0263	26	0.0254	26	0.0274	27	0.0245	27	0.0263	27
河南	0.0238	23	0.0243	24	0.0250	24	0.0228	25	0.0243	24
湖北	0.0202	20	0.0191	18	0.0217	20	0.0205	21	0.0205	20
湖南	0.0277	27	0.0278	27	0.0245	22	0.0235	26	0.0259	26
广东	0.0282	29	0.0336	30	0.0333	29	0.0287	29	0.0303	29
广西	0.0212	21	0.0219	21	0.0249	23	0.0197	18	0.0223	22
海南	0.0028	2	0.0035	2	0.0062	2	0.0068	2	0.0047	2
重庆	0.0107	8	0.0093	5	0.0116	8	0.0120	8	0.0110	7
四川	0.0348	30	0.0302	29	0.0352	30	0.0340	30	0.0341	30
贵州	0.0120	10	0.0112	9	0.0130	10	0.0131	9	0.0122	9
云南	0.0257	25	0.0228	23	0.0253	25	0.0214	23	0.0238	23
西藏	0.1063	31	0.0991	31	0.0985	31	0.0953	31	0.0986	31
陕西	0.0129	12	0.0119	10	0.0135	11	0.0137	11	0.0131	11
甘肃	0.0068	4	0.0079	4	0.0086	4	0.0091	4	0.0081	4
青海	0.0107	7	0.0109	8	0.0128	9	0.0186	15	0.0136	12
宁夏	0.0021	1	0.0026	1	0.0044	1	0.0051	1	0.0033	1
新疆	0.0111	9	0.0122	11	0.0108	6	0.0114	7	0.0121	8

基于上面的测度结果，对中国各省级行政单位农村水贫困得分进行均值化处理，进而得出各地农村地区水贫困的综合排名结果（表 3-3），并通过对 2004～2009 年各省级行政单位农村水贫困得分状况（排名）的发展趋势进行分析，依据有序聚类的方法将中国农村水贫困空间格局划分为高水贫困地区、中水贫困地区和低水贫困地区。其中，高水贫困地区为宁夏、海南、天津、甘肃、山西、吉林、重庆、新疆、贵州、内蒙古；中水贫困地区为陕西、青海、上海、辽宁、福建、黑龙江、安徽、北京、江西、湖北、河北；低水贫困地区为广西、云南、河南、浙江、湖南、山东、江苏、广东、四川、西藏（图 3-1）。

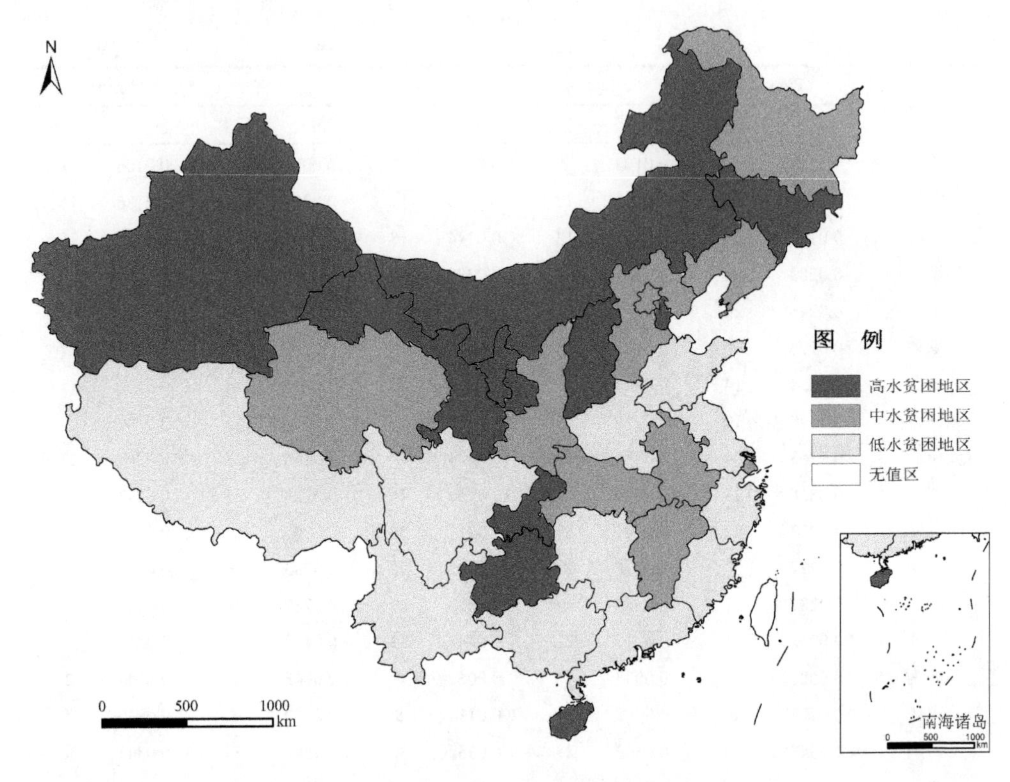

图 3-1 中国农村水贫困测度空间格局

从自然条件来看，中国农村水贫困的分布格局大致与南多北少的水资源分布状况相匹配，个别省份如海南、重庆、贵州等地因自身地理位置及社会经济发展等条件的制约，虽位于南方地区但农村水贫困状况却依然严峻。另外，随着各地节水灌溉、农村生活用水改造等一系列涉及农业生产、农村生活领域的水资源高效利用措施的出现，农村水贫困程度有所缓解。但是由于突发性流域水污染事件，农业生产领域化肥、农药、畜禽粪便水污染事件的发生及洪涝、干旱自然灾害的频发等不可预知因素影响，个别年份有些地区的农村水贫困程度出现反复[11]。对于这种突发因素加剧区域水贫困程度的情况需要给予重点关注，一方面要加大监管排查力度，在农业生产过程中逐步改变过去粗放经营模式，实行高效、环保、可持续的生产模式，发展节水生态农业；另一方面要提高广大农民素质，国家给予更多技术、政策及财政补贴支持，进而有效遏制农村地区水贫困的继续恶化[12]。

水资源虽然是可再生资源，但是，社会经济的发展特别是农业生产发展过程中的过度开发利用势必会破坏其循环更新能力，使其具有不可再生性，加剧区域水贫困程度，且一些地区存在着严峻的水贫困与经济贫困交织的恶性循环压力。

此外，还有一些地区虽然经济发展水平较高，但是其农村水贫困形势却十分严峻，可见广大农村地区为整个国家城市化、工业化进程的推进及社会经济的高速发展做出了巨大的资源、环境及经济利益的牺牲。

二、中国农村水贫困空间格局分析

为了更好地对中国农村水贫困空间格局进行研究，本节选取人均 GDP 指标［1997～2008 年 31 个省（自治区、直辖市）的人均 GDP 均值］代表各地的经济实力，以农村水贫困得分指标［2004～2009 年 31 个省（自治区、直辖市）的水贫困得分均值］代表各地农村水贫困程度，对中国 31 个省（自治区、直辖市）经济实力和农村水贫困程度的关系进行研究（图 3-2）。从图 3-2 中可以看出，各省（自治区、直辖市）的经济发展实力和水贫困程度并不都是一致的。下面本节将在结合区域自然地理位置、农业生产能力、气候条件、流域分布范围、经济实力与社会发展状况等方面的基础上，对中国农村地区水贫困格局形成机理进行具体研究[13]。

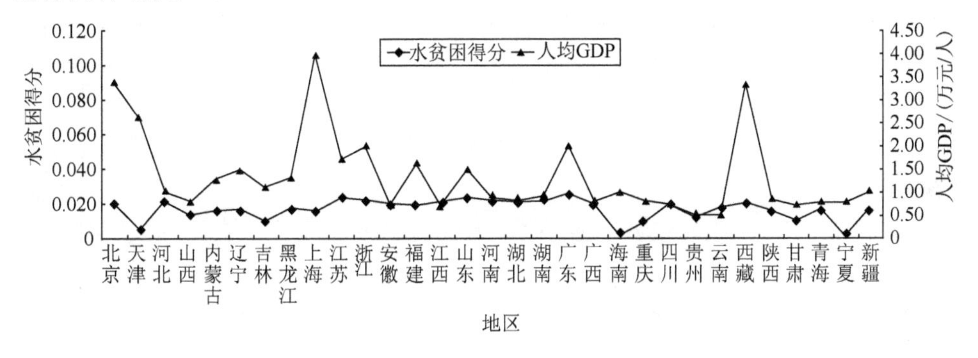

图 3-2 中国农村水贫困现状与经济发展状况关系图

（一）高水贫困地区

高水贫困地区包括宁夏、海南、天津、甘肃、山西、吉林、重庆、新疆、贵州、内蒙古 10 个省级行政单位。

宁夏、甘肃和山西位于中国西北干旱、半干旱地区，水资源条件较差，年降水量 400～600mm 且降水变率大，春旱严重，夏雨集中，近 70%的土地覆盖着深厚的黄土层，黄土颗粒很细，土质松软，在地面缺乏植被和暴雨侵蚀以及长期滥垦陡坡造成水土流失加剧，燃料、饲料、肥料“三料”俱缺，粮食产量不高且不稳，形成“越穷越垦，越垦越穷”的恶性循环。水贫困与经济贫困的双重压力导致该区农业生产发展和农民生活水平亟待改善[14]。

海南位于中国华南地区，属于热带、亚热带气候，全年高温多雨。但是，海南作为岛屿四面环海，淡水资源缺乏，而海南又是提供反季蔬菜、水果的重要省份，需要淡水资源对农业生产的直接支持，且该地近年来旅游业发展迅猛，也需消耗大量水资源。这些都使得海南水贫困程度加剧，成为高水贫困地区，这点需要特别关注。

天津位于中国华北地区且处于海河流域下游，毗邻渤海，虽地处温带地区，水热条件较为优越，但是由于海河流域水量、水质状况的恶化及地下水的过度开采，其水资源的条件极为恶劣。加之天津作为环渤海经济区的重要组成部分，城市化发展程度高，人口密度大，工农业发展及居民生活用水量巨大，在很大程度上加剧其农村水贫困程度。

吉林位于中国东北地区，水热条件较好，但是长期农业生产过程中的粗放经营，致使西部湿地锐减、河流污染与干涸问题严重、地下水超采与污染问题凸显，成为高水贫困地区。

贵州、重庆位于中国西南地区，属于亚热带湿润气候。这两地成为高水贫困地区主要由于贵州多为喀斯特地形，丘陵山地为主，水土流失严重，水资源自然条件存在劣势；而重庆的自然地形也是以山地丘陵为主，存在水土流失问题，且作为该区的经济发展重心，城市化水平相对较高，因而重庆周边农村地区水资源的使用不仅要进行农业生产及农村居民生活用水，更重要的是要为城镇发展提供支持[15]。

新疆气候干旱、地广人稀，年降水普遍小于250mm，其中一半以上小于100mm，不能满足农作物最低限度水分需要。作物生长过程中光、热、水、土资源配合上存在较大缺陷，农业普遍呈分散小块分布，以依靠灌溉的绿洲农业和荒漠放牧业为主要农业生产方式，因而其成为高水贫困地区。

内蒙古由于年降水量仅为200～500mm，大部分处于半干旱地带，风大且多，地面受风蚀造成沙漠化，中国北方16.4万km^2的沙漠化土地，绝大部分分布在内蒙古，是全国生态平衡严重失调地区之一。水资源情况差导致发展农业的水土资源条件也较差，且耕作粗放，粮食单产很低，农村地区农业生产和居民生活用水均存在严峻的水贫困现象。

（二）中水贫困地区

中水贫困地区包括陕西、青海、上海、辽宁、福建、黑龙江、安徽、北京、江西、湖北、河北11个省级行政单位。

陕西位于黄河中游地区，毗邻黄土高原，水土流失是该地的主要问题。但其以渭河平原为依托，逐步形成了以水果种植为中心的农业发展体系，通过改良粮食品种、优化种植结构、提高灌溉效率等措施的实施，进一步缓解了该地水资源的急缺现状，与周边省份相比水贫困程度较轻[16]。

青海地处青藏高原，地势高、气温低的自然特点致使大部分地区热量不足，气温日较差大，且水资源利用难度大，只宜放牧，农业生产不如中国其他农业区发达。另外，由于该地是中国众多大江大河的发源地所在，保护生态平衡的任务十分艰巨，农业发展对水资源的要求相对较低，就整体而言水贫困程度较低。

上海位于长江三角洲地区，气候湿润，水资源自然条件较好，但是作为中国经济发展的前沿地区，随着社会经济的飞速发展和城市化进程的不断推进，工农业发展均需要大量的水资源予以支撑。加之人口数量的日益增长，上海作为沿海城市的淡水资源缺乏问题凸显，综合来看属于中水贫困地区。

辽宁、黑龙江地区平原广阔，土地肥沃，森林和水资源比较丰富，适宜发展种植业，是中国人均粮食产量最多的地区，常年向国家提供大量商品粮和大豆。但大面积扩大耕地导致自然生态环境遭到破坏，水贫困程度呈现恶化趋势。

福建、江西位于中国南方地区，水资源较丰富但时空分布不均。由于自然地理条件和气候特征的影响以及水资源自身条件的变化，加上现有水利设施和水利管理体制的局限性，随着社会经济可持续发展要求的不断提高、经济发展速度的加快及各地区发展水平不平衡格局的加剧，其在水资源开发、利用、治理、节约、保护、配置等诸多方面出现一些不容乐观的问题，成为中水贫困地区。

安徽、湖北位于长江中下游，人多地少且水热资源丰富，农业生产水平较高。该区的水贫困程度相对较低，为农业生产的进一步合理发展提供了相对优越的自然条件。但是，由于该区水土流失现象存在恶化趋势，加之洪涝灾害，对农业健康生产具有一定威胁，成为当地水贫困恶化的隐患。该区毗邻长江三角洲经济区，同样存在工业反哺农业、城市反哺农村的问题，所以，为缓解该地水贫困程度和进一步发展农业生产，必须给予必要政策支持，加强农田水利建设。

北京、河北位于中国华北地区，淡水资源极为匮乏且污染严重，旱涝碱是影响该区农业生产的主要不利因素，地下水超采现象凸显。另外，人口数量大、城市化发展水平较高使得地方受到经济利益驱使及居民节水意识缺失导致大量水资源浪费及污染，特别是农村在满足城镇发展以及区域经济腾飞的过程中做出了巨大的资源与经济牺牲，导致水资源与人口、资源和生产力布局不相匹配，该区的水贫困程度呈现加剧态势[17]。

（三）低水贫困地区

低水贫困地区包括广西、云南、河南、浙江、湖南、山东、江苏、广东、四川、西藏10个省份。

广西、云南、湖南、广东、四川位于中国南方地区，以亚热带湿润气候为主，高温多雨，同时毗邻许多大江大河以及淡水湖泊，水热条件较好，利于农业生产的发展。广东、湖南的社会经济发展水平较高，对于优化水资源利用方面采取的政策与措施较为得力。广西、云南、四川与湖南、广东相比，在经济方面存在劣势，但在西部大开发的大背景下，国家及地方在农业生产方面，通过科学技术、政策、资金的不断投入，使其农业用水方面日趋优化。综合来看，以上几个省级行政单位的农村水贫困程度较低。

山东、河南作为中国人口大省和农业大省，近年来随着社会经济的不断发展及科学技术的不断创新，从自身实际资源条件出发，强化对水资源的综合利用，针对占较大比例的农业用水问题，结合工程节水、农艺节水及管理节水技术，研究推广了一系列农业节水模式和综合性节水措施。同时，采用先进的灌溉技术等手段，实现了可观的农业节水效益，水贫困程度在全国范围来看处于低位。

浙江、江苏位于中国长江中下游地区，水资源条件较好，农业用水也一直是它们的用水大户。随着粮食市场化等一系列政策的出台，农业种植结构发生较大的变化，粮食作物种植面积大幅减少，其他各种经济作物的种植比例大幅度增加，传统农业正向着效益农业逐步转变，农业用水量已发生较大变化。另外，结合农业节水灌溉、改良农作物种植及合理规划农业用水等措施的实施，浙江、江苏成为低水贫困地区。

西藏地广人稀，作为中国重要的牧区和林区，水贫困程度相对较低，一方面由于本区高寒的自然特点，大部分地区热量不足且水资源利用难度大，只宜放牧，农业生产状况不如中国其他农业区发达；另一方面，作为中国众多大江大河源头，生态保护意义重大，不宜过度开发水资源，应以维持原生态任务为关键，农业发展以牧为主，农牧结合。

第五节　治理农村水贫困的政策建议

（一）发展节水农业模式

现阶段农业水资源能否持续高效利用是各省制定与实施缓解农村水贫困措施的关键，然而，如何才能实现农业水资源持续高效利用是一个非常复杂的理论和实际问题。建设以提高水效率和生产效率为中心的节水高效型农业无疑是一种有效方法，可采用如下措施：①依据区域水资源承载力，以供定需，合理调整农业发展布局；②保护水源，控制水污染继续发展；③加强流域水资源的统一管理、开发和利用；④有计划地新建水资源调蓄工程及跨流域与跨地区调水工程；⑤进一步加强农业水资源持续高效利用问题的科学研究工作；⑥加快农业节水技术成果转化和农业节水法规建设。在实践过程中，山东、河南、江苏、浙江等地已通过采取节水灌溉、优化农村水资源管理方式、布局农村水利设施等节水农业措施，有效缓解了当地水贫困现状。

（二）强化农村水务建设

农村水务就是利用各种建设和管理手段，对农村的水资源进行主动保护、适度开发、循环使用、高效利用和科学管理，包括农村水务综合规划的制定；农民安全饮水、农业节水灌溉、水土保持与水源保护、农村污水处理及回用、河道治理及乡村水环境等方面的建设；水务设施的管护、防汛抗旱、水务新技术推广、农村节约用水管理以及农民参与水务建设与管理的机制等[18]。

农村水贫困的治理需要细化到农村用水的各个环节，具体包括以下几方面：①农民参与是实现农村水贫困治理的基础，只有农民全过程参与，才能找到农民真正的需求；②农村水贫困的治理需要依靠强大的科技做支撑，如农民安全饮水消毒设施如何做到方便、高效管理，污水处理技术如何做到低成本、高效率，节水灌溉技术如何适应农村作物种植现状等；③要加大政府投入力度，以政府资金引导其他资金投入和农民投工投劳，加快推进农村水贫困治理工作；④要建立起长效运行机制，不断完善农村水务设施。

（三）健全农村水权管理系统

目前，中国水权界定与管理还不够完善，尽管几个大的流域存在省际水量分配现象，但在县一级缺乏有效的水权管理系统，特别是旱季在农村公平分配用水几乎是不可能的，这更加剧了农村水贫困程度。要改善这一局面必须认识到水权是有效处理农村用水分配问题的一个根本先决条件。

现阶段要求用水者（工业、农业、居民生活）要按用水量缴纳费用是较为成熟的水权管理措施，在缺水地区和过度取水地区把水价定高一些来督促节水。但鉴于目前农业用水消耗量最大，并且按亩计收灌溉水费的方式致使农民大量浪费水资源这一问题十分严峻，因而简单地提高目前按面积征收的灌溉水费，不仅不会减少对水的浪费，反而会增加农民的负担，关键是要把农业水费征收方式变为按量计价[19]。

另外，在农村生活用水方面更需要相关政府部门给予高度关注，针对农村生活用水中的缺水、水质条件差、用水设施不健全等问题要采取相应的有效措施，在一些农村生活用水服务项目中可结合国际相关组织的帮助来制定合理的农村供水和卫生规划项目，将国际先进经验与中国农村现实用水状况相结合，对保障农村人口健康和开展扶贫工作有着积极的推动作用。

（四）关注农村饮用水安全与水环境问题

农村水贫困还突出表现在农村居民的饮水安全以及农村水环境问题上，而发展生态农业是实现中国农业发展、农村经济与资源环境协调发展以及缓解农村水贫困的成功模式。要通过对农业废弃物进行资源化处理，加快推进乡镇工业污水、生活污水和垃圾集中清理，以及农村改厕和规模化养殖业污染治理，并与沼气使用相结合，推行秸秆还田，鼓励使用有机肥等，使其对环境的不良影响降到最小。另外，结合农村环境综合治理，加快推进农村小流域综合整治[20]。

（五）营造农村水贫困与经济贫困"双赢"格局

农村水贫困与经济贫困两者之间联系紧密，例如，宁夏、甘肃、山西、吉林、新疆、贵州、内蒙古、青海等地存在严峻的水贫困与经济贫困交织问题，成为制约其社会经济良性发展的瓶颈。

在农村地区要将治理水贫困政策与扶贫开发项目相结合，政府通过设计和实施优化利用水资源项目以帮助解决经济贫困问题，确保贫困人口通过水贫困治理政策的支持以及基础设施项目的建设而获益。

首先，在正确的水资源管理框架下确定的水利基础设施投资需要与水资源的可持续利用同步进行，通过把跨流域调水、农业节水、灌排系统改造、防洪工程、小流域治理等基础项目纳入一个良好的水资源规划和管理体系中，使这些投资发挥最大效益。

其次，要逐步转变原有对基础设施建设的关注甚于对现有设施的运行与维护的观念，建立适宜的管理机制和财务机制来保证投资和项目效益发挥的可持续性。

最后，在具体实施过程中，灌溉、小流域治理、供水和卫生、防洪和小水电开发是直接解决农村地区贫困问题的重要手段，特别是小水电项目。由于中国各地都有相当程度的水电开发潜力，在水资源条件允许的贫困地区建设小水电的潜力更大，政府可投资设计与开发小水电项目，协助地方进行分析咨询性援助及技术援助方面的工作[21]。

治理农村水贫困政策作为可持续的水资源管理和环境保护项目对扶贫开发有积极作用。贫困地区人口常是资源破坏的最直接和最严重的受害者，该政策的实施可有效保障他们的利益。中国已经在一些落后地区通过兴建相关水利设施来减少贫困和提高社会福利，收效显著。

（六）建立中国农村水资源援助战略

鉴于中国农村严峻的水贫困形势以及水资源管理在技术、机构和管理手段方面存在的诸多问题，需要把水资源保护和水资源持续利用的有关理念转化成现实可行的规划和政策；对于水资源援助的基础设施项目应制定项目管理的具体实施内容，采取“自上而下”与“自下而上”相结合的方法，各级政府相关行政领导要予以支持，用水单位与个人要积极参与；优先向节水、流域管理、灌排系统改造、水污染防治包括污水处理、洪水和干旱管理、乡村供水、水电包括小水电等方面的项目提供资助，要以减少贫困为重点[22]。

农村水资源援助战略是通过高效水资源管理制度的建立来提高在农业生产领域的水资源利用效率，要在加大资金投入和提高政府重视程度的同时更多地借鉴和学习国际经验，不同政府部门、用水户组织和利益相关者之间的协调与合作，需要政府发挥强有力的领导作用，特别是政府职能分配及职能效益发挥需要加强同国际相关组织的合作与交流。世界银行作为一个具有广泛国际经验和国际影响力的中间人，可以成为在各个层次帮助中国开展公开对话且非常有效的合作伙伴，要充分利用世界银行在水资源援助战略中的重要功能，不能仅仅将其作为商业贷款的一个来源。作为战略伙伴世界银行可以更多基于战略协作、前期规划和决策初期的合作，提供更多分析性咨询援助，提高援助的潜在效益。

参 考 文 献

[1] 刘江. 中国资源利用战略研究. 北京: 中国农业出版社, 2002.

[2] 王晓宇. 生态农业建设与水资源可持续利用. 北京: 中国水利水电出版社, 2008.

[3] Sullivan C A. The water poverty index: development and application at the community scale. Natural Resources Forum, 2003, 27(3): 189-199.

[4] Ohlsson L. Water conflicts and social resource scarcity. Paper Prepared for the European Geophysical Society, 1999.

[5] 邵薇薇, 杨大文. 水贫乏指数的概念及其在中国主要流域的初步应用. 水利学报, 2007, 38(7): 966-872.

[6] 曹建廷. 水匮乏指数及其在水资源开发利用中的应用. 中国水利, 2005, 9: 22-24.

[7] 何栋材, 徐中民, 王广玉, 水贫困测量及应用的国际研究进展. 干旱区地理, 2009, 32(2): 296-303.

[8] 靳春玲, 贡力. 水贫困指数在兰州市水安全评价中的应用研究. 人民黄河, 2010, 32(2): 70-71.

[9] 孙才志, 王雪妮. 基于 WPI-ESDA 模型的中国水贫困评价及空间关联格局分析. 资源科学, 2011, 6: 1072-1082.

[10] Garriga R G, Foguet A P. Improved method to calculate a water poverty index at local scale. Journal of Environmental Engineering, 2010, 36(11): 1287-1298.

[11] 陶卓民, 林妙花, 沙润. 科技旅游资源分类及价值评价. 地理研究, 2009, 28(2): 524-535.

[12] 孙才志, 陈丽新, 刘玉玉. 中国省级间农产品虚拟水流动适宜性评价. 地理研究, 2011, 30(4): 612-621.

[13] 李慧赟, 张弛, 王本德, 等. 基于模糊聚类的丰满上游流域降雨径流变化趋势分析. 水文, 2009, 29(3): 28-31.
[14] 山仑, 康绍忠, 吴普特. 中国节水农业. 北京: 中国农业出版社, 2004.
[15] 北京市水务局. 农村水务管理概论. 北京: 中国水利水电出版社, 2007.
[16] 程序. 中国可持续发展总纲——中国农业与可持续发展. 北京: 科学出版社, 2007.
[17] 世界银行东亚及太平洋地区. 中国水资源援助战略. 北京: 中国水利水电出版社, 2004.
[18] 胡兵, 胡宝娣, 赖景生. 经济增长、收入分配对农村贫困变动的影响. 财经研究, 2005, 31(8): 89-99.
[19] 洪兴建, 李金昌. 城镇贫困的因素分解及反贫困政策建议. 中国人口科学, 2005, 6: 49-57.
[20] 万广华, 张藕香, 伏润民. 1985～2002 年中国农村地区收入不平等趋势、起因和政策含义. 中国农村经济, 2008, (3): 4-15.
[21] 夏庆杰, 宋丽娜, Simon Appleton. 中国城镇贫困的变化趋势和模式: 1998～2002. 经济研究, 2007, (9): 96-111.
[22] 李雨停, 丁四保, 王荣成. 我国农村贫困区域与农村人口转移问题研究. 经济地理, 2009, 29(10): 1704-1709.

第四章　灾害学视角下的中国农村水贫困研究

本章在对水贫困相关理论理解的基础上，以灾害风险管理作为研究切入点，构建中国农村水贫困风险评价指标体系；指标体系由经济、社会、生态和资源 4 个子系统共 45 个指标组成。对 2000～2011 年中国 31 个省（自治区、直辖市）农村水贫困风险进行测算，将各省份 4 个子系统风险得分与农村水贫困风险得分进行比较分析，得到不同地区子系统发展状况，为降低水贫困风险状况，实现子系统的适应性发展寻找方向。进一步了解中国农村水贫困风险的空间分布状况，利用有序聚类，对 31 个地区进行分类，将农村水贫困状况分为 3 类，即高度风险水贫困、中度风险水贫困、低度风险水贫困。分析结果表明：中国农村水贫困状况呈现出从东南向西北地区不断加剧的发展趋势，大部分省农村地区属于中高度风险水贫困状况，低度风险水贫困多为东部沿海省份，农村经济发展水平较高，农村地区社会配套设施完善，水贫困风险压力较小。但应积极协调各系统综合发展，降低子系统灾害风险，实现农村水资源的可持续利用。

第一节　水贫困的灾害性透视

中国是一个农业大国，农村总人口占全国总人口的 70%以上，鲜有文献对农村水贫困进行系统研究。与城镇相比，中国农村地区水资源短缺状况更为严峻，2011 年，中国农村人均生活用水量为 82L，不足城镇人均生活用水的一半，农村居民用水被城镇用水无偿压缩，用水权力遭到抑制；农田水利设施老化，节水灌溉力度不足，水资源浪费严重；农药和化肥高施用量更造成了土壤的深度污染，农村水资源短缺的局面迫切需要改善。针对农村水贫困问题，孙才志等[1]利用水贫困指数，构建了农村水贫困评价指标体系，呈现了中国农村地区的水贫困状况。以水贫困指数为中心的水贫困测度，综合多方面因素影响，对水资源短缺状态进行描述，但水贫困状况的发生根本上取决于供水和需水两方面，受降水、径流以及人为等因子的影响，供需水过程中存在着不同程度的不确定因素。因此，水贫困具有一定随机性，即存在一定灾害风险，如何缓解和避免水贫困风险造成的国民经济损失应是当下关注的问题。本书从灾害风险管理的角度出发，在对水贫困灾害性进行透视分析的基础上，建立适用于省际可比较的水贫困灾害风险指标体系，对中国31个省（自治区、直辖市）农村水贫困的灾害风险进行分析，以期为不同地区农村水资源管理政策的制定提供理论依据。

Cullis和O'Regan[2]将水贫困定义为获得水能力的缺乏或者利用水的权力的缺乏，水贫困内涵主要包括三个方面：①自然属性，水贫困的发生最直接的因素来源于生态环境的自然异变和人类活动诱发的异变，不仅表现在水资源短缺客观存在方面，更表现在其对自然界产生的影响；②社会属性，水贫困的发生影响着人类的生存和社会发展的方方面面，人类及其活动在内的社会及各种资源正是水贫困发生过程中的承灾体；③经济属性，水贫困发生必定会损失已形成的资产和资源，给社会经济造成破坏，带给社会负经济效益。由于水贫困的自然属性、社会属性和经济属性决定了水贫困是一种灾害，灾害的自然、社会和经济的属性特征始终贯穿于水贫困的内涵中，水贫困不仅影响生态环境的变化，还会对人类生存和发展构成威胁，增加人类脱贫的成本。因此，基于灾害学的视角对水贫困进行研究，可以综合考虑水贫困发生过程中各种灾害风险和系统内部的性质特点，建立具有代表性和可行性的水贫困灾害风险管理框架，有针对性地提出水贫困风险管理建议，对水贫困动态变化的观测和灾害风险预警体制的形成起积极推动作用。

第二节　研究方法和数据来源

一、研究方法

（一）灾害风险指数

欧美国家研究风险分析大概从20世纪60年代开始，不过在研究中往往更侧重于经济领域的风险分析。美国学者Petak和Atkisson在《自然灾害风险评价与减灾对策》[3]中对美国主要自然灾害的风险分析进行了详细的论述。该书总结了美国主要自然灾害的风险与损失期望值，并在风险决策，特别是灾害管理政策的制定和减灾效益分析方面进行了详细的论述，不过针对农业灾害的风险评估基本没有涉及[4]。除此之外，欧美国家对农业气象灾害的风险评估研究起步也相对较晚，大概于20世纪90年代才开始。国外关于农业气象灾害风险评估的研究主要集中在建立评估方法体系方面。90年代以来，美国联邦紧急事务所联合国家建筑科学研究所等科研机构共同研制了一套自然灾害损失评估系统，形成了较为成熟的灾情评估技术方法体系[5]。Cittadini等[6]估计了霜冻控制系统在减灾方面的潜在影响。日本继美国、英国之后，建立了风险分析协会，也逐渐转向风险评估区划的研究，研究重点在环境恶化方面。美国、日本、澳大利亚等国先后开展了单灾种和多灾种的灾害灾情评估研究。Nullet 和 Giambelluca[7]提出了一种干旱危害评估方法，主要应用于农业发展计划。Richard 等[8]定量计算了产量风险。Blaikei 等从致灾因子、孕灾环境和承灾体综合作用的角度提出了“灾害是承灾体脆弱性与致灾因子综合作用的结果”[9]，Granger 在此基础上进一步研究，他认为风险与灾害发生的危险性、暴露于风险中的元素和社会系统的脆弱性有关[10]。

中国的气象灾害风险评估最早始于 20 世纪 50 年代，但起初对灾害的研究对象主要集中在洪涝和干旱，研究也主要侧重于对灾害的机理、形成条件和活动过程等自然属性方面[11]。此后，关于农业生产遭受的气象灾害的研究逐渐增多，90 年代以来，许多学者从农业气象灾害风险评估理论、方法和具体实践等方面进行了分析[11-13]。

灾害风险是指灾害活动所达到的损害程度及其发生的可能性。国内外学者普遍认为灾害风险一般是致灾因子危险性、承灾体的暴露性和脆弱性综合作用的结果，所以灾害风险函数可以表示为

$$灾害风险=f（危险性，暴露性，脆弱性）$$

但在水贫困的发展过程中，工程型措施和社会结构化的管理方式等适应性措施对其有较大的影响，因此，水贫困的灾害风险数学公式可以表示为

$$水贫困灾害风险指数=危险性（H）×暴露性（E）×脆弱性（V）×适应性（R）$$

式中，危险性（H）即孕灾环境，是灾害的发生程度和活动频率及强度，包括自然致灾因子和经济社会的潜在致灾因子；暴露性（E）即在内外灾害因素的影响作用下，遭受危险威胁的人口和财产，人口及财产密集度越高，则遭受危险时，损失程度越大，灾害风险也越大；承灾体脆弱性（V）是指系统对风险或灾难等干扰因素的伤害损失程度，与系统内部各组成要素的稳定性紧密相关；适应性（R）即防灾减灾能力，是指在灾难和风险等扰动因子的影响下，系统的应对反应能力，主要取决于经济发展、教育、科技发展、基础设施等。

根据灾害风险的数学模型，结合水贫困自身特点，建立水贫困灾害风险指数模型：

$$I_i = (H_i)^{w_{\mathrm{H}}} (E_i)^{w_{\mathrm{E}}} (V_i)^{w_{\mathrm{V}}} (R_i)^{w_{\mathrm{R}}} \quad (i = 1,2,3,4) \tag{4-1}$$

$$I = \frac{\sum_{i=1}^{4} I_i}{4} \tag{4-2}$$

式中，I 为水贫困灾害风险指数；I_i 表示水贫困单个子系统的风险指数，数值越大，则子系统灾害风险越大；此外，H_i、E_i、V_i、R_i 分别表示各子系统准则层得分，即

危险性、暴露性、脆弱性和适应性得分；w_{H}、w_{E}、w_{V}、w_{R} 为各子系统准则层权重，且满足 $w_{\mathrm{H}}+w_{\mathrm{E}}+w_{\mathrm{V}}+w_{\mathrm{R}}=1$。

（二）主客观赋权法

水贫困研究中涉及的影响因素众多，单纯利用专家主观赋权法，主观性较强，结果依赖于分析者的经验判断，往往会因为分析者不同，差异性较大，影响评价结果的客观性。熵值用来判断一个事件的随机性和无序性程度，也可用来表示指标的分散程度，数据越分散，其对结果的影响就越大。水贫困灾害的发生与指标的分散化发展趋势有关，因此，采用熵值法确定的客观权重能够比较好地反映指标对水贫困灾害风险的影响程度。在实际应用中，为了实现定性分析与定量研究相结合，主客观相统一，本书综合层次分析法和熵值法的优缺点，保证指标权重的合理性，选择两种方法共同确定满足主客观条件的指标的权重。

层次分析法确定的主观权重向量为

$$\omega=(\omega_1,\omega_2,\cdots,\omega_m)^{\mathrm{T}} \tag{4-3}$$

熵值法确定的客观权重向量为

$$\mu=(\mu_1,\mu_2,\cdots,\mu_m)^{\mathrm{T}} \tag{4-4}$$

$$w=(w_1,w_2,\cdots,w_m)^{\mathrm{T}} \tag{4-5}$$

设各项指标综合后的指标权重为 w，z_{ij} 为各指标标准化得分，使所有指标的主客观赋权的决策结果偏差越小越好，通过建立最小二乘法优化决策模型，如下所示：

$$\begin{cases}\min H(W)=\sum_{i=1}^{n}\sum_{j=1}^{m}\left\{\left[(\omega_j-w_j)^2 z_{ij}\right]^2+\left[(\mu_j-w_j)^2 z_{ij}\right]^2\right\}\\ \sum_{j=1}^{m}w_j=1\\ w_j\geqslant 0\ \ (j=1,2,\cdots,m)\end{cases} \tag{4-6}$$

构造拉格朗日函数进行求解，具体推导过程见参考文献[14]。

（三）加权综合评价法

加权综合评价法是在不同量纲指标处理后，将所有指标代表的信息进行综合，形成一个指数的方法，其表达式为

$$C=\sum_{m=1}^{n}w_m z_m\ \ (m=1,2,3,\cdots,n) \tag{4-7}$$

$$\sum_{m=1}^{n} w_m = 1$$

式中，C 为综合指数；w_m 为 m 指标的权重；z_m 为 m 指标标准化后得分。

水贫困研究涉及多个系统以及系统的多个维度，加权综合评价法综合各个指标的优劣，考虑到单个指标对总体的影响程度，用一个指标有效地表示整个评价对象的结果。因此，将其应用在水贫困灾害风险的危险性（H_i）、暴露性（E_i）、脆弱性（V_i）和适应性（R_i）的测算中。

（四）TOPSIS 模型

TOPSIS 模型[15,16]是系统工程学中较为实用的多目标系统决策方法，由 Hwang 和 Yoon[17]首次提出并应用。它是一种逼近理想解的排序法，其中，正理想解和负理想解是 TOPSIS 的两个基本概念，即通过设计各个指标的正理想解和负理想解，建立评价指标与正理想解和负理想解之间距离的二维数据空间，在此基础上对评价方案与正理想解和负理想解进行比较，若最接近于正理想解，同时又最远离负理想解，则该方案是被选方案中最好的方案。与传统的 TOPSIS 法相比较，改进的 TOPSIS 法主要是对评价对象与正理想解和负理想解的评价值公式进行了改进。该模型通过测算待评价样本与“最优方案”和“最劣方案”之间的距离，进而得到与“最优方案”的贴近程度，实现评价样本的优劣排序。“最优方案”与“最劣方案”是所有属性指标的最优指标数据集或最劣指标数据集组成的两组虚拟方案。本节将 TOPSIS 模型引入水贫困评价中，利用农村水贫困风险评价指标体系中的各项指标数据，测算中国 31 个省（自治区、直辖市）农村水资源风险状况。TOPSIS 法主要运算步骤如下。

步骤一，构建标准化矩阵 $X=\{x_{ij}\}_{m\times n}$，由于指标之间存在量纲的限制，在进行水贫困风险测算之前，对指标进行标准化处理，其中，对效益型指标，按照如下标准化公式处理：

$$x_{ij}=\frac{x_{ij}-x_{\min}}{x_{\max}-x_{\min}} \quad (i=1,2,3,\cdots,m,\ j=1,2,3,\cdots,n) \tag{4-8}$$

对成本型指标，按如下标准化公式处理：

$$x_{ij}=\frac{x_{\max}-x_{ij}}{x_{\max}-x_{\min}} \quad (i=1,2,3,\cdots,m,\ j=1,2,3,\cdots,n) \tag{4-9}$$

式中，x_{ij} 为标准化后的数值，表示第 i 个样本的第 j 个指标值。

步骤二，确定“最优方案” X^{+} 和“最劣方案” X^{-}：

$$X^{+}=\{x_1^{+},x_2^{+},x_3^{+},\cdots,x_n^{+}\},x_j^{+}=\max_{j}\{x_{ij}\} \quad (i=1,2,3,\cdots,m) \tag{4-10}$$

$$X^- = \{x_1^-, x_2^-, x_3^-, \cdots, x_n^-\}, x_j^- = \min_j \{x_{ij}\} \quad (i = 1,2,3,\cdots,m) \tag{4-11}$$

步骤三，计算单个样本与 X^+ 和 X^- 的距离 D_i^+ 和 D_i^-：

$$D_i^- = \sqrt{\sum_{j=1}^{n} w_j (x_{ij} - x_j^-)^2} \quad (i = 1,2,3,\cdots,m) \tag{4-12}$$

$$D_i^+ = \sqrt{\sum_{j=1}^{n} w_j (x_{ij} - x_j^+)^2} \quad (i = 1,2,3,\cdots,m) \tag{4-13}$$

式中，w_j 代表指标数据间的权重系数。

步骤四，计算各个样本与“理想”样本的相对贴近程度：

$$C_i = \frac{D_i^-}{D_i^+ + D_i^-} \quad (i = 1,2,3,\cdots,18) \tag{4-14}$$

式中，C_i 表示第 i 个样本与“最优方案”的贴近度，$0 \leqslant C_i \leqslant 1$。当 C_i 越接近 1，第 i 个方案在远离负理想值的同时更接近理想值，反之，则越远离理想值。当 $C_i=1$ 时，第 i 方案为系统中最理想的方案，该样本就是人们所期待的最优解。而当 $C_i=0$ 时，则代表第 i 个方案的测评结果是所有方案中最不理想的。

（五）障碍度模型

在农村水贫困灾害风险的评价过程中，不仅要对农村地区间水贫困灾害风险水平进行测度，更具有实践意义的问题在于了解不同地区水贫困灾害风险控制过程中的阻碍因素，以便对地区间水贫困灾害风险进行病理性诊断。因此，本节将障碍度模型引入水贫困风险管理，对农村水贫困展开延伸性研究，探寻农村水资源风险管理中的阻力因素。障碍度计算采用因子贡献度、指标偏离度和障碍度三个指标进行分析诊断，其中，因子贡献度（w_i）即单个因素对总目标的贡献程度，用单个因素的权重表示；指标偏离度（I_i）是指单因素指标与系统发展目标的差距，此处设为单项指标标准化值与100%之差；障碍度（O_i）表示单项指标或准则层因素对农村水贫困灾害风险的影响程度，计算公式如下：

$$I_{ij} = 1 - x_{ij} \tag{4-15}$$

$$O_j = \frac{I_{ij} \cdot w_{ij}}{\sum_{i=1}^{n} I_{ij} \cdot w_{ij}} \tag{4-16}$$

在分析各单项指标评价因子限制程度基础上，进一步研究单个子系统对农村水贫困灾害风险控制的障碍度，公式为

$$U = \sum_{j=1}^{m} O_j \tag{4-17}$$

（六）最小方差法

威弗组合指数，即最小方差。方差在数理统计中，是反映样本中数据变化幅度大小的一种方法，方差反映了样本数据 x_i 围绕平均数 $\overline{x}$ 变化的情况。方差值越小，数据离平均数越近，离势越小；方差值越大，数据离平均值越远，离势越大。因此，方差是用来表示数据离散趋势的。美国地理学家 Joha C. Weaver 曾利用方差的计算，进行农业分区研究。他主要利用方差的一个特性，即一组数据方差数，首先是由大变小，而后是由小变大，在方差中最小的那个数，称之为最小方差，利用最小方差对样本数据进行类别归属分析。因为最小方差数是实际分布与理论分布之间偏差最小的数，所以它能反映一个地区的实际情况。利用这一方法可以确定这个地区有哪几种主要产业，也就可以确定这个地区是几类产业区。凡是一个地区有多种产业分布，并且知道其结构状况的，都可应用这种方法。特别是可用于反映地区之间的差异。本节在分析水贫困风险障碍因子时，将 LSE 模型引入障碍评价，利用障碍度得分，对指标体系中子系统进行阻力模式划分，实现农村水贫困系统风险管理的阻力类型分析，计算公式如下：

$$S^2=\frac{1}{n}\sum_{i=1}^{n}(x_i-\overline{x})^2 \tag{4-18}$$

式中，S^2 代表方差；x_i 代表计算中的样本数据；$\overline{x}$ 代表样本的平均值；n 为样本数。当方差最小时，则代表与理论分布最接近，子系统的个数即是水贫困风险管理主要阻力系统个数。因此，理论上存在单系统阻力模式、双系统阻力模式、三系统阻力模式和四系统阻力模式。

二、数据来源

本章所建立的农村水贫困灾害风险评价指标体系共涉及 4 个系统共计 42 个指标，横向覆盖中国 31 个省（自治区、直辖市），指标体系中所有数据均来源《中国环境统计年鉴 2012》《中国统计年鉴 2012》《中国水资源公报 2011》《中国环境年鉴 2012》《中国农村统计年鉴 2012》等，部分指标数据是根据年鉴数据进行综合处理所得。

第三节　指标体系的确立

水贫困的研究涉及水资源-生态环境-社会环境这一复合系统的多个子系统以及多个层面的不同关系，本节在经济、社会、生态和资源 4 个子系统下选取不同性质的指标数据分别表征灾害危险性、暴露性、脆弱性和适应性，以期能全面反映农村水贫困的风险作用过程，具体指标体系如表 4-1 所示。

表 4-1　农村水贫困风险评价指标体系及权重

总目标层	子目标层	准则层	子准则层	指标层	AHP 权重	熵权权重	综合权重
农村水贫困灾害风险测度指标体系	经济系统	危险性（0.4327）	发展压力	农业经济滞后率/%	0.500	0.846	0.640
				城乡消费水平比例/%	0.500	0.155	0.360
		暴露性（0.0883）	经济状况	地区 GDP/元	0.500	0.466	0.475
				农村居民家庭人均纯收入/元	0.500	0.535	0.525
		脆弱性（0.2395）	农村发展	地区人均生产总值/元	0.320	0.297	0.229
				第一产业增加值占 GDP 比例/%	0.558	0.567	0.463
			政府能力	政府自给率/%	0.122	0.135	0.308
		适应性（0.2395）	国家投入	农林水三项占财政支出比例/%	0.143	0.305	0.210
				国家投资占农村改水投资比例/%	0.143	0.285	0.191
			水利基建	农村水利基建占基建投资比例/%	0.143	0.271	0.225
			环境治理	环境污染治理投资总额/元	0.571	0.140	0.375
	社会系统	危险性（0.4327）	社会影响因子	农村饮用水安全未达标比例/%	0.500	0.779	0.683
				乡村办水电站个数/个	0.500	0.221	0.317
		暴露性（0.0883）	农村概况	农村人口比例/%	0.667	0.628	0.541
				粮食产量/t	0.167	0.042	0.178
				农村房屋资产投资比例/%	0.167	0.331	0.281
		脆弱性（0.2395）	生活状况	社会总抚养比例/%	0.429	0.445	0.262
				乡村从业人员比例/%	0.143	0.114	0.334
				农村卫生厕所普及率/%	0.429	0.441	0.404
		适应性（0.2395）	农村水利	农村改水累计受益率/%	0.400	0.030	0.181
			科教文卫	农村文教卫生业固定资产比例/%	0.100	0.284	0.284
				科技事业支出占财政支出比例/%	0.400	0.254	0.252
			农村救济	农村人均社会救济费用/元	0.100	0.433	0.284
	生态系统	危险性（0.4327）	灾害及污染状况	农药使用强度/（kg/hm^2）	0.333	0.316	0.318
				每公顷农田施用化肥量/kg	0.333	0.079	0.229
				农田水旱灾损失强度/%	0.333	0.606	0.453
		暴露性（0.0883）	农田生态要素	有效灌溉面积比例/%	0.667	0.623	0.477
				农作物播种面积/hm^2	0.333	0.377	0.523
		脆弱性（0.2395）	灌溉用水	农田实际灌溉亩均用水量/m^3	0.691	0.183	0.372
				农业节水灌溉面积/hm^2	0.160	0.305	0.281
			生态耗水	生态环境需水率/%	0.149	0.512	0.348
		适应性（0.2395）	治理保护	农田旱涝保收面积比/%	0.330	0.325	0.347
				水土流失治理面积/hm^2	0.330	0.063	0.268
				农田除涝面积/hm^2	0.330	0.612	0.385

续表

总目标层	子目标层	准则层	子准则层	指标层	AHP权重	熵权权重	综合权重
农村水贫困灾害风险测度指标体系	资源系统	危险性（0.4327）	水资源压力	降水年变差系数/%	0.750	0.549	0.596
				年供水量变差系数/%	0.250	0.451	0.404
		暴露性（0.0883）	资源禀赋	水资源模数/（万 m^3/km^2）	0.500	0.607	0.543
				年均降水密度/mm	0.500	0.393	0.457
		脆弱性（0.2395）	农村供水	人均供水量/m^3	0.109	0.044	0.237
			农村用水	农村人均生活用水/L	0.109	0.326	0.189
				农业用水比例/%	0.572	0.115	0.175
				单位农业增加值用水量/m^3	0.209	0.515	0.400
		适应性（0.2395）	提高效率	万元 GDP 用水降低率/%	0.667	0.645	0.618
				单位农业增加值用水降低率/%	0.333	0.355	0.382

第四节 实 证 分 析

一、全国农村水贫困风险分析

为了对中国农村水贫困的发展演变过程有整体把握，利用 2000～2011 年全国水平上各项指标数据展开分析，灾害学视角下各子系统风险测评结果和水贫困风险测评得分的发展趋势如图 4-1 所示。

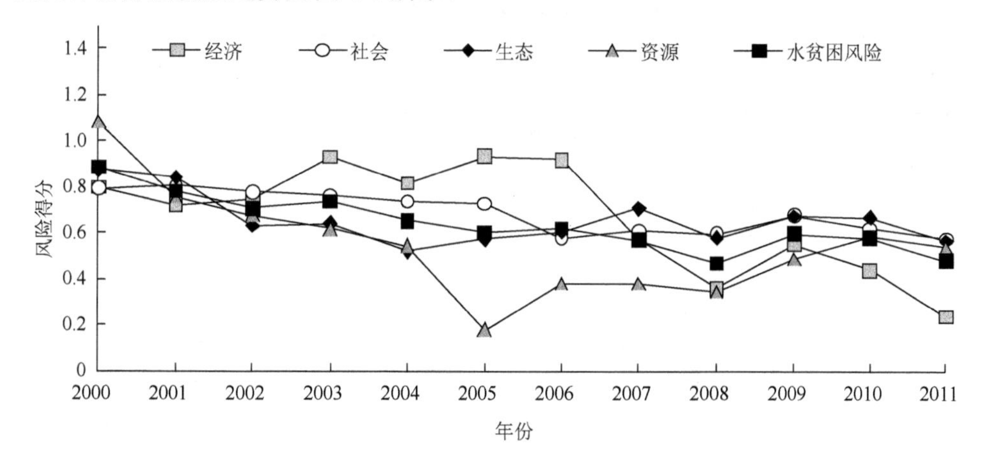

图 4-1 中国农村水贫困及子系统风险测评得分变化趋势

由图 4-1 可知，灾害学视角下农村水贫困风险测评值从 2000 年的 0.889 下降到 2011 年的 0.480，充分说明中国农村水贫困状况呈现出良好的发展状态。在

2000～2011年的发展过程中，虽然出现波动，但整体下降趋势明显，可具体分为两个发展阶段：第一阶段，2000～2007年快速下降阶段，水贫困风险指数出现了持续下降，从2000年的0.889发展到2007年的0.570，下降幅度较大。这一时期生态系统和资源系统起到积极推动作用，分别从2000年的0.877和1.084下降为2007年的0.707和0.381。虽然经济系统和社会系统风险测评结果也呈现出下降的变化趋势，但整体作用不突出。2006年水贫困风险测评结果上升作用明显，在资源系统的拉动作用减弱、生态系统风险化发展的背景下，其他系统并未形成承接性推动优势。第二阶段，2008～2011年波动发展阶段，期间水贫困风险测评值下降速度放缓，综合测评值在0.45与0.60之间波动。尽管资源系统风险指数拉动作用减弱，但经济子系统发展强劲，风险得到有效管理，弥补了社会和生态系统风险对农村水贫困带来的负面影响，推动着水贫困发展状况不断改善。

二、农村水贫困子系统风险分析

为深入剖析不同地区间农村水贫困风险差异，进一步了解各地区农村水贫困程度及灾害风险原因，本节将中国31个省（自治区、直辖市）各子系统历年风险测评结果（表4-2）与农村水贫困风险测评结果（表4-3）进行比较分析，探寻农村水贫困发展中各子系统的风险现状和发展局限，将各子系统的风险发展状况进行分析。受版面限制，表4-2仅列出部分年份计算结果。

表4-2　中国农村水贫困子系统风险得分

地区	经济系统			社会系统			生态系统			资源系统		
	2000年	2006年	2011年	2000年	2006年	2011年	2000年	2006年	2011年	2000年	2006年	2011年
北京	0.583	0.333	0.457	0.828	0.908	0.608	0.869	0.438	0.640	0.732	0.606	0.561
天津	0.568	0.714	0.571	0.922	0.792	0.784	0.716	0.536	0.390	0.543	0.567	0.334
河北	0.604	0.621	0.619	0.817	0.975	1.011	0.344	0.488	0.490	0.449	0.502	0.329
山西	0.506	0.596	0.529	0.867	0.972	0.830	0.657	0.553	0.705	0.455	0.290	0.659
内蒙古	0.524	0.604	0.509	1.178	0.879	0.631	0.680	0.799	0.641	0.556	0.430	0.387
辽宁	0.640	0.416	0.471	0.566	0.804	0.989	0.697	0.649	0.461	0.572	0.499	0.452
吉林	0.729	0.611	0.292	1.012	0.976	0.872	0.775	0.784	0.652	0.570	0.446	0.555
黑龙江	0.732	0.498	0.683	0.639	0.865	0.830	0.614	0.692	0.559	0.397	0.262	0.655
上海	0.397	0.083	0.132	0.645	0.611	0.531	0.453	0.460	0.460	0.473	0.259	0.702
江苏	0.562	0.510	0.279	0.940	0.878	0.849	0.636	0.541	0.483	0.630	0.464	0.402
浙江	0.486	0.541	0.177	0.689	0.718	0.672	0.668	0.553	0.560	0.276	0.339	0.493
安徽	0.546	0.625	0.631	0.822	0.932	0.980	0.608	0.549	0.571	0.588	0.616	0.754
福建	0.507	0.571	0.352	0.749	0.732	0.721	0.668	0.714	0.553	0.665	0.824	0.623
江西	0.487	0.579	0.635	0.713	0.784	0.795	0.680	0.580	0.649	0.161	0.503	0.753

续表

地区	经济系统			社会系统			生态系统			资源系统		
	2000年	2006年	2011年	2000年	2006年	2011年	2000年	2006年	2011年	2000年	2006年	2011年
山东	0.497	0.563	0.517	0.760	0.760	0.803	0.498	0.592	0.548	0.500	0.462	0.383
河南	0.644	0.667	0.775	0.888	0.838	0.834	0.594	0.494	0.569	0.644	0.458	0.338
湖北	0.806	0.666	0.492	0.820	0.954	0.873	0.695	0.702	0.691	0.298	0.602	0.561
湖南	0.697	0.707	0.585	0.529	0.710	0.850	0.644	0.631	0.723	0.265	0.360	0.634
广东	0.717	0.541	0.431	0.428	0.624	0.693	0.701	0.738	0.620	0.429	0.621	0.562
广西	0.646	0.537	0.495	0.609	0.758	1.096	0.844	0.884	0.744	0.697	0.429	0.532
海南	0.311	0.440	0.346	0.808	1.110	1.118	1.848	1.187	0.739	0.760	0.616	0.746
重庆	0.670	0.836	0.585	0.950	0.962	0.910	0.737	0.961	0.752	0.794	0.638	0.703
四川	0.648	0.632	0.463	0.882	0.972	0.897	0.675	0.745	0.608	0.487	0.494	0.469
贵州	0.650	0.664	0.661	1.126	1.280	0.735	0.714	0.874	1.009	0.619	0.621	0.636
云南	0.335	0.528	0.551	0.927	1.144	0.908	0.743	0.766	0.750	0.481	0.565	0.592
西藏	0.523	0.635	0.768	1.186	1.214	1.030	0.697	0.717	1.591	0.808	0.816	0.316
陕西	0.641	0.665	0.471	1.055	1.097	0.905	0.610	0.581	0.609	0.379	0.439	0.627
甘肃	0.567	0.613	0.701	0.821	0.935	0.791	0.780	0.756	0.809	0.471	0.350	0.057
青海	0.624	0.565	0.624	0.780	1.322	1.016	1.113	1.273	0.880	0.341	0.409	0.464
宁夏	0.620	0.492	0.659	0.963	1.042	1.076	0.792	1.033	0.834	0.604	0.430	0.202
新疆	0.488	0.671	0.783	0.907	1.412	1.032	0.688	0.723	`0.586	0.372	0.377	0.340

表 4-3 中国农村水贫困风险测评得分

地区	2000年	2001年	2002年	2003年	2004年	2005年	2006年	2007年	2008年	2009年	2010年	2011年
北京	0.753	0.700	0.668	0.638	0.594	0.606	0.571	0.603	0.490	0.559	0.518	0.566
天津	0.687	0.667	0.676	0.651	0.605	0.612	0.652	0.684	0.652	0.524	0.536	0.520
河北	0.554	0.610	0.612	0.543	0.554	0.565	0.647	0.620	0.636	0.630	0.589	0.613
山西	0.621	0.766	0.554	0.713	0.626	0.711	0.603	0.719	0.708	0.681	0.692	0.680
内蒙古	0.735	0.817	0.600	0.629	0.639	0.639	0.678	0.641	0.607	0.650	0.556	0.542
辽宁	0.619	0.526	0.515	0.535	0.604	0.523	0.592	0.616	0.651	0.649	0.735	0.593
吉林	0.772	0.803	0.564	0.653	0.743	0.699	0.704	0.701	0.645	0.643	0.761	0.593
黑龙江	0.595	0.617	0.522	0.603	0.665	0.625	0.579	0.677	0.573	0.656	0.665	0.682
上海	0.492	0.598	0.497	0.575	0.459	0.552	0.354	0.458	0.511	0.466	0.507	0.456
江苏	0.692	0.699	0.604	0.772	0.651	0.550	0.598	0.510	0.537	0.511	0.561	0.503
浙江	0.530	0.539	0.655	0.691	0.623	0.529	0.537	0.544	0.573	0.463	0.592	0.475
安徽	0.641	0.780	0.654	0.788	0.699	0.693	0.680	0.499	0.684	0.697	0.764	0.734
福建	0.647	0.651	0.659	0.767	0.664	0.609	0.710	0.629	0.594	0.625	0.649	0.562
江西	0.510	0.580	0.656	0.718	0.648	0.610	0.611	0.660	0.572	0.690	0.804	0.708
山东	0.564	0.592	0.630	0.639	0.566	0.596	0.594	0.499	0.504	0.484	0.534	0.563

续表

地区	2000年	2001年	2002年	2003年	2004年	2005年	2006年	2007年	2008年	2009年	2010年	2011年
河南	0.693	0.717	0.571	0.771	0.637	0.627	0.614	0.603	0.612	0.607	0.608	0.629
湖北	0.655	0.734	0.638	0.639	0.734	0.633	0.731	0.563	0.645	0.636	0.654	0.654
湖南	0.534	0.563	0.650	0.564	0.597	0.552	0.602	0.598	0.599	0.659	0.695	0.698
广东	0.569	0.645	0.565	0.590	0.653	0.507	0.631	0.620	0.630	0.575	0.554	0.577
广西	0.699	0.736	0.634	0.667	0.708	0.701	0.652	0.760	0.753	0.717	0.695	0.717
海南	0.932	0.835	0.805	0.707	0.930	0.849	0.838	0.875	0.864	0.836	0.821	0.737
重庆	0.787	0.939	0.801	0.824	0.810	0.692	0.849	0.756	0.719	0.759	0.754	0.738
四川	0.673	0.701	0.641	0.568	0.612	0.616	0.711	0.632	0.620	0.676	0.654	0.609
贵州	0.777	0.871	0.764	0.815	0.730	0.796	0.860	0.723	0.730	0.724	0.729	0.760
云南	0.622	0.697	0.555	0.675	0.582	0.709	0.751	0.638	0.693	0.703	0.768	0.700
西藏	0.803	0.811	0.784	0.794	0.923	0.796	0.846	0.763	1.128	0.873	1.116	0.926
陕西	0.671	0.715	0.653	0.769	0.631	0.658	0.695	0.628	0.642	0.631	0.634	0.653
甘肃	0.660	0.661	0.561	0.600	0.613	0.643	0.664	0.696	0.661	0.643	0.612	0.590
青海	0.715	0.742	0.743	0.716	0.595	0.742	0.892	0.722	0.789	0.693	0.701	0.746
宁夏	0.745	0.717	0.587	0.721	0.707	0.743	0.749	0.646	0.722	0.722	0.625	0.693
新疆	0.614	0.667	0.684	0.761	0.723	0.748	0.796	0.662	0.791	0.668	0.839	0.685

（一）经济系统

比较 2000～2011 年各地区经济系统与农村水贫困风险综合测评值得分及其排名可知，层次划分明显，地区间发展水平差异性大。其中，福建、广西、海南、云南、西藏、青海和宁夏经济系统风险整体低于农村水贫困风险，经济系统风险管理水平有效降低了农村水贫困灾害形成的可能性；北京、河北、辽宁、吉林、黑龙江、上海、江苏、浙江、安徽、江西、山东、湖北、重庆、贵州、甘肃和新疆 16 个地区经济系统风险排名与农村水贫困风险得分排名基本一致；而天津、山西、内蒙古、河南、湖南、广东、四川和陕西 8 个地区农业经济发展状况对农村水贫困的发展起阻碍作用。具体体现在，天津农业经济增长速度低于全国平均水平，而政府在农、林、水三项中的投资比例过低，导致地区经济系统出现高脆弱性和低适应性的发展状况；河南和陕西作为中国农业大省，产业结构未实现优化转型，第一产业比例过高，成为地区控制经济系统脆弱性的障碍因素；山西农业经济发展偏离度高，地区人均生产总值以及农、林、水三项财政支出比例不足，使经济系统高灾害危险性、高脆弱性和低适应性状况交织出现；内蒙古是中国生产农畜产品的主要地区，随着农牧业发展方式的转变，农牧业结构调整逐步优化，但较高的农业经济偏离度、农村水利基础建设比例和环境治理力度不足的现状，使得内蒙古农村经济出现高危险性和低适应性的风险化发展趋势；湖南和广东经济系统风险化发展表现为农村经济系统高暴露性和低适应性，政府部门应加大农村改水投资比例，注重农村水污染问题的解决；四川地处中国西南地区，经济系统风险化发展主要体现在农村居民恩格尔系数较低而引发的经济系统高危害性及系统高脆弱性，适应性发展能力不足，更使得经济发展不具可持续性。总之，对于水资源严重匮乏的西部地区而言，提高水资源利用效率、制定合理的水资源管理政策对农业经济的发展显得更为重要。

（二）社会系统

观察2000～2011年农村社会系统和农村水贫困风险综合测评得分和排名，安徽、福建、江西、湖南、广东、广西、海南和重庆地区农村社会系统对水贫困风险的降低起积极拉动作用，天津、山西、内蒙古、吉林、黑龙江、上海、浙江、河南、湖北、四川、贵州、西藏、甘肃和青海14个地区农村水资源能够较好地承接社会系统的稳步发展，其他地区社会系统与全国社会系统的发展状态整体一致，社会系统风险较大成为农村水贫困风险管理的重要限制因素。在城乡发展差距逐步拉大，以社会基础保障设施为主体的农村民生保障体系未完善的背景下，系统风险恶化了农村水贫困状况。北京、河北和山东由于农村社会系统的高危险性和承灾体的高暴露性，农村水贫困风险压力较大，体现在区内农村饮用水安全未得到有效保障，境内氟水、砷水、苦咸水等不达标水质类型分布广泛；此外，河北和山东农村人口比例高，粮食产量高，暴露于灾害中，易遭受较大损失；辽宁、江苏、陕西、宁夏和新疆社会系统的高灾害风险体现在系统的高危险性、高脆弱性和低适应性，农村改水受益人口和乡办水电站数量不足直接制约了农村水资源的利用和配置，科技事业投入费用不足和农村卫生厕所普及率不高，使社会系统成为农村水贫困发展的“短板因素”；云南受地形的限制，水资源开发利用难度高，社会配套基础设施展开困难且地区经济发展水平不高，资金支撑作用不足，农村人口生活水平普遍较低，系统易陷入高危险性、高暴露性、高脆弱性和低适应性的恶性循环中，爆发水贫困的风险较大。

（三）生态系统

与农村水贫困风险综合测评结果相比，江苏、安徽、河南、贵州、西藏、陕西和新疆等地区农业生态系统风险得分整体优势明显。内蒙古、吉林、浙江、湖南、广东、广西、云南、青海和宁夏生态系统发展滞后于农村水贫困发展，增加了总体水贫困系统风险。其中，内蒙古和吉林位于中国东北地区，水资源年际变化较大，农田易遭受水旱灾影响，农业节水灌溉面积比例不足等造成农田生态系统的高危险性和高脆弱性；浙江和湖南生态系统风险较大的主要原因在于系统的高脆弱性，具体表现为浙江的高生态需水率和湖南的农业节水灌溉面积的不足；广东、广西和云南地处中国南部，生态环境本底条件优越，但以牺牲生态环境为代价的粗放型农业经济的发展，使得农田亩均用水量较高，农田旱涝保收面积比例较低，加剧了生态系统的灾害风险，高暴露性、高脆弱性和低适应性使农村生态环境有灾害化的发展倾向；青海和宁夏地处中国干旱、半干旱的西北地区，年降水量少，耕地沙化面积不断扩大，水土流失严重，青海省有“中华水塔”的美誉，更是中国主要河流的发源地，境内生态的失衡会严重影响中下游流域的水质，高脆弱性和低适应性的农村生态系统风险化发展对中国水资源影响意义深远。除以上省份以外，其他省份生态系统发展状态与农村水贫困状态基本一致。

（四）资源系统

对比2000～2011年资源系统和农村水贫困风险综合得分，北京、天津、河北、辽宁、上海、安徽、福建、江西、山东9个地区资源系统风险得分高于水贫困得分。其中，北京、天津、河北、山东地处中国华北平原，降水年际变化较大，自然水资源短缺严重，跨流域调水等引水工程的建设有效缓解了地区用水压力，但由于产业间用水结构分配不合理，农业用水大量挤出，农村水资源系统高危险性和高脆弱性使得地区农村水贫困风险有加大的趋势；辽宁资源系统风险控制的障碍因子主要在于系统的高脆弱性和低适应性，分别体现在农村人均生活用水和提高农业用水效率方面；上海、安徽、福建和江西地处中国东南部，区内河网密布，降水量丰富，水资源本底优势明显对农村水贫困的缓解起到良好的推动作用，但从另一角度而言也间接增加了系统暴露性，由于该部分地区大多是丰水区，用水压力小，人们易形成水资源“无限可用”的观念，节水、爱水、护水意识不强，综合作用导致万元GDP用水和单位农业增加值用水降低不明显，高暴露性和低减灾能力使得地区面临水贫困加剧的风险。湖北、四川、贵州、西藏和青海地区资源系统发展过程中虽然出现过波动，但农村水资源系统风险整体优于农村水贫困状况，积极拉动水贫困状况的改善，而其他省份农村水资源能基本负担农村生产生活的各项需要，对水贫困系统风险作用不明显。

三、灾害学视角下农村水贫困风险测评值分析

经过12年的发展，各地区农村水贫困呈现出了不同的发展趋势，综合各子系统的影响，对各地区农村水贫困的整体状况进行分析，利用2000～2011年各地区农村水贫困综合测评结果（表4-3），依据有序聚类，将31个地区的农村水贫困状况分为以下3类。

（一）高度风险水贫困

高度风险水贫困地区包括山西、吉林、海南、重庆、贵州、西藏、陕西、青海、宁夏和新疆10个地区。吉林、陕西和青海农村水贫困风险主要是经济系统、生态系统和资源系统的风险化发展造成的。以青海为例，它是中国主要河流的发源地，其人均水资源量是全国平均水平的近5倍，水资源分布不均衡的局面制约着该地区水资源的整体利用。跨流域调水和蓄水工程的不断推进，有效改善了自然水资源不均衡局面，但是大量的财力、物力的投入也给地方政府带来较大的经济负担，作为长江的源头，土地沙化不断加剧，整体保护力度远远不足。海南水资源丰富，降水密集，其农村水贫困的灾害风险重点体现在经济系统和生态系统，应充分利用其优越的水土资源，提高农业生产效率，积极开展绿色农业，在保护生态环境的同时积极引导农业模式的转变。重庆和贵州经济发展优势不明显，地处云贵高原上，农村水利设施难展开，用水成本较高，经济系统和社会系统风险恶化了水贫困状况。西藏是中国水资源的重要储备地区，藏东南低山平原区更是中国降水丰富的地区之一，其农村水贫困发展的弊端在于经济系统、社会系统和生态系统的高风险。由于地理位置偏僻，境内多冰川灾害，高寒的恶劣气候，交通、水利等基础设施建设难以展开，不能有效提高边疆地区农村的生活水平，应稳步将西藏未开发利用的水资源纳入框架，真正改善西藏农村水贫困状况。山西、宁夏和新疆位于中国干旱、半干旱地区，农村水贫困的灾害风险体现在社会系统、生态系统和资源系统，由于自然降水不足，蒸发能力大，农村水资源供需矛盾突出，产业用水激增的局面使农村水贫困风险状况更令人堪忧。图4-2为中国农村水贫困风险空间格局。

（二）中度风险水贫困

中度风险水贫困地区包括北京、天津、内蒙古、江西、河南、湖北、湖南、广东、广西、云南和甘肃11个地区。根据地理位置可划分为两个集群，分别是以北京、天津、内蒙古、河南和甘肃为中心的集群和以江西、湖北、湖南、广东、广西和云南为中心的集群。关于第一集群，北京、天津地处华北平原，人口密集，自然水资源短缺严重，为保证经济的持续高速发展，在工业化进程中，由于其他产业对农业用水形成挤占趋势，迫使农业过多地挤占了生态用水，地下水资源过度超采恶化了生态环境，该地区农村社会系统、生态系统和资源系统都呈现出不同程度的灾害化。内蒙古、河南和甘肃等地区农村水贫困风险化状况是经济系统和生态系统的灾害风险发展造成的。以河南为例，它是中国农业大省，应积极调整农作物的种植结构，普及节水设施和节水技术，政府应加大农村水利基础建设

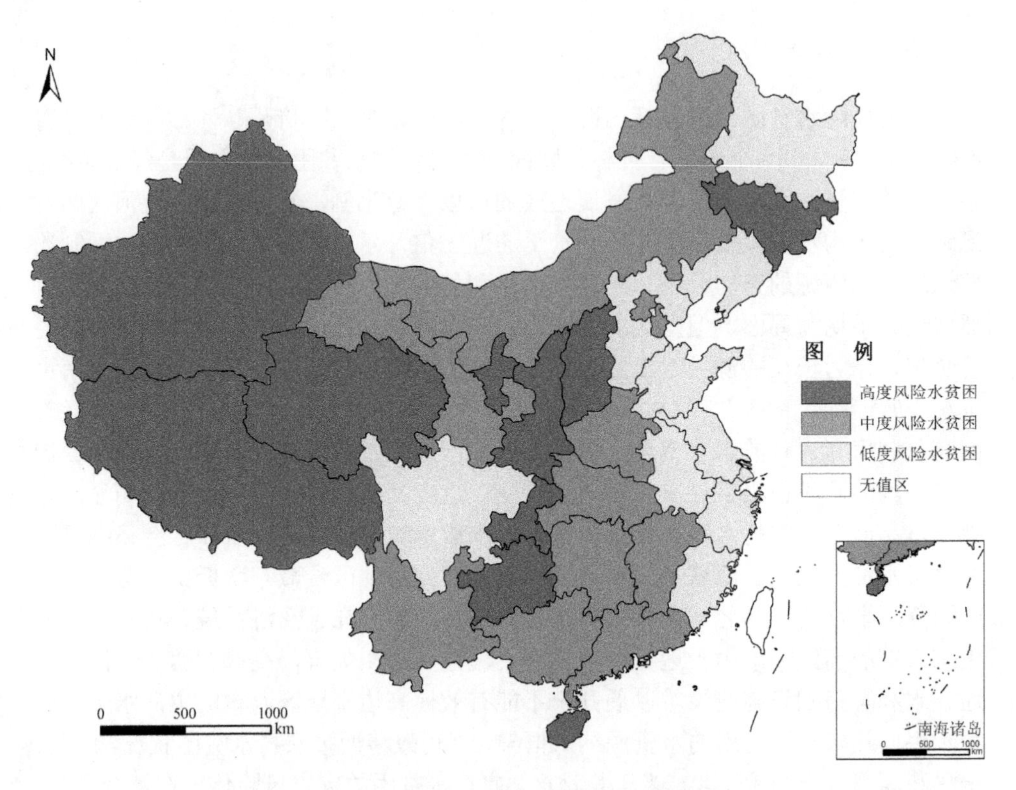

图 4-2 中国农村水贫困风险空间格局

投入，实现农村经济和农业用水的和谐发展。第二集群全部位于中国南部，农村水贫困问题主要集中在经济系统、社会系统和生态系统。江西、湖北和湖南位于长江中下游地区，水网密布，淡水资源丰富，优越的自然条件使得农业生产水平较高，由于粗放农业发展的遗留问题，水资源浪费和污染严重，地区水土流失面积不断扩大。云南位于长江流域上游地区，境内水资源多源于大气降水补给，人均水资源丰富，但境内多灾害，旱灾波及范围广，发生频率高，高暴露性进一步恶化了该地区农村水贫困状况。广东和广西自然水资源丰富，但由于供水水源污染严重，粗放的农田灌溉方式及其他形式的用水不当加剧了地区农村水贫困状况，在各项产业发展的过程中，应注重提高农村经济的发展效率，降低经济系统和生态系统的系统风险，逐步缩小与低度风险水贫困地区间的差距。

（三）低度风险水贫困

低度风险水贫困地区包括河北、辽宁、黑龙江、上海、江苏、浙江、安徽、福建、山东和四川 10 个地区。黑龙江是中国重要的商品粮基地，也是中国最早实现农业大规模机械化生产的省份，其农业发展模式积极带动了其他产业的转型，虽然整体农村水贫困风险较低，但从用水结构上看，农业用水仍是该地区用水比例最高的产业，而农田灌溉用水又占据了农业用水的主体部分，农田用水效率低下、灌溉设备老化以及节水灌溉普及率低等现象普遍，增加了社会系统和资源系统的系统风险。河北和安徽位于中国中部，自然水资源不足且分布不均衡，地区间均出现不同程度的输供水不足，但在农村基层水利工程的持续深入过程中，有效改善高硬度及含氟量高的水体质量，普及节水农作物，有效地压缩农田灌溉用水量，配套喷灌、滴灌和波涌灌等节水技术的使用，改善了社会系统和资源系统的风险状况。四川虽然属于低度风险水贫困地区，但应积极引导地区农村经济的发展模式和经济产业结构的调整，以扭转农村经济的风险化发展趋势。辽宁、上海、江苏、浙江、福建和山东属于中国东部沿海地区，自然水资源和生态环境条件相对优越，水资源承受的压力较小，农村经济生活较为富足，政府在农村水利工程过程中起较好的调控作用，使得地区农村水贫困压力较小。各地区应均衡各子系统风险发展的状况，使各系统风险得到有效控制，进而促进中国农村实现水资源的可持续利用。近几年极端天气的频繁出现，水资源问题面临更大的不确定性和严峻的挑战性，如干旱灾害和洪水灾害等频发，温度和降水量或蒸发量变化规律和趋势难以预测等问题突出。低度风险水贫困地区应在承灾体高暴露性的状态下，有效控制生态系统和资源系统风险，协调各子系统的发展，彻底解决水贫困的返贫化的趋势。

第五节　农村水贫困风险障碍因子及阻力类型分析

本节在水贫困相关研究的基础上，结合灾害风险管理相关理论，构建农村水贫困灾害风险评价指标体系，并利用 TOPSIS 模型计算 2011 年中国 31 个省（自治区、直辖市）农村水贫困灾害风险状况。为使研究成果更具实践指导意义，利用障碍因子诊断模型进一步剖析不同地区水贫困灾害风险的障碍因素与阻力模式，旨在实现农村地区水贫困灾害风险的有效控制，为农村水资源的集成管理提供科学依据和政策启示。

一、数据处理

本节选取 42 个指标来综合评价中国农村水贫困灾害风险状况，在指标数据进行标准化后，将标准化得分结合综合权重，利用 TOPSIS 法进行计算，首先得到单个子系统准则层风险测评得分；单个子系统危险性、暴露性、脆弱性和适应性等准则层要素得分继续利用 TOPSIS 法进行测算，得到 4 个子系统的风险测评得分；再次结合 TOPSIS 法，最终得到水贫困综合测评得分（表 4-4）。在前述整体风险评价的基础上，利用障碍度模型，对影响农村水贫困灾害风险的障碍因子进行诊断，得到各指标的障碍度 $I_1 \sim I_{42}$，进而对准则层和子目标层进行障碍度测算，得到准则层和子目标层障碍度分别为 $A_1 \sim A_4$、$B_1 \sim B_4$、$C_1 \sim C_4$、$D_1 \sim D_4$ 和 A、B、C、D，最后将各子系统障碍度得分结合最小方差法，对不同地区农村水贫困风险阻力模式进行分类。

表 4-4　2011 年中国农村水贫困各子系统风险及总得分

地区	经济		社会		生态		资源		水贫困	
	得分	排序	得分	排序	得分	排序	得分	排序	得分	排序
北京	0.478	17	0.491	27	0.556	13	0.475	17	0.500	25
天津	0.441	20	0.803	2	0.703	1	0.675	5	0.655	3
河北	0.406	26	0.732	10	0.661	2	0.713	3	0.628	4
山西	0.529	14	0.616	23	0.516	21	0.360	27	0.505	24
内蒙古	0.545	10	0.406	30	0.528	18	0.668	7	0.537	17
辽宁	0.563	7	0.658	18	0.601	7	0.588	11	0.603	6
吉林	0.611	4	0.792	3	0.491	25	0.460	19	0.589	7
黑龙江	0.412	25	0.713	13	0.559	12	0.371	25	0.514	22
上海	0.612	3	0.351	31	0.561	11	0.362	26	0.472	29
江苏	0.666	1	0.729	11	0.638	4	0.602	9	0.659	2
浙江	0.660	2	0.852	1	0.653	3	0.536	14	0.675	1
安徽	0.433	21	0.639	20	0.574	8	0.308	29	0.488	27
福建	0.607	5	0.727	12	0.610	5	0.393	24	0.584	10
江西	0.417	24	0.773	5	0.550	15	0.299	30	0.510	23
山东	0.535	12	0.614	24	0.608	6	0.672	6	0.607	5
河南	0.353	29	0.737	7	0.568	9	0.696	4	0.588	8
湖北	0.565	6	0.780	4	0.530	17	0.469	18	0.586	9
湖南	0.487	16	0.699	16	0.519	20	0.434	21	0.535	18
广东	0.531	13	0.736	8	0.520	19	0.480	16	0.567	13
广西	0.472	18	0.447	29	0.506	23	0.510	15	0.484	28
海南	0.542	11	0.733	9	0.508	22	0.319	28	0.525	20
重庆	0.447	19	0.713	14	0.365	30	0.285	31	0.452	30
四川	0.551	8	0.599	25	0.568	10	0.557	13	0.569	12
贵州	0.388	27	0.469	28	0.406	29	0.415	23	0.419	31
云南	0.511	15	0.621	22	0.502	24	0.430	22	0.516	21
西藏	0.294	31	0.651	19	0.484	26	0.561	12	0.498	26
陕西	0.550	9	0.663	17	0.553	14	0.459	20	0.556	14

续表

地区	经济		社会		生态		资源		水贫困	
	得分	排序	得分	排序	得分	排序	得分	排序	得分	排序
甘肃	0.334	30	0.700	15	0.422	28	0.759	2	0.554	15
青海	0.432	22	0.744	6	0.352	31	0.589	10	0.529	19
宁夏	0.419	23	0.593	26	0.482	27	0.841	1	0.584	11
新疆	0.385	28	0.636	21	0.539	16	0.648	8	0.552	16

二、模型输出

根据 TOPSIS 法计算结果（表 4-4）可知，2011 年中国各地区农村水贫困得分分布范围为 0.40～0.70，得分越低表示水贫困灾害风险越严重。依照各子系统得分和水贫困风险测评结果，农村水贫困灾害风险最严重的 10 个地区依次为贵州、重庆、上海、广西、安徽、西藏、北京、山西、江西、黑龙江；灾害风险相对较小的地区分别是浙江、江苏、天津、河北、山东、辽宁、吉林、河南、湖北和福建。整体而言，东部沿海地区农村水贫困风险低于中西部地区，农村水贫困灾害风险较大地区多为自然水资源缺乏、灾害频发和农业人口高密集区。不同地区指标贡献程度差异性大，计算结果反映了中国农村水贫困风险和各子系统的基本发展状况，为重点展开指标层和子系统的障碍因子诊断分析奠定了研究基础。

三、障碍因子诊断分析

水贫困灾害风险是经济系统、社会系统、生态系统和资源系统 4 个子系统综合作用产生的结果。为探究农村地区水贫困灾害风险发展成因及管理阻力，本节就指标层各指标数据障碍度和子目标层障碍度进行测算，厘清农村水资源可持续发展利用过程中的障碍因子，计算结果分别见图 4-3 和表 4-5。

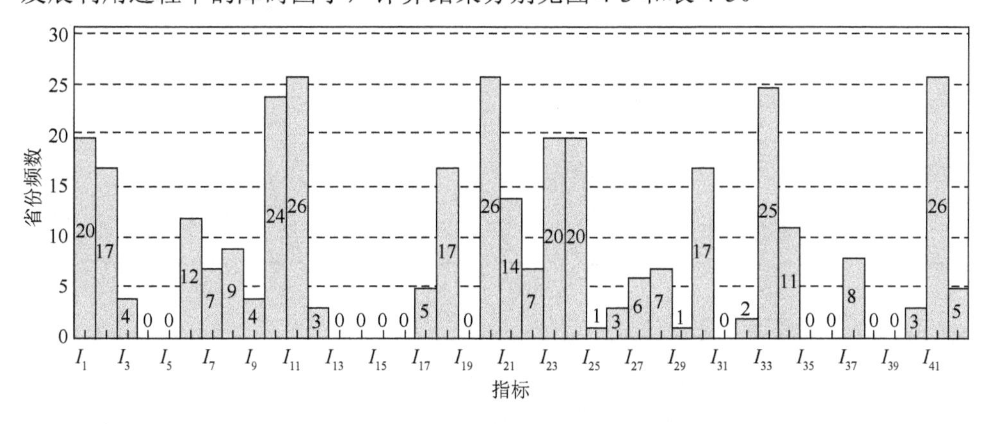

图 4-3 农村水贫困风险障碍指标省份频数分布直方图

表 4-5　农村水贫困灾害风险指标层主要障碍因子及其障碍度

地区	障碍因子 1		障碍因子 2		障碍因子 3		障碍因子 4		障碍因子 5	
	障碍因素	障碍度	障碍因素	障碍度	障碍因素	障碍度	障碍因素	障碍度	障碍因素	障碍度
北京	I_{11}	13.110	I_{1}	12.725	I_{33}	10.728	I_{23}	5.423	I_{20}	5.053
天津	I_{1}	21.168	I_{10}	6.663	I_{8}	5.892	I_{20}	5.481	I_{12}	5.445
河北	I_{1}	8.319	I_{10}	5.911	I_{2}	5.713	I_{18}	5.209	I_{21}	4.869
山西	I_{34}	9.273	I_{33}	8.624	I_{11}	8.118	I_{1}	5.919	I_{24}	5.119
内蒙古	I_{11}	17.976	I_{33}	8.187	I_{24}	6.371	I_{18}	5.387	I_{20}	5.263
辽宁	I_{33}	6.868	I_{18}	6.668	I_{20}	5.651	I_{10}	5.465	I_{41}	5.070
吉林	I_{34}	9.223	I_{23}	6.762	I_{33}	5.905	I_{20}	5.664	I_{41}	5.460
黑龙江	I_{1}	8.564	I_{34}	7.901	I_{41}	7.534	I_{33}	6.959	I_{11}	5.837
上海	I_{11}	16.239	I_{33}	8.685	I_{12}	8.251	I_{41}	6.551	I_{42}	5.511
江苏	I_{20}	6.827	I_{41}	6.631	I_{10}	6.087	I_{11}	5.987	I_{21}	4.677
浙江	I_{33}	8.228	I_{10}	6.463	I_{21}	5.215	I_{41}	4.669	I_{24}	4.610
安徽	I_{34}	9.549	I_{41}	8.083	I_{1}	6.708	I_{11}	5.720	I_{20}	4.612
福建	I_{33}	8.382	I_{41}	7.520	I_{11}	6.308	I_{21}	5.438	I_{20}	4.733
江西	I_{33}	9.973	I_{1}	8.740	I_{34}	7.393	I_{41}	4.926	I_{24}	4.910
山东	I_{11}	9.173	I_{33}	6.197	I_{1}	6.085	I_{24}	5.744	I_{21}	5.421
河南	I_{1}	10.866	I_{2}	5.665	I_{11}	4.916	I_{10}	4.765	I_{23}	4.729
湖北	I_{33}	9.144	I_{24}	8.691	I_{20}	5.062	I_{34}	5.003	I_{41}	4.809
湖南	I_{33}	13.949	I_{24}	5.877	I_{11}	5.206	I_{2}	4.105	I_{28}	4.022
广东	I_{33}	9.871	I_{21}	6.269	I_{2}	5.956	I_{20}	5.428	I_{8}	4.474
广西	I_{11}	9.538	I_{33}	8.326	I_{2}	5.506	I_{20}	5.033	I_{27}	4.944
海南	I_{33}	15.584	I_{6}	6.747	I_{27}	5.416	I_{20}	5.006	I_{21}	4.298
重庆	I_{2}	7.562	I_{33}	7.380	I_{34}	7.023	I_{41}	5.804	I_{32}	5.015
四川	I_{11}	7.876	I_{41}	5.443	I_{20}	5.135	I_{33}	4.904	I_{21}	4.814
贵州	I_{33}	12.018	I_{11}	11.018	I_{24}	9.063	I_{1}	6.631	I_{2}	4.975
云南	I_{33}	11.480	I_{11}	7.022	I_{24}	5.636	I_{41}	5.076	I_{23}	4.879
西藏	I_{1}	10.056	I_{2}	8.497	I_{20}	5.046	I_{41}	4.906	I_{30}	4.541
陕西	I_{33}	15.759	I_{11}	6.819	I_{2}	6.540	I_{23}	5.578	I_{20}	5.252
甘肃	I_{1}	8.910	I_{22}	8.407	I_{24}	7.510	I_{11}	6.965	I_{2}	6.201
青海	I_{24}	11.668	I_{1}	8.950	I_{33}	8.069	I_{32}	5.494	I_{20}	5.375
宁夏	I_{24}	9.217	I_{1}	8.540	I_{2}	7.279	I_{21}	5.472	I_{20}	5.199
新疆	I_{1}	16.232	I_{40}	5.609	I_{2}	5.251	I_{11}	5.019	I_{23}	4.879

（一）指标层障碍因子

由于水贫困灾害风险评价指标体系中涉及指标较多，为探究农村水贫困风险管理主要障碍因子，本节按照单项指标障碍度大小，筛选出障碍度大于 3%、影响作用明显的障碍因子，并在此基础上，针对指标层包含的42个指标，制作省份频数分布直方图。由图4-3可知，在众多风险影响因子中，存在具有普遍影响作用的障碍因子，其中，农业经济滞后率（I_1）、农村水利基建占基建投资比例（I_{10}）、农村饮用水安全未达标比例（I_{11}）、农村文教卫生业固定资产比例（I_{20}）、每公顷农田施用化肥量（I_{23}）、农田水旱灾损失强度（I_{24}）、降水年变差系数（I_{33}）和万元GDP用水降低率（I_{41}）的频数分别为20、24、26、26、20、20、25和26，覆盖2/3及以上的省（自治区、直辖市）。数据说明农业经济发展滞后、农田水污染、水旱灾害频发、农村社会科教投资不足、降水年际变化大和低效率用水已成为中国农村水贫困风险管理过程中的普遍性问题。第一产业发展速度滞后于GDP总值的增长速度，第一产业内部结构调整优化作用不明显；2011年中国单位公顷农药和化肥施用量高达11.0kg和351.5kg，不仅造成土壤环境的深度污染和水体富营养化，更使得农村用水安全面临巨大压力；农村地区社会系统各项基础性设施投资不足，文教卫生类资源配置率较低，综合使得农村用水安全得不到保障；旱灾及洪涝灾害频发，降水年际变化大、水资源空间分布不均衡，南多北少、东多西少的降水特点与中国耕地北多南少的状况匹配度较低，北方农业用水形势更为紧迫；农业用水作为中国用水大户，其用水效率尤为重要，但中国传统漫灌的灌溉方式使得农业用水浪费严重，用水有效利用率远低于发达国家，应合理调整农林牧产业结构，结合节水农作物的种植，提高用水效率。就目前形势而言，中国农村水贫困问题的解决及水资源的可持续利用仍面临较大阻力。

中国农村水贫困灾害风险管理过程中存在普遍性问题，不同地区农村水贫困风险管理的主要障碍因子的影响作用也是不同的。按照单项指标障碍度大小，本节只列出障碍度排序前5的障碍因子（表4-5）。其中，北京、天津和上海经济发展较快，但政府在农村水资源利用中投入比例不足，如乡村办水电站和农、林、水三项占财政支出比例。内蒙古、山东、湖北、湖南、贵州、云南、甘肃、青海和宁夏9个省份受水旱灾影响严重。2011年北方集中遭受春旱影响，局部地区更是遭受特大干旱，临时性饮水困难人口激增，人们生产生活面临巨大考验，而南方地区先是遭受干旱灾害，6月进入汛期后，多个省份因为强降水而引发严重水灾，危险性致灾因子作用明显。另外，内蒙古较低的农村卫生厕所普及率更加大了农村水资源污染的风险，农村用水安全无法保障。湖南、贵州、甘肃和宁夏属西部经济欠发达地区，在农业经济发展滞后的同时，城乡消费差距不断扩大，农业生产技术普及性较低，灌溉设备老化，综合作用于该地区的水资源发展，致使地区水资源倾向灾害化发展。山西、吉林、黑龙江、安徽、江西和重庆水贫困风险有效控制的一个重要障碍因子是年供水量变化状况，供水能力和供水设施投资无法满足农村用水需求，供水压力较大。广西地处中国南部丰水地区，高农田实灌用水量着实成为制约该地区水贫困风险管理的阻力因素。对河北和辽宁农村水贫困发展影响较大的障碍因子是农村卫生厕所普及率，间接反映了农村地区基础建设力度不足，农村水资源暴露性强，易污染风险大。江苏、浙江、福建、广东、海南和四川较低的农村人均社会救济费用成为了该地区社会系统风险控制的短板因素。河南、西藏、陕西和新疆地区普遍存在农业经济相对落后、城乡消费比例高的现象，使得农村水资源局面紧迫，不利于水资源的综合发展和持续利用。

（二）子目标层障碍因子

通过指标层障碍因子的分析，在对不同地区农村水贫困发展主要障碍因子进行系统阐述的基础上，利用最小方差法，结合经济系统、社会系统、生态系统和资源系统四个系统的障碍度得分，划分不同类型的空间阻力模式，并结合子系统风险得分情况分析各地区农村水贫困风险管理的劣势及系统空间阻力类型（表 4-6 和图 4-4）。

表 4-6　中国水贫困风险各子系统阻力贡献率及阻力类型　　（单位：%）

阻力类型		地区	阻力效率			
			经济系统	社会系统	生态系统	资源系统
双系统阻力模式	E-R 型	天津	59.158	11.130	0.000	29.711
	S-T 型	内蒙古	10.462	51.864	25.622	12.052
	T-R 型	吉林	7.253	10.579	40.640	41.527
		浙江	11.248	6.155	34.012	48.585
		湖北	14.643	5.474	42.254	37.629
		海南	10.690	7.383	27.509	54.418
	S-R 型	上海	0.000	47.683	5.132	47.185
	E-T 型	甘肃	34.720	10.865	51.379	3.036
三系统阻力模式	S-T-R 型	山西	9.573	19.165	24.675	46.587
		江苏	9.708	31.851	23.620	34.821
		福建	11.964	18.181	17.655	52.200
		广西	11.503	38.937	24.926	24.634
		贵州	13.230	23.106	36.991	26.673
		云南	12.133	21.113	32.774	33.981
		陕西	6.929	22.054	28.093	42.924
	E-T-R 型	黑龙江	23.096	9.386	20.661	46.858
		江西	23.466	0.000	22.833	53.701
		河南	43.889	11.202	28.244	16.665
		重庆	14.975	8.519	32.177	44.329
		青海	21.995	9.235	46.251	22.520
	E-S-T 型	宁夏	25.637	32.002	42.361	0.000

续表

阻力类型		地区	阻力效率			
			经济系统	社会系统	生态系统	资源系统
四系统阻力模式	E-S-T-R 型	北京	20.124	28.436	19.367	32.072
		河北	41.856	21.968	17.688	18.489
		辽宁	18.890	36.443	15.205	29.462
		安徽	18.716	17.267	14.711	49.305
		山东	22.205	33.633	25.132	19.031
		湖南	17.768	12.573	30.505	39.154
		广东	15.133	15.510	30.683	38.674
		四川	15.263	32.882	22.826	29.029
		西藏	39.565	18.747	17.299	24.388
		新疆	37.484	23.379	16.630	22.507

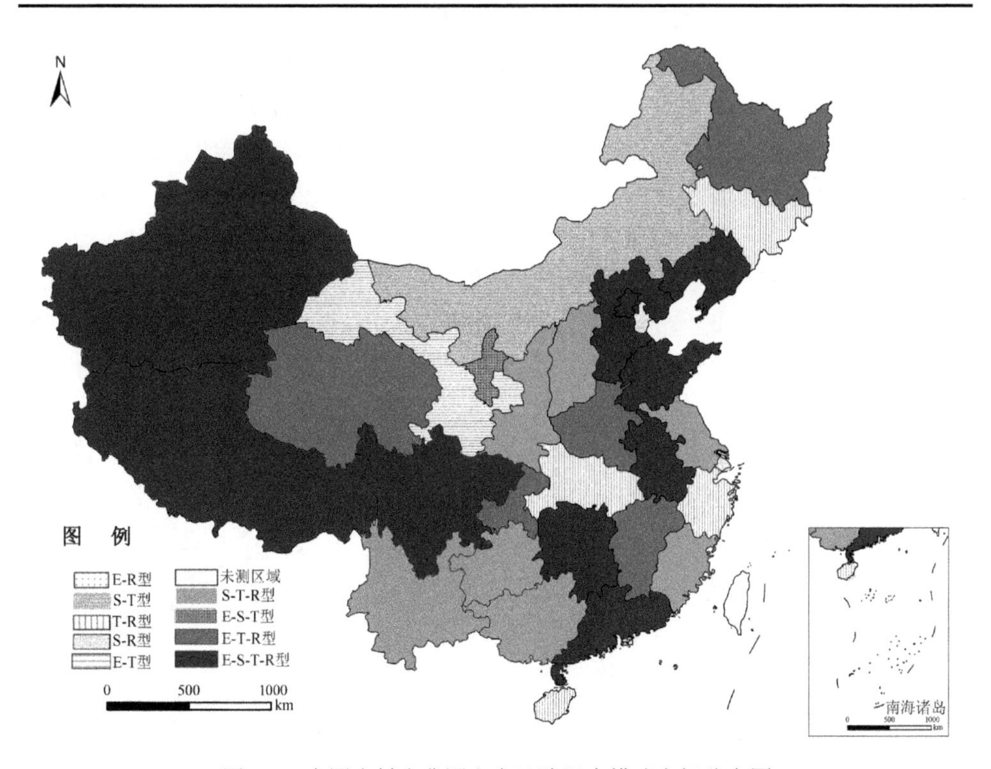

图 4-4　中国农村水贫困灾害风险阻力模式空间分布图

1. 双系统阻力模式

双系统阻力模式根据不同的阻力因素，可分为 5 种类型：E-R 型、S-T 型、

T-R 型、S-R 型和 E-T 型。

其中，E-R 型主要以经济系统和资源系统的阻力作用为主。天津是中国主要的港口城市，经济作为拉动社会进步的重要驱动力量，农业经济发展相对迟缓，产业结构主体向二、三产业转型，城镇和农村发展差距不断拉大。而一直作为缺水地区，天津自然水资源形势严峻，不仅阻碍经济的发展，而且对生态环境造成更大压力，生态环境有恶化趋势。但在南水北调、跨流域引水一系列调控措施的作用下，通过产业结构的合理调整和水资源综合利用率的提高，适应产业用水较高的需求刚性，使得农村水贫困风险得分排名前列，水贫困情况相对较好。

S-T 型主要以社会系统和生态系统的阻力作用为主。内蒙古地区农村水贫困风险较大，社会系统中农村卫生厕所普及率和农村文教卫生业固定资产比例分别为 43.24%和 21.9%，使得系统风险加剧，农村用水安全受到威胁。而土地沙化、耕地草原面积缩减，生态环境恶化的趋势日益加重。

T-R 型包括吉林、浙江、湖北和海南，以生态系统和资源系统的阻力作用为主。吉林为松花江和嫩江汇集地，境内降水较少，年际变化大，且水资源蒸发量大，过境水资源多，水资源本底条件的劣势增加了资源系统风险的危险性因素。同时，农村水利基础设施比较薄弱，水资源综合利用程度低，且高强度的化肥、农药投入使得农田污染、水资源安全问题无法保障。浙江、湖北和海南地处中国南部，境内水网密布，自然水资源丰富，但局部地区受水旱灾影响严重，以及农业用水综合利用率较低，导致生态系统和资源系统风险不断加剧。现阶段，该地区属风险较小区域，但生态和资源的风险发展趋势势必影响水贫困风险的有效控制。

S-R 型包括以社会系统和资源系统为主要阻力系统的上海。上海是中国重要的金融中心，经济社会发展水平较高，农村地区生活富足，水资源利用率较高，但是市内人口密度大，经济发展带动工业用水激增，其对第一产业用水形成挤占作用，农业用水逐渐减少，水资源密度较小。同时，水旱灾发生频率高，防洪减灾任务繁重，应增加农业排涝设施的资金投入，普及农业节灌技术，实现农村水资源的高效管理利用。相对于其他系统影响，社会系统和资源系统风险加大是造成上海水贫困风险管理的主要阻碍力量。

E-T 型主要以经济系统和生态系统的阻力作用为主。甘肃地区自然水资源短缺，经济发展限制性大，农村人均收入水平较少，生活水平较低，科教投入较少，经济来源部分为国家、政府救济。而近些年甘肃一直遭受耕地沙化和干旱灾害的影响，生态环境不断恶化，改善农村地区水贫困风险状况必先解决农村地区经济贫困问题。

2. 三系统阻力模式

三系统阻力模式具体分为 3 种类型。其中，以经济系统、生态系统和资源系统为主的 E-T-R 型区域主要包括黑龙江、江西、河南、重庆和青海。黑龙江和河南是中国主要的农业大省，也是重要的粮食出口省，在农业发展的过程中，应积极调整农作物的种植结构，推广节水农作物的种植。此外，高强度的化肥和农药投入，以及受旱灾的持续影响，生态系统风险化发展趋势明显，区域内资源型缺水和工程型缺水并存的局面使得地区农村用水问题日益严重。江西和重庆相比中国东部地区，农村经济发展较缓慢，农村地区恩格尔系数分别为 45%和 46.8%，高于全国平均水平，由于地区受洪涝灾害影响，生态风险较大，而水污染和浪费问题严重，使得单位农业增加值用水量居高不下。青海位于中国西南部地区，是著名的长江源头，境内水能丰富，但水资源时空分布不均衡，东南多西北少的降水形势一直制约着地区的发展。境内部分河流经常性断流，更使得人们生产生活面临巨大困难，而生态环境恶化、水土流失和耕地沙化面积不断扩大、水源地污染都严重影响了中下游水体质量。在经济、生态和资源系统的综合作用下，农村水贫困灾害风险的发展趋势不易遏制。

S-T-R 型是以社会系统、生态系统和资源系统为主要阻力的类型，主要包括山西、江苏、福建、广西、贵州、云南和陕西。其中，江苏为中国东部沿海经济发达区域，农村经济系统并未对农村水贫困风险管理产生阻碍作用，农村水贫困风险评价得分较高，农村水贫困风险较小，水资源利用属发展较好阶段，与经济系统相比较，其他 3 个系统具有相对劣势，但与其他地区相比较，该地区单个系统发展仍具有绝对优势。省内农田化肥、农药施用过量加剧了社会系统危险性，水旱灾影响和农田较高实灌用水量将生态系统作用风险化。同时，农业用水效率仍有较大的提升空间以适应农业经济，应综合考虑多系统作用，稳步推进水贫困风险管理。福建降水丰沛，水资源丰富，但是水土资源可持续利用不平衡，闽西水资源丰富，但开发利用强度较低，闽东沿海地区为人口密集地，水资源短缺，开发利用强度高。就整体而言，福建工程型缺水和水质型缺水和农业用水效率亟待提高的水资源背景，导致社会系统、生态系统和资源系统风险的适应性发展能力不足。山西和陕西农村节水设施的不完善，以及化肥和农药造成水土污染日益严重，粗放式农业耕作给水资源造成超负荷压力，应积极引导农业模式的集约式发展。广西、贵州和云南自然水资源丰富，但是农业用水效率较低使得系统风险加剧，水资源利用效率仍存在提升空间，应推广节水农业和水资源基础工程设施，加大政府对设施的扶持投资力度，通过产业结构的调整和用水效率的提高，实现农业用水的减量化。

E-S-T 型农村水贫困风险是以经济系统、社会系统和生态系统阻力效应为主的类型。宁夏位于中国西北内陆地区，水资源禀赋条件较差，常年受到干旱灾害的影响，粮食产量得不到保障，地区农业经济发展滞后，出现农村经济贫困与水贫困交织作用的局面，农村水贫困状况迫切需要改善。

3. 四系统阻力模式

四系统阻力模式即 E-S-T-R 型，是经济、社会、生态和资源 4 个系统综合作用对农村水贫困共同产生阻力作用的模式，主要包括北京、河北、辽宁、安徽、山东、湖南、广东、四川、西藏和新疆 10 个地区。根据水贫困风险得分可具体划分为两类：低风险水贫困区，包括河北、辽宁、山东、广东和四川；高风险水贫困区，包括北京、安徽、湖南、西藏和新疆。相对于第二类而言，第一类水贫困风险得分具有显著优势，不仅体现在水贫困风险得分方面，而且各子系统风险测算得分普遍较高且发展均衡。因此，低风险水贫困区在水贫困风险的管理控制过程中，应综合系统间的联系和影响，稳步降低子系统风险，消除障碍因子的阻力作用，扩大本区域农村水贫困风险得分优势。对高风险水贫困地区而言，子系统风险较大，且系统的联合阻力作用使水贫困风险陷入不断交织恶化的循环中，风险局面难以掌控，应在稳定水贫困风险得分的基础上，综合考虑多方面制约因素，积极采取应对措施，提高子系统风险得分，循序渐进地实现子系统风险的有效控制，逐步缩小与低风险水贫困区差距。

参考文献

[1] 孙才志, 汤玮佳, 邹玮. 中国农村水贫困测度及空间格局机理. 地理研究, 2012, 31(8): 1445-1455.

[2] Cullis J, O'Regan D. Targeting the water: poor through water poverty mapping. Water Policy, 2004, 6(5), 397-411.

[3] Petak W J, Atkisson A A. Natural Hazard Risk Assessment and Public Policy Anticipating: the Unexpected. New York: Springer-Verlag, 1982.

[4] 李明志, 臧俊岭, 焦仁庆. 农业气象灾害风险评估研究综述. 现代农业科技, 2009, (14): 269-270.

[5] Schneider P J, Schauer B A. HAZUS: its development audits future. Natural Hazards Review, 2006,7(2): 40-44.

[6] Cittadini E D, de Ridder N, Peri D L, et al. A method for assessing forst damage risk in sweet cheery orchards of South Patagonia. Agricultural and Forest Meteorology, 2006, 141: 235-243.

[7] Nullet D, Giambelluca T W. Risk analysis of seasonal agricultural drought on low pacific islands. Agricultural and Forest Meteorology, 1988, 42(2-3): 229-239.

[8] Richard S, de Melo-Abreu J P, Scott M. Frost Protection: Fundamentals, Practice, and Economics. FAO Technical Papers, 2005.

[9] Blaikei P, Cannon T, Davis I, et al. Risk: Natural Hazard, People's Vulnerability and Disasters. London: Routledge, 1994.

[10] 马宗晋, 李闽锋. 自然灾害、灾度和对策. 北京: 中国科学技术出版社, 1999.

[11] 李世奎. 中国农业灾害风险评价与对策. 北京: 气象出版社, 1999.

[12] 杜鹏, 李世奎. 农业气象灾害风险评价模型及应用. 气象学报,1977,55(1): 95-102.

[13] 李思佳. 基于灾害风险分析的农业气象指数保险研究——以江苏省冬小麦为例. 南京: 南京信息工程大学, 2013.

[14] Sullivan C A. Constructing a water poverty index: a feasibility study. World Development, 2002, 30(7): 1195-1210.

[15] 程钰, 任建兰, 崔昊, 等. 基于熵权 TOPSIS 法和三维结构下的区域发展模式——以山东省为例. 经济地理, 2012, 32(6): 27-31.

[16] 朱珠, 张琳, 叶晓雯, 等. 基于 TOPSIS 方法的土地利用综合效益评价. 经济地理, 2012, 32(10): 139-144.

[17] Hwang C L,Yoon K S. Multiple Attribute Decision Making. Berlin: Spring-verlag, 1981.

第五章　基于农村经济贫困下的中国农村水贫困问题研究

水资源作为一种重要的生产要素，其短缺必定会制约经济的健康发展，因此，水贫困与经济贫困之间可能具有“共生关系”。但在时间维度上考察两者耦合关系的研究成果尚不多见。基于此，以时间关联为视角，验证中国农村水贫困和农村经济贫困的共生关系，观察与分析两者时空耦合关系，可为水贫困研究开拓新的研究视角与研究领域。本章在构建适于中国农村地区的水贫困和经济贫困评价指标体系的基础上，计算1995～2011年中国31个省（自治区、直辖市）农村水贫困得分和农村经济贫困得分，通过二次项拟合回归验证各省农村水贫困与经济贫困存在共生关系；运用耦合度模型测算出农村水贫困与经济贫困之间对应的耦合程度，旨在揭示两者在时空上的耦合程度差异，为水资源配置和经济发展对策提供理论借鉴。

第一节　指标体系的建立

一、指标体系的选取原则

（1）代表性原则。宜尽量选择专业性较强的指标，简洁、准确地反映农村水贫困和经济贫困的内涵和评价的各个方面。

（2）客观性原则。宜尽量选择受人为因素干扰较小的、能够实现客观分析的指标，依据研究的目标做出取舍，这样构建起来的指标体系就更有说服力。

（3）可比性原则。所选指标在水资源利用和经济减贫两方面要有可比性，计算指标口径一致，否则难以判断各地区资源状况的优劣，难以进行各省农村双贫困分析。

（4）有效与实用原则。结合实际情况，宜选择能在最大程度上提供有效信息的指标，同时保证指标体系的精炼程度，而且设置指标时宜充分考虑现有统计数据和调查资料的实际情况。此外，必须注意指标定义清晰和避免交叉重复，以此来提高评估的可操作性。

二、农村水贫困评价指标体系的构建

结合中国农村地区的实际情况、数据的可得性与针对性，在现有中国农村水贫困体系基础上扩充和更换子系统内指标，以适用于更长时段的时间序列分析需要，在选取指标时考虑如下几点：①由于专门针对农村水资源禀赋相关统计量的数据相对稀缺，用各省人均水资源量、农村地区供水总量和单位耕地面积的水资源量等数据近似替代，间接反映农村水资源量；②在设施子系统内，从供水设施、排水设施和其他设施三方面考虑，新增机电排灌与提灌面积和农村生活污水净化沼气池；③考虑到农村应对洪涝灾害和利用水资源的设施条件，在设施子系统内增加各省水库库容平均水平、除涝面积和乡村办水电站数量；④考虑到地方政府治水的财政能力，增加地方政府财政自给率；⑤考虑到治理保护力度，增加单位耕地排污费收入。为实现得分越低的地区水贫困（或者经济贫困）程度越深这一评价目的，将数值越低导致水贫困（或者经济贫困）程度越深的指标定义为正向指标（即效益型指标），反之定义为负向指标处理（即成本型指标）。

根据上述原则，构建资源、设施、能力、使用和环境 5 个子系统以及分属各子系统下的诸多指标组成的复合体系（表 5-1）。

表 5-1　中国农村水贫困测度评价指标体系

目标层	目标层权重	准则层	评价指标及单位	主观权重	客观权重	综合权重
资源	0.1173	资源禀赋	水资源模数/（万 m^3/万 hm^2）	0.2445	0.3032	0.2629
			农村地区供水总量/m^3	0.2793	0.1220	0.2435
			人均水资源量/m^3	0.4762	0.5749	0.4936
设施	0.2315	供水设施	农村改水累计受益人口/人	0.0833	0.0087	0.0448
			农村卫生厕所普及率/%	0.0833	0.0643	0.1054
			乡村办水电站数量/个	0.0833	0.0348	0.0803
		排水设施	机电排灌与提灌面积/（1000hm^2）	0.0833	0.0268	0.0542
			除涝面积/万 hm^2	0.1667	0.5356	0.3622
			水库库容平均水平/座	0.1667	0.0141	0.0759
		其他设施	农村生活污水净化沼气池/个	0.0370	0.2550	0.1342
			废水治理设施数/套	0.1481	0.0165	0.0670
			废水处理效率/%	0.1481	0.0442	0.0761
能力	0.3064	政府调控	财政自给率/%	0.0361	0.0388	0.0292
			三同时项目执行强度/%	0.0539	0.0746	0.0591
			国家对农村改水投资强度/%	0.1916	0.1500	0.0886
			国家对农村改厕投资强度/%	0.1258	0.1128	0.0896
		科技	环境科技科投入力度/%	0.1949	0.3938	0.4193
			地方财政对科技支持力度/%	0.1069	0.0550	0.0857
		人民生活	农村居民家庭恩格尔系数	0.0617	0.0074	0.0261
			农村居民人均生活消费/元	0.1124	0.0012	0.0327
		经济水平	污染治理投资强度/%	0.0362	0.0771	0.0646
			地区人均生产总值/万元	0.0805	0.1600	0.4051

续表

目标层	目标层权重	准则层	评价指标及单位	主观权重	客观权重	综合权重
使用	0.1896	农村用水	农田实灌亩均用水量*/m^3	0.1608	0.1242	0.1827
			农村人均日生活用水量*/L	0.1455	0.3001	0.2453
			万吨粮食产量均用水量*/（亿 m^3/万 t）	0.1455	0.1145	0.1073
		提高效率	万元 GDP 用水量变化率/%	0.1903	0.2745	0.2496
			节水灌溉面积增加值/万 hm^2	0.2144	0.0796	0.1031
环境	0.1552	生态环境	水旱灾损失程度*/%	0.1124	0.0156	0.0370
			污径比*/%	0.0762	0.2229	0.1197
		农业污染	化肥使用强度*/%	0.0590	0.0696	0.1194
			化肥使用强度*/%	0.0925	0.2337	0.1341
			水污染纠纷强度*/%	0.1454	0.0841	0.1690
			水污染经济损失*/万元	0.2515	0.0523	0.1668
		治理保护	水土流失治理面积/万 hm^2	0.0933	0.2725	0.1021
			单位耕地排污费收入/（万元/万 hm^2）	0.1700	0.0495	0.1407

*指标为成本型指标；其余为效益型指标

三、农村经济贫困评价指标体系的构建

经济贫困指标体系是由收入、支出、教育、医疗、发展环境、家庭与就业 6 个子系统及其分属各个系统的诸多指标构成的。本节在现有中国经济贫困评价体系基础上扩充和更换子系统内指标，以适应更长时段农村经济贫困程度评价的需要，在选取指标时考虑如下几点：①在收入水平内，用收入结构多元化指数（即家庭经营收入/家庭经营纯收入+其他收入/家庭经营纯收入）反映农村居民家庭收入结构；②在教育水平内，用农村高中毕业生数与当地高中毕业生数占比近似估计农村居民受教育的程度，用农村专任小学教师在当地总数占比衡量农村居民获得基础教育的条件；③在医疗卫生内，用乡镇卫生院平均拥有病床数、乡镇卫生院平均拥有卫生人员数和农村居民家庭人均医疗保健在生活消费中的比例衡量农村医疗卫生水平；④在发展环境内，用农、林、牧、渔、机械在生产性固定资产原值中比例反映农业生产条件，用地方财政支出支援农业生产的比例反映地方政府对农业的支持力度，用农村社会救济费和农村自然灾害救济费反映农村居民收入补偿程度（表 5-2）。

表 5-2　中国农村经济贫困测度评价指标体系

目标层	目标层权重	准则层	评价指标及单位	主观权重	客观权重	综合权重
生存贫困	0.25	收入水平	农村居民家庭人均纯收入/元	0.5000	0.9521	0.7561
			收入结构多元化指数/%	0.5000	0.0479	0.2439
	0.25	支出水平	农村居民家庭恩格尔系数*/%	0.4000	0.0843	0.2141
			农村家庭人均生活消费支出/元	0.6000	0.9157	0.7859

续表

目标层	目标层权重	准则层	评价指标及单位	主观权重	客观权重	综合权重
发展贫困	0.125	教育水平	当地农村高中毕业生数比例/%	0.3923	0.8368	0.7080
			当地农村专任小学教师比例/%	0.3923	0.1165	0.1634
			人均教育经费/元	0.2153	0.0468	0.1286
	0.125	医疗卫生	乡镇卫生院平均拥有病床数/张	0.3923	0.2605	0.2067
			乡镇卫生院平均拥有卫生人员数/人	0.3923	0.3356	0.5996
			农村居民家庭人均医疗保健在生活消费中的比例/%	0.2153	0.4040	0.1937
	0.125	发展环境	灾害面积*/hm²	0.2985	0.4413	0.2528
			农村饮用自来水人口比例/%	0.0761	0.0092	0.0246
			农、林、牧、渔、机械在生产性固定资产原值中比例/%	0.1174	0.0105	0.0377
			地方财政支援农业生产力度/%	0.1694	0.0810	0.0761
			人均农村社会救济费/元	0.1694	0.4567	0.5636
			人均农村自然灾害救济费/元	0.1694	0.0014	0.0452
	0.125	家庭与就业	乡村平均家庭户数*/户	0.5000	0.0977	0.1674
			农业从业人员比例*/%	0.5000	0.9023	0.8326

注：无标记的指标为效益型指标，有标记*的为成本型指标

第二节　模型以及模型输出

一、水贫困测度模型

水贫困测度模型是定量评价国家或地区间相对缺水程度的一组综合性指标。该指标不但能反映区域水资源的本底情况，还能反映工程、管理、经济、人类福利与环境情况。本节所构建水贫困评价指标体系由资源、设施、能力、使用和环境 5 个子系统综合而成，各子系统内部分别设置了若干评价指标。具体的计算公式可参见第三章第三节。

二、经济贫困测度模型

经济贫困测度模型是将生存贫困与发展贫困两方面结合衡量经济贫困程度的综合性指标，其子系统包括收入水平、支出水平、教育水平、医疗卫生、发展环境、家庭与就业。各子系统内部分别设置了若干评价指标，在这 6 个子系统之间运用层次分析法进行加权：

$$\mathrm{EPI}=\frac{w_{\mathrm{in}}\mathrm{In}+w_{\mathrm{ex}}\mathrm{Ex}+w_{\mathrm{ed}}\mathrm{Ed}+w_{\mathrm{he}}\mathrm{He}+w_{\mathrm{en}}\mathrm{En}+w_{\mathrm{su}}\mathrm{Su}}{w_{\mathrm{in}}+w_{\mathrm{ex}}+w_{\mathrm{ed}}+w_{\mathrm{he}}+w_{\mathrm{en}}+w_{\mathrm{su}}} \quad (5\text{-}1)$$

式中，EPI 代表经济贫困评价得分矩阵；In、Ex、Ed、He、En、Su 分别代表收入、支出、教育、健康、发展环境、家庭供养与就业子系统；w_j（j=in,ex,ed,he,en,su）代表利用层次分析法所求得的对应子系统的权重。

三、处理过程

首先，通过极值标准化法，解决所有指标（表 5-1、表 5-2）对应原始数据的同质性；其次，通过主客观综合赋权法计算得出各指标综合权重，对农村水贫困评价体系（以及农村经济贫困评价体系）子系统内部的各个指标进行加权求和，得到各省农村地区的各子系统的综合评价得分；再次，通过层次分析法计算农村水贫困评价体系（以及农村经济贫困评价体系）各子系统的主观权重，并对体系内部子系统得分进行加权求和，得到各省农村水贫困总的得分情况。最终所得的评价结果能够基本反映 1995～2011 年中国农村水贫困（以及经济贫困）的实际情况（表 5-3）。

表 5-3　1995～2011 年中国农村水贫困与经济贫困测度得分

地区	1995 年	2000 年	2005 年	2011 年
北京	0.6349/0.3211	0.5590/0.4148	0.5771/0.5182	0.6932/0.7423
天津	0.5020/0.2866	0.5325/0.3494	0.5472/0.4043	0.8093/0.5763
河北	0.3315/0.2069	0.4091/0.2581	0.4491/0.3028	0.5713/0.4472
山西	0.2582/0.2183	0.2809/0.2469	0.3591/0.3005	0.4561/0.4267
内蒙古	0.2625/0.1829	0.3141/0.2380	0.3007/0.2755	0.5470/0.4290
辽宁	0.3911/0.2426	0.3910/0.2805	0.4535/0.3449	0.6064/0.4793
吉林	0.2805/0.2106	0.2927/0.2349	0.3375/0.2972	0.5012/0.4513
黑龙江	0.2551/0.2465	0.2722/0.2535	0.3143/0.3035	0.4080/0.4567
上海	0.6902/0.3582	0.5811/0.4506	0.6235/0.5988	0.8517/0.7631
江苏	0.5285/0.2773	0.5740/0.3913	0.6393/0.4735	0.8624/0.5941
浙江	0.5599/0.2508	0.5961/0.3389	0.6532/0.4518	0.7684/0.6725
安徽	0.3641/0.2197	0.3999/0.2441	0.4541/0.2853	0.5706/0.4379
福建	0.5704/0.2366	0.6317/0.3131	0.6632/0.3644	0.7560/0.4943
江西	0.3853/0.2316	0.4273/0.2574	0.4868/0.3089	0.6403/0.4330
山东	0.4235/0.2042	0.4729/0.2519	0.5361/0.3259	0.6582/0.4813
河南	0.3856/0.1810	0.4301/0.2071	0.4752/0.2681	0.5965/0.4249
湖北	0.4397/0.2232	0.4749/0.2622	0.5063/0.3113	0.6329/0.4657
湖南	0.4509/0.1730	0.4736/0.2462	0.5286/0.2984	0.6307/0.4220

续表

地区	1995年	2000年	2005年	2011年
广东	0.5447/0.2980	0.5678/0.3438	0.6169/0.3773	0.7704/0.5048
广西	0.3832/0.1850	0.4240/0.2217	0.4719/0.2598	0.5450/0.3749
海南	0.3073/0.2067	0.3533/0.2371	0.4198/0.2665	0.6539/0.3936
重庆	0.3207/0.1686	0.3462/0.2737	0.4098/0.2970	0.5388/0.4420
四川	0.3556/0.1827	0.3591/0.2217	0.3948/0.2438	0.5108/0.3974
贵州	0.2608/0.1962	0.2731/0.2959	0.3103/0.2446	0.3974/0.3261
云南	0.2726/0.1733	0.3023/0.2203	0.3337/0.2340	0.4126/0.3573
西藏	0.3080/0.1724	0.2528/0.1769	0.2540/0.2250	0.5564/0.3618
陕西	0.2877/0.2007	0.3143/0.3170	0.3332/0.2927	0.5319/0.4343
甘肃	0.2367/0.2121	0.2540/0.2419	0.2846/0.2477	0.3483/0.3727
青海	0.2220/0.2019	0.2274/0.2359	0.2639/0.2840	0.3991/0.4318
宁夏	0.2117/0.1813	0.2389/0.2388	0.3058/0.2901	0.4987/0.4902
新疆	0.2508/0.2394	0.2880/0.2595	0.3365/0.2777	0.5109/0.3957
均值	0.3766/0.2222	0.3972/0.2749	0.4400/0.3217	0.5882/0.4671

注：表中数字分子为水贫困得分，分母为经济贫困得分；限于页面宽度，只列出部分年份计算结果

计算结果表明：中国各省农村水贫困得分和农村经济贫困得分均呈现上升态势；水贫困得分总体趋势波动增长，个别地区个别年份波动较大；经济贫困得分总体趋势明显增长，地区之间的差异有拉大的趋势。这说明：①农村地区水贫困程度随时间变动而改进，尽管中国各地区水资源条件差异明显，但是在长期内持续追加农村改水、改厕等项目资金投入、强化用水设施建设、推广节水灌溉技术等措施，均可以适度弥补其农村居民用水能力不足；②农村经济整体上处于改进态势，农村居民家庭人均收入和人均生活消费水平共同提高，农村教育经费与基础教育师资力量逐年增加，农村医疗卫生水平得到改善，农村居民防灾抗灾能力有了提高，农村发展环境得到改善，农村居民发展能力得到强化。

第三节　共生关系的验证

在生态经济复合系统内部，不仅存在生态资源与经济增长间的限制与胁迫相互交织的复杂情形[1-4]，而且存在两个子系统关系逐渐呈现调和，致使整个复合系统进入良性循环的“共生”情形。

Grossman 和 Kreuger 证明生态环境与经济发展存在倒 U 形曲线关系[5]，国内学者基于环境库兹涅茨曲线假说，建立符合研究区域实际情况的经济与环境库兹涅茨曲线，研究结果表明环境库兹涅茨曲线形状可能是倒 U 形、N 形等，这些结论表明非线性曲线可以用来描述生态环境和经济发展的同步改善阶段，即“共生”阶段。基于此，本节引入二次方曲线方程描述农村水贫困-经济贫困系统的关系：

$$y = nx^2 + mx + p \tag{5-2}$$

式中，y 表示水贫困程度；x 表示经济贫困程度；n、m、p 为待定系数。

应用 SPSS17.0 对中国 31 个地区农村水贫困与农村经济贫困得分进行二次方拟合（表 5-4），观察决定系数（R-square）、校正后的决定系数（adjusted R-square）、误差平方和（sum of squares for error，SSE）三项指标，31 个地区农村水贫困与农村经济贫困得分的二次方曲线整体上拟合较理想。

表 5-4　中国 31 个省（自治区、直辖市）农村水贫困与农村经济贫困得分二次方曲线的系数及形态

地区	n	m	p	曲线形状	趋势	决定系数	校正后的决定系数	方差
北京	1.966	−1.887	1.030	U 形右支	上升	0.610	0.554	0.031
天津	4.230	−2.537	0.871	U 形右支	上升	0.961	0.955	0.021
河北	−0.735	1.296	0.124	倒 U 形左支	上升	0.956	0.949	0.014
山西	−2.396	2.552	−0.201	倒 U 形左支	上升	0.954	0.948	0.016
内蒙古	4.416	−1.563	0.397	U 形右支	上升	0.945	0.938	0.021
辽宁	1.981	−0.520	0.396	U 形右支	上升	0.985	0.983	0.009
吉林	0.755	0.437	0.147	U 形右支	上升	0.985	0.983	0.009
黑龙江	−0.961	1.335	−0.005	倒 U 形左支	上升	0.957	0.950	0.011
上海	4.640	−4.852	1.850	U 形右支	上升	0.886	0.870	0.027
江苏	2.251	−0.996	0.642	U 形右支	上升	0.972	0.967	0.017
浙江	0.322	0.180	0.492	U 形右支	上升	0.977	0.974	0.010
安徽	−1.447	1.824	0.043	倒 U 形左支	上升	0.991	0.989	0.006
福建	0.411	0.358	0.475	U 形右支	上升	0.988	0.986	0.006
江西	0.358	0.988	0.140	U 形右支	上升	0.962	0.956	0.017
山东	−0.758	1.330	0.188	倒 U 形左支	上升	0.991	0.990	0.008
河南	−0.896	1.348	0.180	倒 U 形左支	上升	0.982	0.979	0.010
湖北	−0.176	0.942	0.233	倒 U 形左支	上升	0.990	0.989	0.007
湖南	0.361	0.581	0.324	U 形右支	上升	0.965	0.960	0.012
广东	0.990	0.248	0.380	U 形右支	上升	0.950	0.943	0.016
广西	−2.412	2.158	0.067	倒 U 形左支	上升	0.967	0.962	0.010
海南	1.351	1.013	0.045	U 形右支	上升	0.982	0.979	0.016
重庆	1.850	−0.247	0.295	U 形右支	上升	0.924	0.913	0.020

续表

地区	n	m	p	曲线形状	趋势	决定系数	校正后的决定系数	方差
四川	1.418	−0.176	0.340	U 形右支	上升	0.904	0.890	0.016
贵州	1.632	−0.234	0.249	U 形右支	上升	0.428	0.347	0.039
云南	−0.122	0.803	0.139	倒 U 形左支	上升	0.969	0.964	0.008
西藏	13.553	−6.162	0.951	U 形右支	上升	0.736	0.698	0.042
陕西	4.339	−1.701	0.453	U 形右支	上升	0.936	0.927	0.020
甘肃	0.118	0.642	0.096	U 形右支	上升	0.748	0.712	0.021
青海	1.832	−0.323	0.203	U 形右支	上升	0.967	0.963	0.011
宁夏	1.016	0.320	0.103	U 形右支	上升	0.946	0.938	0.021
新疆	1.217	0.794	0.009	U 形右支	上升	0.917	0.906	0.024

总体上说，中国 31 个省（自治区、直辖市）农村水贫困得分随农村经济贫困得分上升而上升，表明在 1995～2010 年，伴随中国农村地区经济贫困程度改善，当地水贫困程度亦逐渐改善，中国农村水贫困和经济贫困之间存在显著的共生关系。中国 31 个省（自治区、直辖市）农村水贫困与农村经济贫困得分拟合曲线的凹凸性并非统一，原因是各地区水贫困与经济贫困水平之间具有明显差别。就各省市农村地区的实际情况而言，验证中国农村水贫困和经济贫困之间存在显著共生关系是前提，需要在此基础上深入讨论各农村地区水贫困改善与经济贫困改善之间存在何种引起与被引起关系，进而需要定量分析两者间耦合程度及其演化过程。

第四节　农村水贫困与经济贫困的格兰杰因果检验

一、格兰杰检验模型

首先，对待求格兰杰因果检验结果的两个时间序列进行稳定性检验，其中包括检验这两个时间序列各自是否平稳，以及这两个时间序列之间是否存在长期的稳定关系。在确认具备平稳性的基础上，对这两个序列进行格兰杰因果检验。本节采用 ADF（augment Dickey-Fuller）检验法验证各时间序列平稳性，由于其中涉及的是两个序列变量构成的单系统方程检验，故采用的协整检验方法是 E-G（Engle-Granger）两步法。

（一）ADF 检验法

通常对序列的 ADF 检验的一般形式[6-9]为

$$\Delta Y_t = \alpha + \beta_t + \gamma Y_{i-1} + \sum_{i=1}^{p} \theta_i \Delta Y_{t-i} + \varepsilon_t \tag{5-3}$$

式中，Y_t是待检验的时间序列；α是常数项；t为时间趋势；p是滞后值；ε_t是随机误差项。原假设是H0: γ =0，备选假设是H1: γ <0。如果在序列无差分的情况下，t统计值小于临界值，则序列无单位根，是稳定的$I(0)$序列；如果在序列无差分情况下不能拒绝检验，但在一阶差分情况下拒绝检验，则原序列是$I(1)$序列；相应地，如果序列在无差分情况下和在d−1阶差分情况下均不能拒绝检验，但在d阶差分情况下拒绝检验，则原序列是$I(d)$序列。

（二）E-G检验法

根据Engle和Granger在1987年提出的协整理论[10]，在两个变量同属随机游走的变量序列前提下，若两者间存在稳定的线性关系，则称它们具备协整关系且两者间的单整阶数一定是相同的。随后，Engle和Granger提出了通过将两个时间序列X_t和Y_t构建为单方程系统，验证其是否具有稳定的线性组合关系的方法，即E-G检验法。其基本原理是，若序列X_t和Y_t都是d阶单整，构建两者间的回归方程，即

$$Y_t = \alpha + \beta X_t + \varepsilon_t \tag{5-4}$$

在求得回归方程残差序列的估计值的基础上，进一步对其进行平稳性检验，如果其结果反映为平稳，则两个时间序列具有协整关系；相反，则不存在此关系。

（三）格兰杰因果检验

因果关系是事物发展的重要规律，因果关系研究是科学研究中重要的范式之一。

经济学家开拓了一种可以用来分析变量之间因果的办法，即格兰杰因果关系检验[11-16]。该检验方法为2003年诺贝尔经济学奖得主克莱夫·格兰杰（Clive Granger）所开创，用于分析经济变量之间的因果关系。他给因果关系的定义是“依赖于使用过去某些时间上所有信息的最佳最小二乘预测的方差”。在时间序列情形下，两个经济变量X、Y之间的格兰杰因果关系定义如下：若在包含变量X、Y的过去信息的条件下，对变量Y的预测效果要优于只单独由Y的过去信息对Y进行的预测效果，即变量X有助于解释变量Y的将来变化，则认为变量X是引致变量Y的格兰杰原因。

进行格兰杰因果关系检验的一个前提条件是时间序列必须具有平稳性，否则可能会出现虚假回归问题。因此，在进行格兰杰因果关系检验之前首先应对各指标时间序列的平稳性进行单位根检验（unit root test）。常用扩展的ADF检验来分别对各指标序列的平稳性进行单位根检验。ADF检验的具体方法是估计回归方程：

$$n\Delta Y_t = Y_t - Y_{t-1} = \alpha + \beta_t + (\rho - 1)Y_{t-1} + \sum P_j = 1\lambda_j \Delta Y_{t-j} + u_t \tag{5-5}$$

式中，Y_t 为原始时间序列；t 为时间趋势项；Y_{t-1} 为滞后 1 期的原始时间序列；ΔY_t 为一阶差分时间序列；ΔY_{t-j} 为滞后 j 期的一阶差分时间序列；α 为常数；β_t、ρ、λ_j 为回归系数；P 为滞后阶数；u_t 为误差项。

格兰杰因果关系检验假设有关 Y 与 X 每一变量的预测的信息全部包含在这些变量的时间数列之中。检验要求估计以下的回归：

$$Y_t = \sum_{i=1}^{q} \alpha_i X_{t-i} + \sum_{j=1}^{q} \beta_j Y_{t-j} + u_{1t} \tag{5-6}$$

$$X_t = \sum_{i=1}^{s} \lambda_i X_{t-i} + \sum_{j=1}^{s} \delta_j Y_{t-j} + u_{2t} \tag{5-7}$$

式中，误差项 u_{1t} 和 u_{2t} 假定为不相关的。式（5-6）假定当前 Y 与 Y 自身以及 X 的过去值有关，而式（5-7）对 X 也假定了类似的行为。

对式（5-6）而言，其零假设 H0：$\alpha_1 = \alpha_2 = \cdots = \alpha_q = 0$。

对式（5-7）而言，其零假设 H0：$\delta_1 = \delta_2 = \cdots = \delta_s = 0$。

下面分四种情形讨论：

（1）X 是引起 Y 变化的原因，即存在由 X 到 Y 的单向因果关系。若式（5-6）中滞后的 X 的系数估计值在统计上整体的显著不为零，同时，式（5-7）中滞后的 Y 的系数估计值在统计上整体的显著为零，则称 X 是引起 Y 变化的原因。

（2）Y 是引起 X 变化的原因，即存在由 Y 到 X 的单向因果关系。若式（5-7）中滞后的 Y 的系数估计值在统计上整体的显著不为零，同时，式（5-6）中滞后的 X 的系数估计值在统计上整体的显著为零，则称 Y 是引起 X 变化的原因。

（3）X 和 Y 互为因果关系，即存在由 X 到 Y 的单向因果关系，同时也存在由 Y 到 X 的单向因果关系。若式（5-6）中滞后的 X 的系数估计值在统计上整体显著不为零，同时，式（5-7）中滞后的 Y 的系数估计值在统计上整体的显著不为零，则称 X 和 Y 间存在反馈关系，或者双向因果关系。

（4）X 和 Y 是独立的，或 X 与 Y 间不存在因果关系。若式（5-6）中滞后的 X 的系数估计值在统计上整体的显著为零，同时，式（5-7）中滞后的 Y 的系数估计值在统计上整体的显著为零，则称 X 和 Y 间不存在因果关系。

格兰杰因果关系检验的一般步骤如下：

将当前的 Y 对所有的滞后项 Y 以及其他变量（如果有的话）做回归，即 Y 对 Y 的滞后项 $Y_{t-1}, Y_{t-2}, \cdots, Y_{t-q}$ 及其他变量的回归，但在这一回归中没有把滞后项 X 包括进来，这是一个受约束的回归。然后由此回归得到受约束的残差平方和 RSS_R。

做一个含有滞后项 X 的回归，即在前面的回归式中加进滞后项 X，这是一个无约束的回归，由此回归得到无约束的残差平方和 RSS_{UR}。

零假设是 H0：$a_1 = a_2 = \cdots = a_q = 0$，即滞后项 X 不属于此回归。

为了检验此假设，用 F 检验，即

$$F = \frac{(RSS_R - RSS_{UR}) / q}{RSS_{UK} / (n - k)} \tag{5-8}$$

它遵循自由度为 q 和（$n-k$）的 F 分布。在这里，n 是样本容量；q 等于滞后项 X 的个数，即有约束回归方程中待估参数的个数；k 是无约束回归中待估参数的个数。

如果在选定的显著性水平 a 上计算的 F 值超过临界 F_a 值，则拒绝零假设，这样滞后项 X 就属于此回归，表明 X 是 Y 的原因。

同样，为了检验 Y 是否是 X 的原因，可将变量 Y 与 X 相互替换，重复检验。

格兰杰因果关系检验对于滞后期长度的选择有时很敏感，其原因可能是被检验变量的平稳性的影响，或是样本容量长度的影响。不同的滞后期可能会得到完全不同的检验结果。因此，一般而言，常进行不同滞后期长度的检验，以检验模型中随机干扰项不存在序列相关的滞后期长度来选择滞后期。作为一种计量经济分析工具，格兰杰因果关系检验被用来说明变量间的因果关系结构、市场的有效性、变量的外生性和领先性。

值得注意的是，格兰杰因果关系检验的结论只是一种预测，是统计意义上的“格兰杰因果性”，而不是真正意义上的因果关系，不能作为肯定或否定因果关系的根据。当然，即使格兰杰因果关系不等于实际因果关系，也并不妨碍其参考价值。因为在经济学中，统计意义上的格兰杰因果关系也是有意义的，对于经济预测等仍然能起到一些作用。

二、模型输出

（一）单位根检验分析

运用 EViews6.0 对中国 31 个省（自治区、直辖市）农村经济贫困时间序列和农村水贫困时间序列进行 ADF 检验。其中，在观察每个时间序列的基本趋势基础上，在常数、常数加趋势以及两者皆无三个选项中做出合适的选择，以贝叶斯信息准则（Bayesian information criterions，BIC）为标准确定滞后期。对全国 31 个省（自治区、直辖市）62 个时间序列进行 ADF 检验，结果表明每个省级行政单位的农村经济贫困时间序列和农村水贫困时间序列均属同阶单整，适合进行协整检验。检验结果见表 5-5。

表 5-5 中国农村水贫困和经济贫困的 ADF 检验结果

地区	经济贫困变量	检验形式	ADF 检验值	临界值（1%）	临界值（5%）	结论	水贫困变量	检验形式	ADF 检验值	临界值（1%）	临界值（5%）	结论
北京	Δx	$(c,t,3)$	-5.8485	-4.9922	-3.8753	平稳	Δy	$(c,t,3)$	-6.5464	-4.9922	-3.8753	平稳
天津	Δx	$(c,t,0)$	-6.4684	-4.7283	-3.7597	平稳	Δy	$(c,t,0)$	-5.7932	-4.7284	-3.7597	平稳
河北	$\Delta^2 x$	$(c,t,0)$	-8.3581	-4.8001	-3.7912	平稳	$\Delta^2 y$	$(c,t,0)$	-6.4723	-4.8001	-3.7911	平稳
山西	$\Delta^2 x$	$(c,t,0)$	-5.1012	-4.7283	-3.7597	平稳	$\Delta^2 y$	$(c,t,1)$	-4.3482	-4.8864	-3.8289	平稳
内蒙古	$\Delta^2 x$	$(c,t,0)$	-9.6846	-4.8001	-3.7911	平稳	$\Delta^2 y$	$(c,t,1)$	-4.1195	-4.8864	-3.8289	平稳
辽宁	Δx	$(c,t,0)$	-6.8401	-4.7283	-3.7597	平稳	Δy	$(c,t,3)$	-4.1154	-4.9922	-3.8753	平稳
吉林	Δx	$(c,t,0)$	-7.0327	-4.7283	-3.7597	平稳	Δy	$(c,t,0)$	-6.1845	-4.7283	-3.7597	平稳
黑龙江	$\Delta^2 x$	$(c,t,0)$	-5.6527	-4.8001	-3.7912	平稳	$\Delta^2 y$	$(c,t,0)$	-7.2592	-4.8000	-3.7911	平稳
上海	$\Delta^2 x$	$(c,t,0)$	-6.9792	-4.8000	-3.7911	平稳	$\Delta^2 y$	$(c,t,1)$	-5.5927	-4.8864	-3.8289	平稳
江苏	$\Delta^2 x$	$(c,t,3)$	-5.3282	-5.1248	-3.9333	平稳	$\Delta^2 y$	$(c,t,0)$	-4.5786	-4.8000	-3.7911	平稳
浙江	Δx	$(c,t,0)$	-6.5844	-4.7283	-3.7597	平稳	Δy	$(c,t,1)$	-4.4770	-4.8000	-3.7911	平稳
安徽	$\Delta^2 x$	$(c,t,0)$	-6.7137	-4.8000	-3.7911	平稳	$\Delta^2 y$	$(c,t,0)$	-7.8115	-4.8000	-3.7911	平稳
福建	Δx	$(c,t,0)$	-4.8489	-4.7283	-3.7597	平稳	Δy	$(c,t,0)$	-5.5212	-4.7283	-3.7597	平稳
江西	$\Delta^2 x$	$(c,t,0)$	-4.5254	-4.8000	-3.7911	平稳	$\Delta^2 y$	$(c,t,1)$	-5.0138	-4.8864	-3.8289	平稳
山东	Δx	$(c,t,3)$	-4.0583	-4.9922	-3.8753	平稳	Δy	$(c,t,1)$	-5.5694	-4.8000	-3.7911	平稳
河南	Δx	$(c,t,0)$	-4.0148	-4.7283	-3.7597	平稳	Δy	$(c,t,0)$	-4.6274	-4.7283	-3.7597	平稳
湖北	$\Delta^2 x$	$(c,t,0)$	-4.4901	-4.8000	-3.7911	平稳	$\Delta^2 y$	$(c,t,0)$	-5.7176	-4.8000	-3.7911	平稳
湖南	Δx	$(c,t,0)$	-3.7626	-4.7283	-3.7597	平稳	Δy	$(c,t,0)$	-5.0351	-4.7283	-3.7597	平稳
广东	$\Delta^2 x$	$(c,t,0)$	-6.5269	-4.8000	-3.7911	平稳	$\Delta^2 y$	$(c,t,2)$	-4.2693	-4.9922	-3.8753	平稳
广西	$\Delta^2 x$	$(c,t,1)$	-4.8241	-4.8864	-3.8289	平稳	$\Delta^2 y$	$(c,t,3)$	-3.7981	-4.2000	-3.1753	平稳
海南	$\Delta^2 x$	$(c,t,1)$	-6.6769	-4.8864	-3.8289	平稳	$\Delta^2 y$	$(c,t,0)$	-8.9619	-4.0044	-3.0988	平稳
重庆	$\Delta^2 x$	$(c,t,1)$	-4.7741	-4.0579	-3.1199	平稳	$\Delta^2 y$	$(c,t,2)$	-5.2970	-4.1219	-3.1449	平稳
四川	$\Delta^2 x$	$(c,t,0)$	-8.0414	-4.8000	-3.7911	平稳	$\Delta^2 y$	$(c,t,0)$	-5.5647	-4.8000	-3.7911	平稳
贵州	Δx	$(c,t,2)$	-3.1462	-4.0579	-3.1199	平稳	Δy	$(c,t,0)$	-3.4218	-3.9591	-3.0810	平稳
云南	Δx	$(c,t,0)$	-5.3966	-3.9591	-3.0810	平稳	Δy	$(c,t,1)$	-3.7934	-4.0044	-3.0988	平稳
西藏	$\Delta^2 x$	$(c,t,1)$	-6.1654	-4.0579	-3.1199	平稳	$\Delta^2 y$	$(c,t,0)$	-6.2930	-4.0044	-3.0988	平稳
陕西	Δx	$(c,t,0)$	-5.1100	-4.7283	-3.7597	平稳	Δy	$(c,t,0)$	-3.2541	-3.9591	-3.0810	平稳
甘肃	$\Delta^2 x$	$(c,t,0)$	-5.8967	-4.0044	-3.0988	平稳	$\Delta^2 y$	$(c,t,2)$	-4.2761	-4.1219	-3.1449	平稳
青海	$\Delta^2 x$	$(c,t,1)$	-5.8080	-4.0579	-3.1199	平稳	$\Delta^2 y$	$(c,t,1)$	-6.5037	-4.0579	-3.1199	平稳
宁夏	$\Delta^2 x$	$(c,t,1)$	-10.8509	-4.0579	-3.1199	平稳	$\Delta^2 y$	$(c,t,3)$	-3.2181	-4.2000	-3.1753	平稳
新疆	$\Delta^2 x$	$(c,t,0)$	-8.3669	-4.8000	-3.7911	平稳	$\Delta^2 y$	$(c,t,0)$	-6.0390	-4.8000	-3.7911	平稳

注：检验类型中，c 表示带有常数项，t 表示带有趋势项，k 表示滞后阶数；当 ADF 值小于临界值时说明序列平稳；x，y 分别表示对应地区的经过取对数处理后的农村经济贫困得分变量、农村水贫困得分变量；Δ表示一阶差分，Δ^2 表示二阶差分；限于篇幅，表中仅列出中国 31 个地区农村双贫困得分变量首次实现同阶平稳的检验结果，如一阶差分和二阶差分均实现同阶平稳时，则二阶同阶平稳不再赘述

（二）中国农村水贫困和农村经济贫困的协整性分析

由于中国农村水贫困得分时间序列和农村经济贫困得分时间序列所构成的是单方程系统，选取 E-G 检验进行协整检验，对经过取对数处理的中国农村水贫困得分时间序列和农村经济贫困得分时间序列运用最小二乘法构造协整方程并求得残差。随后，对残差分别进行 ADF 检验，观察其是否具备平稳性，判断中国各地区对应的农村水贫困得分时间序列和农村经济贫困得分时间序列之间是否存在相对稳定的关系。检验结果见表 5-6。

表 5-6　E-G 协整检验结果

地区	协整回归方程	R^2	检验形式	残差的 ADF 检验值	概率	结论
北京	$x=-0.1127+1.2932y$	0.1343	（N,N,0）	−1.6711	0.0885**	平稳
天津	$x=-0.2496+1.1784y$	0.8272	（N,N,0）	−2.4642	0.0175*	平稳
河北	$x=0.1293+1.6528y$	0.9467	（N,N,3）	−2.6499	0.0125*	平稳
山西	$x=-0.1205+1.0016y$	0.9414	（N,N,0）	−2.7155	0.0100*	平稳
内蒙古	$x=-0.2102+0.9638y$	0.8364	（N,N,0）	−2.3312	0.0233*	平稳
辽宁	$x=0.0764+1.4967y$	0.9581	（N,N,0）	−2.7407	0.0095*	平稳
吉林	$x=0.0979+1.2475y$	0.9774	（N,N,1）	−3.5927	0.0015*	平稳
黑龙江	$x=0.3833+1.3410y$	0.9421	（N,N,0）	−1.9619	0.0503**	平稳
上海	$x=-0.3031+0.8019y$	0.1327	（N,N,3）	−2.8796	0.0077*	平稳
江苏	$x=-0.1651+1.6050y$	0.9154	（N,N,0）	−2.5332	0.0150*	平稳
浙江	$x=0.5417+3.1219y$	0.9477	（N,N,0）	−2.4834	0.0168*	平稳
安徽	$x=0.0733+1.6237y$	0.9856	（N,N,3）	−2.3205	0.0247*	平稳
福建	$x=0.1349+2.8186y$	0.9774	（N,N,0）	−2.7792	0.0087*	平稳
江西	$x=-0.2957+1.2082y$	0.9473	（N,N,0）	−2.4266	0.0190*	平稳
山东	$x=0.1043+1.9892y$	0.9892	（N,N,0）	−3.5422	0.0015*	平稳
河南	$x=0.1923+2.0385y$	0.9774	（N,N,0）	−2.0223	0.0445*	平稳
湖北	$x=0.1223+1.9231y$	0.9868	（N,N,3）	−6.1496	0.0000*	平稳
湖南	$x=0.1837+2.2375y$	0.9455	（N,N,0）	−3.6295	0.0013*	平稳
广东	$x=-0.2757+1.4659y$	0.9366	（N,N,1）	−3.0790	0.0046*	平稳
广西	$x=0.1839+1.9709y$	0.9539	（N,N,1）	−1.8478	0.0630**	平稳
海南	$x=-0.5677+0.8557y$	0.9730	（N,N,0）	−2.7546	0.0092*	平稳
重庆	$x=0.0184+1.3348y$	0.8320	（N,N,0）	−4.9315	0.0001*	平稳
四川	$x=0.5935+2.1244y$	0.8745	（N,N,1）	−2.7874	0.0088*	平稳
贵州	$x=-0.3872+0.8152y$	0.4039	（N,N,2）	−3.4317	0.0022*	平稳
云南	$x=0.5131+1.7330y$	0.9619	（N,N,1）	−4.6405	0.0002*	平稳

续表

地区	协整回归方程	R^2	检验形式	残差的 ADF 检验值	概率	结论
西藏	x=−0.5729+0.7565y	0.3522	(N,N,1)	−1.8045	0.0687*	平稳
陕西	x= −0.1493+ 1.0094y	0.8042	(N,N,0)	−2.7465	0.0094*	平稳
甘肃	x= −0.0048+ 1.0266y	0.7122	(N,N,1)	−2.0735	0.0402*	平稳
青海	x=0.2264+1.1324y	0.9139	(N,N,0)	−2.6168	0.0125*	平稳
宁夏	x=−0.0542+0.9513y	0.8918	(N,N,3)	−4.2323	0.0005*	平稳
新疆	x=−0.5039+0.6865 y	0.8824	(N,N,0)	−1.9578	0.0507**	平稳

注：*、**分别表示在显著性水平 5%、10%拒绝原假设；x，y 分别表示对应地区的经过取对数处理后的农村经济贫困得分变量、农村水贫困得分变量；由于协整方程中已含有常数项，故在对残差的 ADF 检验过程中选择不含常数项的形式，滞后期以 BIC 最优标准选取

经检验可知：中国各地区对应的农村双贫困协整方程的残差序列是平稳的，则中国各地区的农村经济贫困时间序列和农村水贫困时间序列具备协整性，即两者间具备长期均衡关系。其中，北京、黑龙江、广西和新疆在显著性水平 10%上具备协整性，其余地区在显著性水平 5%上具备协整性。

（三）中国农村水贫困和农村经济贫困的因果关系分析

在按照地区对中国农村水贫困和农村经济贫困分组基础上，本节选择 F 统计量的格兰杰因果检验对 31 组时间序列进行检验。检验结果见表 5-7。

表 5-7　格兰杰因果检验结果

地区	假设	滞后期	F 检验值	概率	结论
北京	北京农村水贫困不是北京农村经济贫困的格兰杰原因	1	5.1149	0.0415*	拒绝
	北京农村经济贫困不是北京农村水贫困的格兰杰原因		3.9721	0.0677**	拒绝
天津	天津农村水贫困不是天津农村经济贫困的格兰杰原因	1	0.0016	0.9684	接受
	天津农村经济贫困不是天津农村水贫困的格兰杰原因		3.3860	0.0887**	拒绝
河北	河北农村水贫困不是河北农村经济贫困的格兰杰原因	3	2.0123	0.2009	接受
	河北农村经济贫困不是河北农村水贫困的格兰杰原因		0.0393	0.9887	接受
山西	山西农村水贫困不是山西农村经济贫困的格兰杰原因	1	5.3706	0.0374*	拒绝
	山西农村经济贫困不是山西农村水贫困的格兰杰原因		0.4561	0.5113	接受
内蒙古	内蒙古农村水贫困不是内蒙古农村经济贫困的格兰杰原因	1	0.3340	0.5732	接受
	内蒙古农村经济贫困不是内蒙古农村水贫困的格兰杰原因		5.0498	0.0426*	拒绝

续表

地区	假设	滞后期	*F* 检验值	概率	结论
辽宁	辽宁农村水贫困不是辽宁农村经济贫困的格兰杰原因	1	3.5627	0.0816**	拒绝
	辽宁农村经济贫困不是辽宁农村水贫困的格兰杰原因		0.0655	0.8020	接受
吉林	吉林农村水贫困不是吉林农村经济贫困的格兰杰原因	1	12.2000	0.0040*	拒绝
	吉林农村经济贫困不是吉林农村水贫困的格兰杰原因		1.0526	0.3236	接受
黑龙江	黑龙江农村水贫困不是黑龙江农村经济贫困的格兰杰原因	1	7.4897	0.0170*	拒绝
	黑龙江农村经济贫困不是黑龙江农村水贫困的格兰杰原因		0.0849	0.7753	接受
上海	上海农村水贫困不是上海农村经济贫困的格兰杰原因	3	0.6252	0.6211	接受
	上海农村经济贫困不是上海农村水贫困的格兰杰原因		4.7518	0.0411*	拒绝
江苏	江苏农村水贫困不是江苏农村经济贫困的格兰杰原因	1	5.3191	0.0382*	拒绝
	江苏农村经济贫困不是江苏农村水贫困的格兰杰原因		2.2865	0.1544	接受
浙江	浙江农村水贫困不是浙江农村经济贫困的格兰杰原因	1	0.0100	0.9217	接受
	浙江农村经济贫困不是浙江农村水贫困的格兰杰原因		4.9792	0.0439*	拒绝
安徽	安徽农村水贫困不是安徽农村经济贫困的格兰杰原因	3	4.6459	0.0432**	拒绝
	安徽农村经济贫困不是安徽农村水贫困的格兰杰原因		4.6881	0.0424*	拒绝
福建	福建农村水贫困不是福建农村经济贫困的格兰杰原因	1	1.0893	0.3156	接受
	福建农村经济贫困不是福建农村水贫困的格兰杰原因		1.4543	0.2493	接受
江西	江西农村水贫困不是江西农村经济贫困的格兰杰原因	1	3.1509	0.0993**	拒绝
	江西农村经济贫困不是江西农村水贫困的格兰杰原因		0.9041	0.3590	接受
山东	山东农村水贫困不是山东农村经济贫困的格兰杰原因	1	5.9245	0.0301*	拒绝
	山东农村经济贫困不是山东农村水贫困的格兰杰原因		0.1158	0.7391	接受
河南	河南农村水贫困不是河南农村经济贫困的格兰杰原因	1	0.5449	0.4735	接受
	河南农村经济贫困不是河南农村水贫困的格兰杰原因		0.8128	0.3837	接受
湖北	湖北农村水贫困不是湖北农村经济贫困的格兰杰原因	3	3.1500	0.0956**	接受
	湖北农村经济贫困不是湖北农村水贫困的格兰杰原因		0.8156	0.5248	拒绝
湖南	湖南农村水贫困不是湖南农村经济贫困的格兰杰原因	1	3.3703	0.0894**	拒绝
	湖南农村经济贫困不是湖南农村水贫困的格兰杰原因		2.9637	0.1088	接受
广东	广东农村水贫困不是广东农村经济贫困的格兰杰原因	1	5.3308	0.0380*	拒绝
	广东农村经济贫困不是广东农村水贫困的格兰杰原因		1.1853	0.2961	接受
广西	广西农村水贫困不是广西农村经济贫困的格兰杰原因	1	2.5077	0.1373	接受
	广西农村经济贫困不是广西农村水贫困的格兰杰原因		4.3E-05	0.9949	接受
海南	海南农村水贫困不是海南农村经济贫困的格兰杰原因	1	4.3396	0.0575**	拒绝
	海南农村经济贫困不是海南农村水贫困的格兰杰原因		0.1054	0.7507	接受
重庆	重庆农村水贫困不是重庆农村经济贫困的格兰杰原因	1	13.5670	0.0028*	拒绝
	重庆农村经济贫困不是重庆农村水贫困的格兰杰原因		0.6633	0.4301	接受

续表

地区	假设	滞后期	F检验值	概率	结论
四川	四川农村水贫困不是四川农村经济贫困的格兰杰原因	1	1.2843	0.2776	接受
	四川农村经济贫困不是四川农村水贫困的格兰杰原因		3.1825	0.0978**	拒绝
贵州	贵州农村水贫困不是贵州农村经济贫困的格兰杰原因	2	1.5484	0.2595	接受
	贵州农村经济贫困不是贵州农村水贫困的格兰杰原因		0.2980	0.7487	接受
云南	云南农村水贫困不是云南农村经济贫困的格兰杰原因	1	2.4566	0.1410	接受
	云南农村经济贫困不是云南农村水贫困的格兰杰原因		5.0058	0.0434*	拒绝
西藏	西藏农村水贫困不是西藏农村经济贫困的格兰杰原因	1	1.3315	0.2693	接受
	西藏农村经济贫困不是西藏农村水贫困的格兰杰原因		3.3119	0.0919**	拒绝
陕西	陕西农村水贫困不是陕西农村经济贫困的格兰杰原因	1	5.9685	0.0296*	拒绝
	陕西农村经济贫困不是陕西农村水贫困的格兰杰原因		0.0911	0.7675	接受
甘肃	甘肃农村水贫困不是甘肃农村经济贫困的格兰杰原因	1	4.3476	0.0573**	拒绝
	甘肃农村经济贫困不是甘肃农村水贫困的格兰杰原因		0.0024	0.9619	接受
青海	青海农村水贫困不是青海农村经济贫困的格兰杰原因	2	3.3256	0.0781**	拒绝
	青海农村经济贫困不是青海农村水贫困的格兰杰原因		2.3954	0.1413	接受
宁夏	宁夏农村水贫困不是宁夏农村经济贫困的格兰杰原因	3	0.2288	0.8735	接受
	宁夏农村经济贫困不是宁夏农村水贫困的格兰杰原因		6.1264	0.0227*	拒绝
新疆	新疆农村水贫困不是新疆农村经济贫困的格兰杰原因	1	4.2698	0.0593**	拒绝
	新疆农村经济贫困不是新疆农村水贫困的格兰杰原因		0.2874	0.6009	接受

注：*、**分别表示在显著性水平5%、10%接受原假设；根据样本数据，取最大滞后期为3

结论表明：①农村经济贫困与农村水贫困存在单向格兰杰因果关系的有24个地区，即天津、内蒙古、上海、浙江、湖北、四川、云南、西藏、宁夏、辽宁、吉林、黑龙江、江苏、江西、山东、湖南、广东、海南、重庆、山西、陕西、甘肃、青海、新疆。其中，天津、内蒙古、上海、浙江、湖北、四川、云南、西藏、宁夏这 9 个地区主要表现为农村经济贫困是农村水贫困的格兰杰原因，其余15个地区均表现为农村水贫困是农村经济贫困的格兰杰原因。②农村经济贫困与农村水贫困存在双向格兰杰因果关系的有两个地区：北京、安徽。③河北、河南、福建、广西、贵州5个地区不存在格兰杰因果关系。基于此，将中国31个省（自治区、直辖市）农村地区划分为四类，结果如图5-1所示。

1. 农村水贫困是农村经济贫困的格兰杰原因

黑龙江、吉林、辽宁、山西、山东、江苏、江西、湖南、广东、海南、重庆、陕西、甘肃、青海、新疆表现为农村水贫困是农村经济贫困的格兰杰原因，表明1995～2011年这些地区农村水贫困得分上升可以有效解释其对应的农村经济贫困

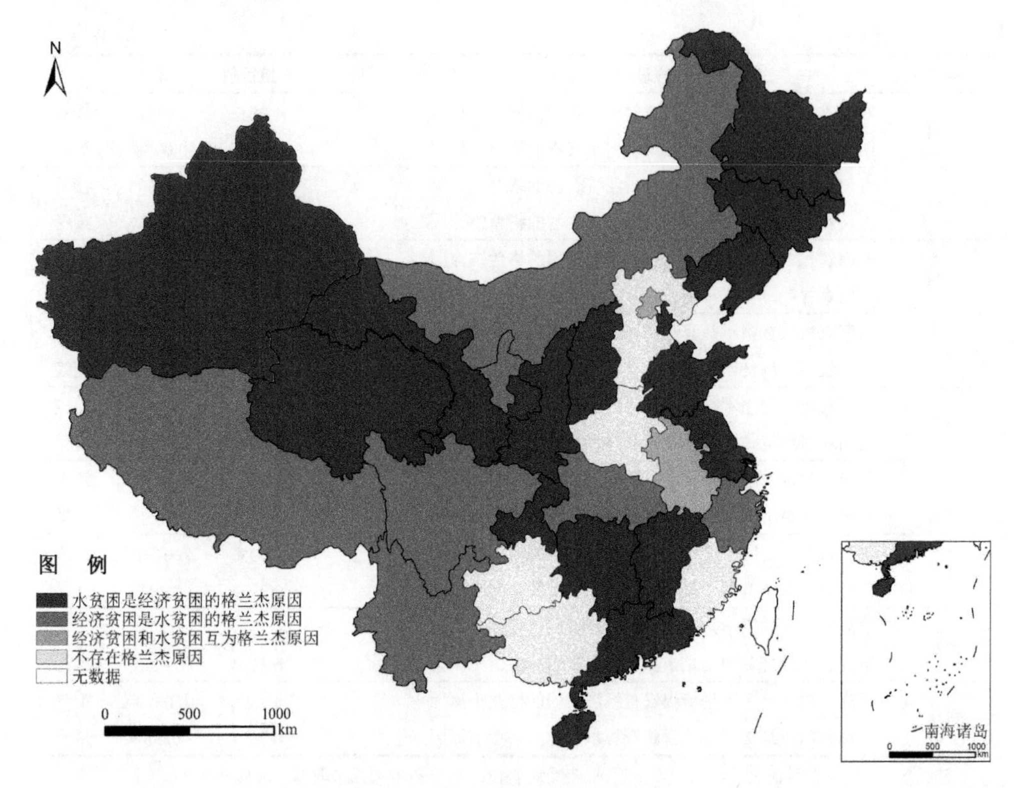

图 5-1 中国农村水贫困和经济贫困因果联系空间格局

得分上升。江苏、湖南和广东均拥有较好的水资源条件，同时地方政府对用水设施的消费能力存在差别。江苏和广东通过水库和废水处理设施的建设和更新，在一定程度上提高了当地防灾减灾能力和农业用水水质；湖南则表现为污水治理强度低于农业排污强度，在农产品的经济效益增长和农村非农产业发展程度方面和江苏、广东相较有明显差距。新疆、青海、甘肃、陕西农村地区水资源模数偏低，节水灌溉耕地面积比均值在 0.9%至 2.6%间波动上升，科技事业费和科技三费占财政支出比均值在 0.94%至 1.24%间上升，借助水土流失治理，抑制耗水农业和改进农村用水条件使农业生产得到基本保障。山西农村灌溉和排污设施投入相对缓慢，化肥农药施用强度和面源污染较高使得农业收入增长乏力。辽宁、吉林、黑龙江、山东、江西这些地区水资源禀赋差异较大但均呈现“三同时”（同时设计、同时施工、同时投产使用）执行强度持续上升，东北三省农村地区大多借助治理水土流失、强化水污染治理、增加农村用水设施等方式降低农业实际用水需求，适度改善农村发展环境；虽然近些年地方政府对水污染监管趋于严格，但由于山东和江西在农业用水技术投入和污水治理技术方面长期存在投入差异，使得近些年山东拥有比江西更高的农业经济增长速度。重庆和海南两省农村属山区或岛屿等封闭地形且洪涝灾害频繁，使得其新建与维护水利设施的费用较多，农业用水成本较高；16 年间农田实灌均用水量上升了 1.24%，农业灌溉效率下降；非农产业用水对农业用水产生挤出效应，非农生产更有效地提高了农村家庭收入。

2. 农村经济贫困是农村水贫困的格兰杰原因

天津、内蒙古、宁夏、上海、浙江、湖北、四川、云南、西藏表现为农村经济贫困是农村水贫困的格兰杰原因，这表明 1995～2011 年这些地区农村经济贫困得分上升可以有效解释其对应的农村水贫困得分上升。

天津、上海、浙江和湖北等中东部地区双贫困程度相对较轻。农村居民收入水平与收入结构多样化程度较高，持续上升的农村家庭生产性固定资产、科技和地方政府补助降低农业实际用水需求，可能是万吨粮食产量均用水量增速放缓的主要原因。

内蒙古、宁夏、四川、云南、西藏等地区农村经济贫困程度略重，地域差异和经济能力共同导致其水贫困程度差异明显。内蒙古属资源型缺水区和主要农产品输出区，农业经济比例高和农业脆弱性抑制了农村家庭运用收入自主改善用水能力的空间，但地方财政中对农业种植结构调整与农业节水灌溉技术推广的政策性支出增加，使当地用水能力和用水效率得到提高。地方财政中农业支出占比多年均值在 8.59%～12.53%，影响节水灌溉耕地面积比和万吨粮食产量均用水量波动。农业财政支出增加在短期内弥补了农村家庭用水能力不足，但可能会在长期形成农业改良对财政资金的路径依赖，相对单一的地方财政支持可能会减弱农村居民自主调整农业生产的动力，增加农村家庭改善收入结构的机会成本。农业用水技术和非农产业有待发展。宁夏农村地区家庭收入多样化指数为 1.09～1.27，表明非农产业用水效益的比较优势尚未显现，难以对提高当地水资源的经济效益起到正向作用。四川、云南和西藏呈现显著的农村经济贫困，这些地区自然条件不适合发展规模农业，并且这些地区财政自给率在 30%～40%，农业支出占比仅在 3%～6%，表明地方财政扶持农业的能力明显不足。而且农村居民收入偏低导致自筹自建小型供水设施和水利设施难度较大，加之这些地区频繁受到洪涝灾害冲击，所以基本农业用水能力长期得不到改善。

3. 农村经济贫困和农村水贫困互为格兰杰原因

北京、安徽农村地区经济贫困与水贫困存在双向格兰杰因果关系。北京得益于“南水北调”“新农村”建设试点政策等多重政策效应与资金技术优势的叠加作用，在改善用水效率和提高农业生产效率与农业收入等方面起到显著的促进作用。

安徽农村农业生产扩大和非农产业兴起导致了当地水污染纠纷上升，同时水污染纠纷、污染治理投资呈现波动又和当地农村获得改水、改厕投资波动上升有较大关联。

4. 农村经济贫困和农村水贫困不存在格兰杰因果关系

河北、河南、福建、广西和贵州农村地区经济贫困与水贫困不存在格兰杰因果关系，这表明1995～2011年这些地区农村经济贫困得分上升难以有效解释其对应的农村水贫困得分上升，反之亦然。河北和河南均属农业大省，河南农业用水需求较高且低端产业的粗放型乡镇企业有所发展，其污水排放量加剧了当地的水质型缺水和资源型缺水，河北亦有农业面源污染加剧其水环境脆弱性的问题。贵州、广西和福建均呈现较高的水资源模数和较弱的农业用水效益，需要地方财政支持来保障农业用水需求和农业生产。

第五节　农村水贫困与经济贫困的耦合度计算

耦合可用于刻画多个系统间相互作用、彼此影响的状态，故本节借助耦合度模型定量分析农村水系统与经济系统相互作用的程度。农村经济贫困与水贫困水平的变化过程一般是非线性的，两者间耦合程度可以借助于文献[17]中的耦合度计算公式进行测算：

$$C=\left\{\frac{f(x)\cdot g(y)}{\left[\alpha f(x)+\beta g(y)\right]^2}\right\}^K \tag{5-9}$$

式中，C 为农村水贫困和农村经济贫困水平的耦合度；x 为描述农村水贫困的评价指标；$f(x)$为农村水贫困测度函数；y 为描述农村经济贫困的评价指标；$g(y)$为农村经济贫困测度函数。由于本节分别独立测度了农村水贫困和经济贫困得分，该得分为各自系统的相对得分，两系统得分之间不具有可比性，为保证两者间的耦合程度测算有意义，令$f(x)$与$g(y)$分别表示农村水贫困和经济贫困得分排名，排名数值越小则水贫困指数（经济贫困指数）越小，对应的贫困程度越深。α和β为权数，考虑到解决水贫困和改善经济贫困同等重要，取$\alpha=\beta=0.5$；K为调节系数，为实现耦合度计算结果具有较高的区分度和层次性，设K=2，以保证下面计算结果分析的准确性。本节采用中指分段法，设置耦合度等级（表5-8），结合耦合度算法和被选取变量的具体含义可知，当某地区农村水贫困子系统和农村经济贫困子系统在全国范围内的排序趋于同步状态时，两个子系统也趋于最优耦合状态。进一步综合考虑两个子系统各自变动因素，可以从农村双贫困时空演变过程中找到农村地区水贫困改善与经济贫困改善之间存在何种引起与被引起关系。

表 5-8　农村水贫困与农村经济贫困耦合度等级划分及判断标准

C	类型	$f(x)$与 $g(y)$关系	关系判别特征
$0<C\leqslant0.3$	低度耦合	$6<f(x)/g(y)$	极不协调，经济贫困程度极度滞后，在水贫困程度可承受范围内
		$0<f(x)/g(y)<0.2$	极不协调，水贫困程度极度滞后，难以承受经济贫困的改进
$0.3<C\leqslant0.5$	中度耦合	$4<f(x)/g(y)<6$	不协调，经济贫困严重滞后，在水贫困承受范围内但不支持其改进
		$0.2<f(x)/g(y)<0.5$	不协调，水贫困严重滞后，短期可以承受经济贫困的改进
$0.5<C\leqslant0.8$	高度耦合	$2<f(x)/g(y)<4$	勉强调和，经济贫困比较滞后，勉强支持水贫困改进
		$0.3<f(x)/g(y)<0.5$	勉强调和，水贫困比较滞后，勉强可以承受经济贫困的改进
$0.8<C\leqslant1$	极度耦合	$1<f(x)/g(y)<2$	基本调和，经济贫困轻度滞后，可以承受水贫困改进
		$0.5<f(x)/g(y)<1$	基本调和，水贫困程度轻度滞后，可以承受经济贫困的改进
		$f(x)/g(y)=1$	水贫困与经济贫困同步，相互促进，共同发展

首先，为消除数据周期性波动的影响，通常将全部数据样本按照 4 年或 5 年为一阶段划分为若干个时期，用各时期平均值作为变量进行讨论，因此将测算所得的 1995～2011 年中国 31 个省（自治区、直辖市）农村水贫困和经济贫困得分划分为 1995～1998 年、1999～2002 年、2003～2006 年、2007～2011 年四个时段；然后，分别求得四个时段各地区农村水贫困与经济贫困得分均值及排名；最后，按照耦合度公式求得各阶段各地区两个得分均值的耦合度，结果见表 5-9。

表 5-9　中国 31 个省（自治区、直辖市）农村水贫困与农村经济贫困协调度

地区	1995～1998 年			1999～2002 年			2003～2006 年			2007～2011 年		
	均值排名	协调度	比值	均值排名	协调度	比值	均值排名	协调度	比值	均值排名	协调度	比值
北京	30/30	1.0000	1.0000	29/30	0.9994	0.9667	26/30	0.9898	0.8667	29/30	0.9994	0.9667
天津	25/28	0.9936	0.8929	25/28	0.9936	0.8929	25/27	0.9970	0.9259	31/27	0.9905	1.1481
河北	16/15	0.9979	1.0667	18/15	0.9835	1.2000	16/16	1.0000	1.0000	10/20	0.7901	0.5000
山西	6/18	0.5625	0.3333	8/13	0.8898	0.6154	12/19	0.9006	0.6316	3/14	0.3379	0.2143

续表

地区	1995～1998年			1999～2002年			2003～2006年			2007～2011年		
	均值排名	协调度	比值	均值排名	协调度	比值	均值排名	协调度	比值	均值排名	协调度	比值
内蒙古	8/7	0.9911	1.1429	7/7	1.0000	1.0000	4/9	0.7260	0.4444	12/9	0.9596	1.3333
辽宁	21/25	0.9849	0.8400	16/23	0.9366	0.6957	18/24	0.9596	0.7500	21/24	0.9911	0.8750
吉林	10/16	0.8963	0.6250	10/8	0.9755	1.2500	11/14	0.9714	0.7857	16/18	0.9931	0.8889
黑龙江	5/22	0.3643	0.2273	6/16	0.6295	0.3750	6/13	0.7470	0.4615	18/19	0.9985	0.9474
上海	31/31	1.0000	1.0000	28/31	0.9948	0.9032	27/31	0.9905	0.8710	30/31	0.9995	0.9677
江苏	26/27	0.9993	0.9630	26/29	0.9941	0.8966	29/28	0.9994	1.0357	28/28	1.0000	1.0000
浙江	28/26	0.9973	1.0769	30/27	0.9945	1.1111	30/29	0.9994	1.0345	27/29	0.9975	0.9310
安徽	17/17	1.0000	1.0000	17/14	0.9814	1.2143	17/11	0.9103	1.5455	20/16	0.9755	1.2500
福建	29/24	0.9823	1.2083	31/25	0.9772	1.2400	31/25	0.9772	1.2400	22/25	0.9919	0.8800
江西	18/21	0.9882	0.8571	19/18	0.9985	1.0556	21/20	0.9988	1.0500	13/17	0.9648	0.7647
山东	22/12	0.8345	1.8333	24/17	0.9426	1.4118	24/23	0.9991	1.0435	23/23	1.0000	1.0000
河南	20/4	0.3086	5.0000	21/2	0.1009	10.5000	20/7	0.5901	2.8571	17/10	0.8701	1.7000
湖北	23/20	0.9903	1.1500	22/21	0.9989	1.0476	22/21	0.9989	1.0476	19/22	0.9893	0.8636
湖南	24/5	0.3258	4.8000	23/9	0.6538	2.5556	23/15	0.9133	1.5333	15/12	0.9755	1.2500
广东	27/29	0.9975	0.9310	27/26	0.9993	1.0385	28/26	0.9973	1.0769	26/26	1.0000	1.0000
广西	19/6	0.5323	3.1667	20/5	0.4096	4.0000	19/6	0.5323	3.1667	9/5	0.8434	1.8000
海南	12/11	0.9962	1.0909	13/6	0.7470	2.1667	15/8	0.8233	1.8750	6/6	1.0000	1.0000
重庆	14/13	0.9973	1.0769	14/19	0.9546	0.7368	14/22	0.9037	0.6364	14/15	0.9976	0.9333
四川	15/3	0.3086	5.0000	15/4	0.4420	3.7500	13/5	0.6440	2.6000	7/8	0.9911	0.8750
贵州	4/8	0.7901	0.5000	5/22	0.3643	0.2273	7/2	0.4780	3.5000	5/1	0.3086	5.0000
云南	9/1	0.1296	9.0000	11/3	0.4536	3.6667	8/3	0.6295	2.6667	8/3	0.6295	2.6667
西藏	13/2	0.2136	6.5000	4/1	0.4096	4.0000	2/1	0.7901	2.0000	24/2	0.0807	12.0000
陕西	11/14	0.9714	0.7857	12/24	0.7901	0.5000	10/18	0.8434	0.5556	25/13	0.8105	1.9231
甘肃	3/19	0.2219	0.1579	3/11	0.4536	0.2727	3/4	0.9596	0.7500	1/4	0.4096	0.2500
青海	2/9	0.3541	0.2222	1/12	0.0807	0.0833	1/12	0.0807	0.0833	4/11	0.6119	0.3636
宁夏	1/10	0.1093	0.1000	2/10	0.3086	0.2000	5/17	0.4935	0.2941	2/21	0.1009	0.0952
新疆	7/23	0.5120	0.3043	9/20	0.7329	0.4500	9/10	0.9945	0.9000	11/7	0.9037	1.5714
平均数	—	0.7210	—	—	0.7481	—	—	0.8335	—	—	0.8230	—

注：表中数字分子为水贫困相关数据，分母为经济贫困相关数据，比值为水贫困排名/经济贫困排名

从耦合度计算结果（表5-9）可知：1995～2011年中国农村地区水贫困和经济贫困耦合度总体呈上升的趋势，在1995～1998年和1999～2002年呈高度耦合，在2003～2006年和2007～2011年呈极度耦合，且在2007～2011年出现小幅下降，但后三个时期的耦合度均超过基期（即1995～1998年）水平。

第六节　农村水贫困和经济贫困的耦合等级时空分异

按照耦合度计算结果和等级分类标准，分别作出 1995～2011 年四个时期内中国农村水贫困和农村经济贫困耦合类型的空间分布图（图 5-2、图 5-3），结果表明：①农村水贫困滞后-耦合的地区呈北多南少分布，在 2003～2006 年聚集在中国东北和西北地区，并有南移趋势，这些地区水贫困滞后程度在减缓，对应的耦合程度在逐渐提高；②农村经济贫困滞后-耦合的地区呈南多北少分布，在 2003～2006 年聚集在中国东南、华南和西南地区，并呈先南移后北移趋势；③农村双贫困同步-极度耦合的地区在四个时期内各有不同，1995～1998 年在北京、上海和安徽，1999～2002 年在内蒙古，2003～2006 年在河北，2007～2011 年在江苏、山东、广东以及海南。以下将分别分析农村水贫困滞后型地区和农村经济贫困滞后型地区的时空演变。

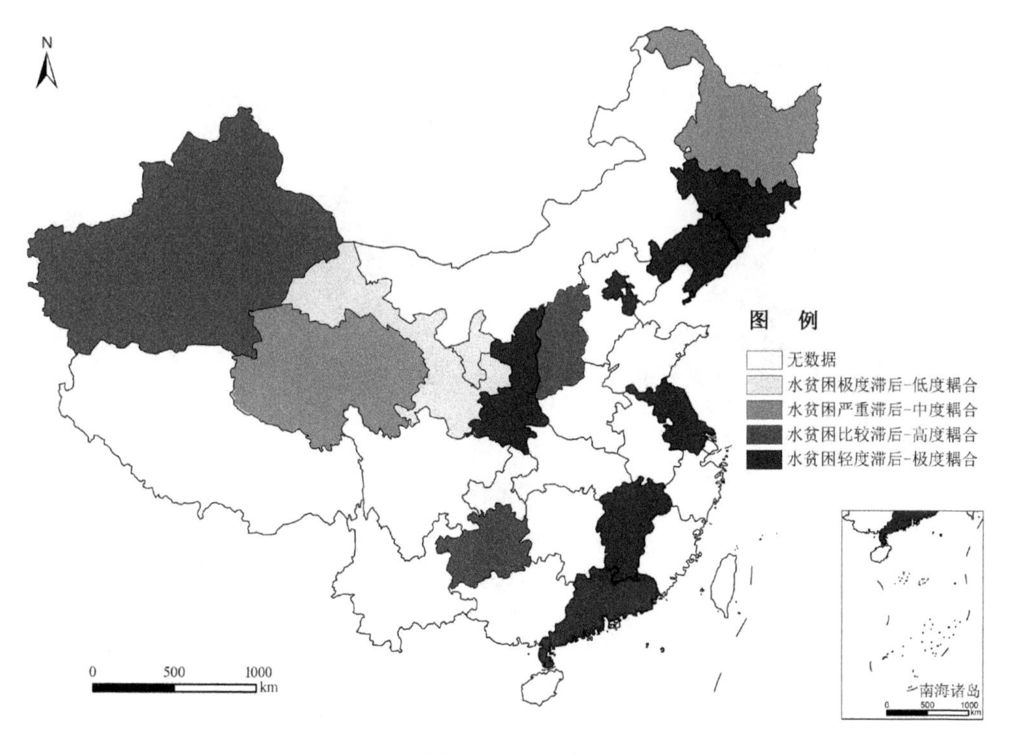

（a）1995～1998 年

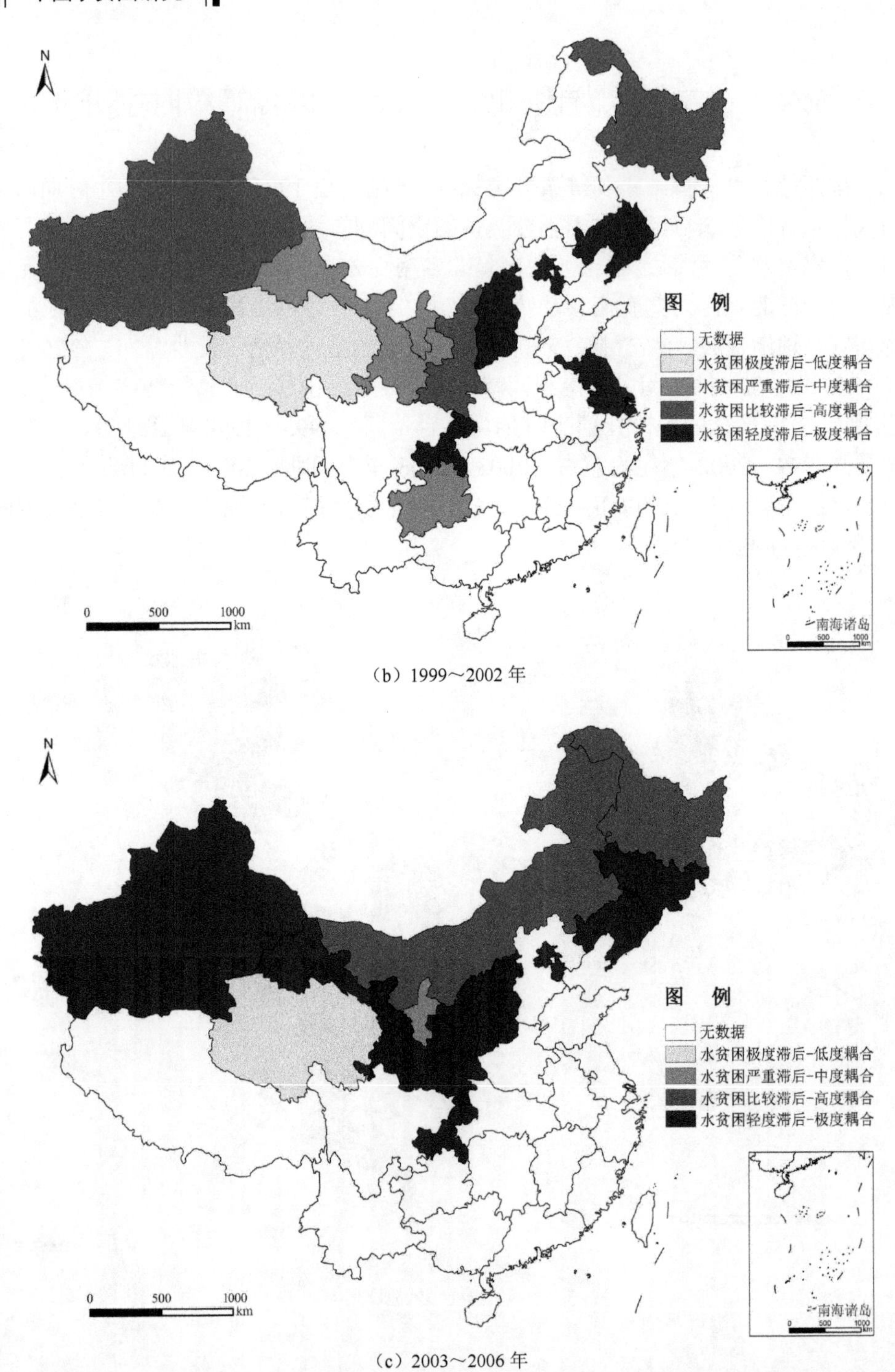

（b）1999～2002 年

（c）2003～2006 年

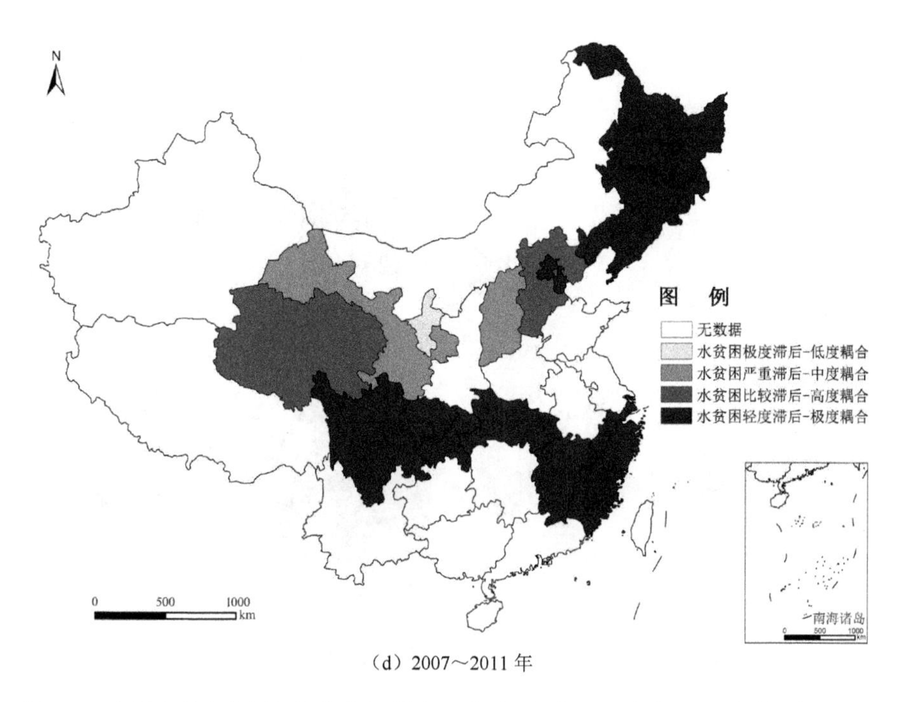

（d）2007～2011 年

图 5-2 中国农村水贫困与经济贫困耦合度类型空间格局（水贫困滞后型耦合类型）

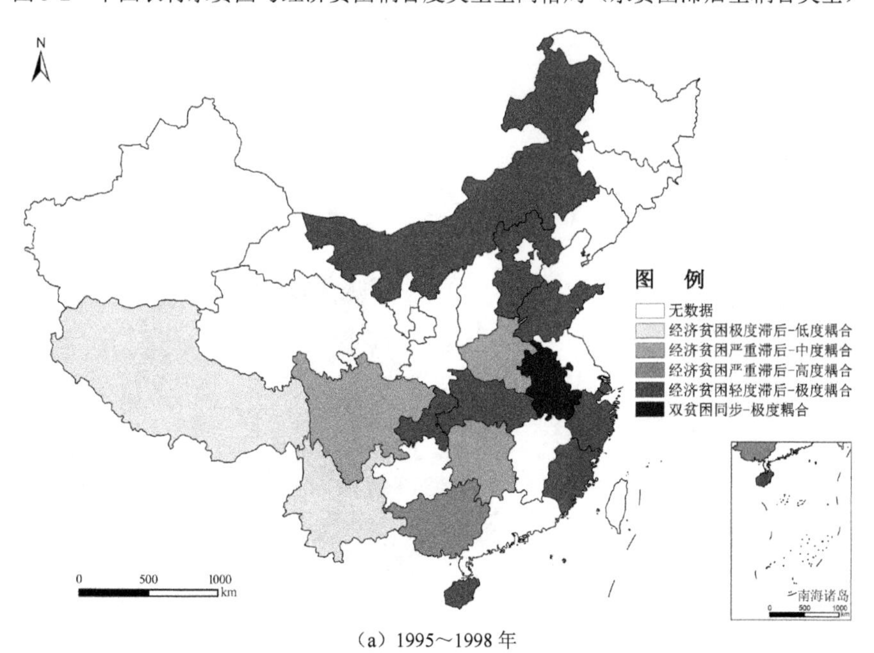

（a）1995～1998 年

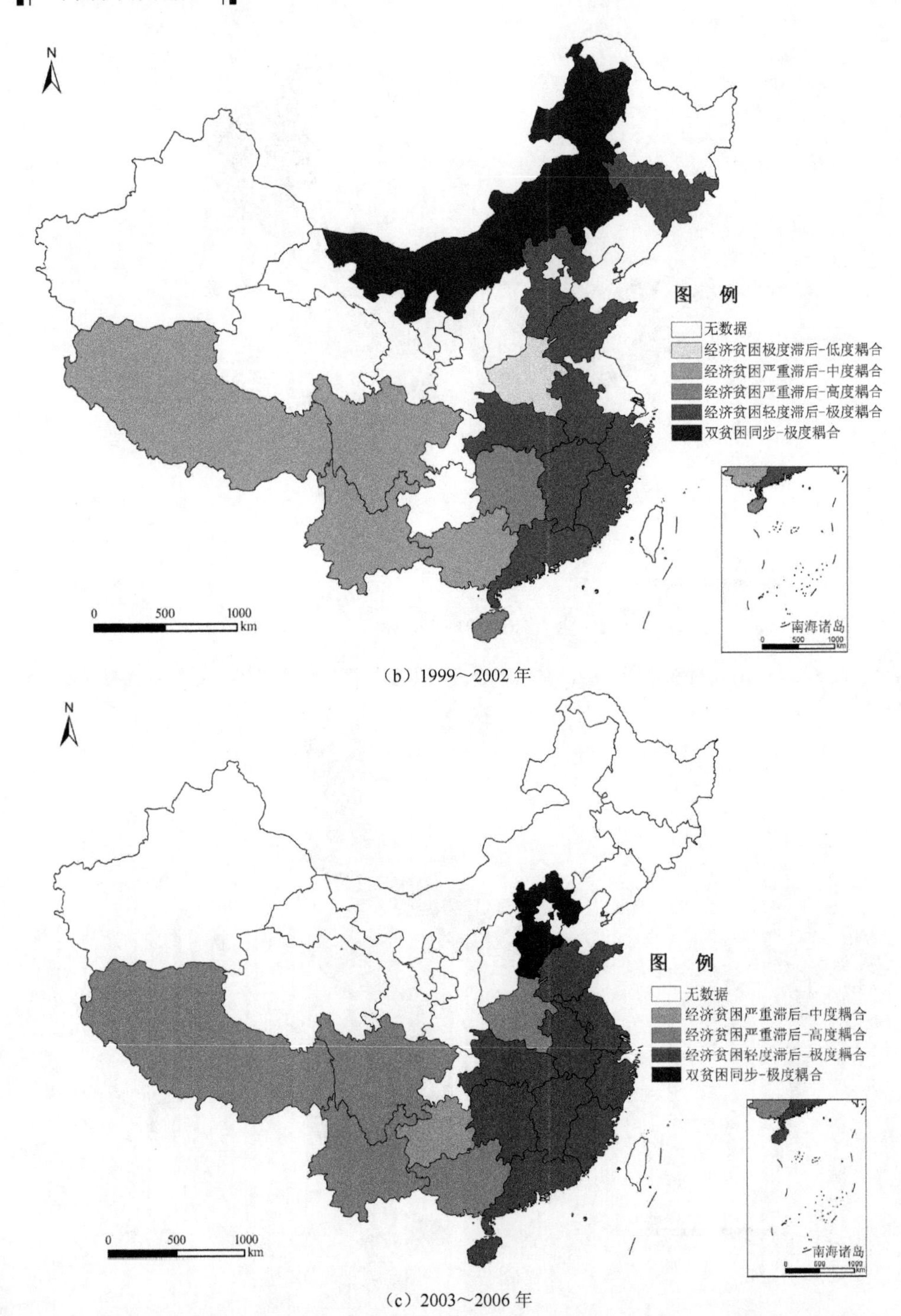

（b）1999～2002 年

（c）2003～2006 年

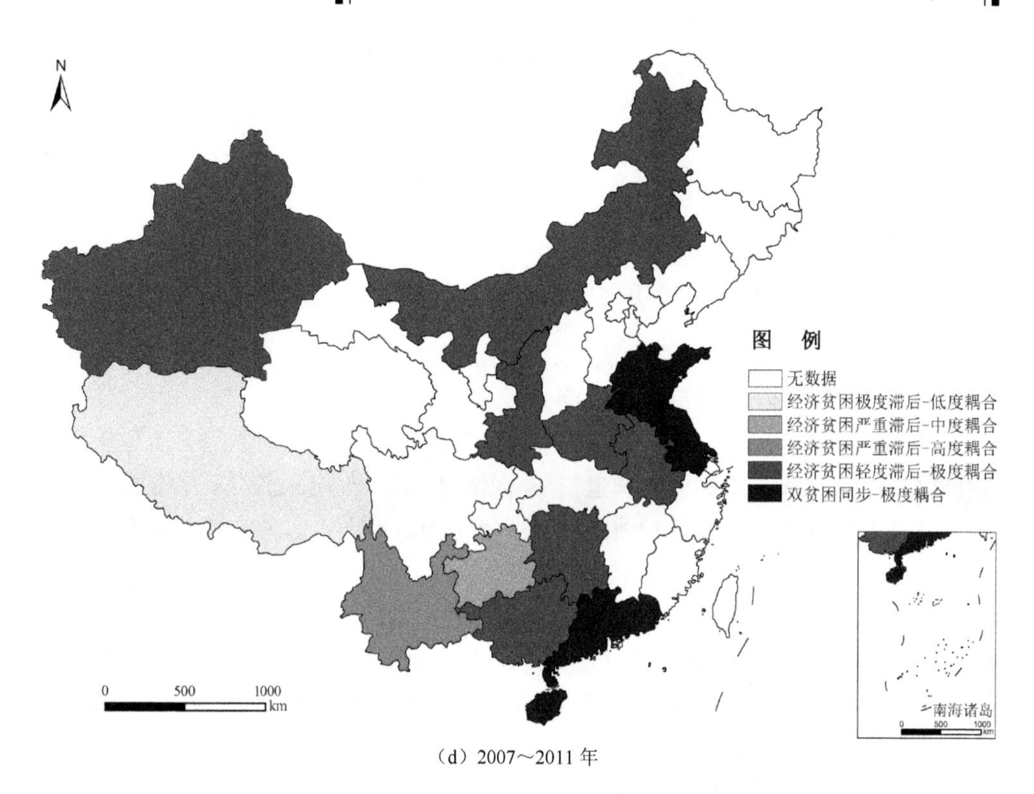

（d）2007～2011 年

图 5-3　中国农村水贫困与经济贫困耦合度类型空间格局（经济贫困滞后型耦合类型）

一、农村水贫困滞后型地区

（一）水贫困滞后程度-耦合度总体恶化的地区

宁夏和山西的农村双贫困排名比值及耦合度均呈先升后降的趋势，且 2007～2011 年耦合度均是四个时期内最低水平。两省农村地区节水灌溉设施和排污设施薄弱，化肥农药施用强度和面源污染程度较高，缓慢的农业收入增长幅度难以补偿由此造成的农业水污染损失。

（二）水贫困滞后程度-耦合度总体改善的地区

甘肃的农村双贫困排名比值及双贫困耦合度呈先升后降趋势且高于基期水平，水土流失治理和退耕还林在一定程度上调节了局部区域水环境，缓解了资源型缺水对农村经济的影响，但频繁的旱涝、霜冻、冰雹和风沙等自然灾害对农村用水条件具有显著的制约作用。青海则表现出先降后升趋势，当地水资源环境脆弱，不适合农作物种植，借助降低人均水污染损失、抑制土地沙化速度和实现农村居民收入结构多样化可以改善局部水资源环境，提高农村人均消费能力。黑龙江则呈现持续上升趋势，黑龙江的农业用水需求较高，“三同时”项目执行力度和工业废水排放达标率上升，可以有效减缓农村承受的外源性水污染压力，农田实际灌溉用水效率和农村生活用水设施增加共同降低了农村用水实际需求。

（三）由水贫困滞后型转变至经济贫困滞后型的地区

新疆、陕西、贵州、吉林、天津、江苏、广东在1995～2011年内均出现由水贫困滞后型转变至经济滞后型的现象。

新疆农村水贫困滞后程度显著减弱而经济贫困滞后显现，原因可能是新疆农村地区持续执行水土流失治理和退耕还林等环境保护政策，推广节水灌溉设施和技术并适度抑制耗水农产品种植规模，改善了当地地下水、内陆河和温度等重要因素，适度提高了农村地区供水量。

2007～2011年，陕西农村双贫困耦合状态从“水贫困滞后-耦合”转变至“经济贫困轻度滞后-极度耦合”阶段，陕西农村水贫困滞后程度先降后升，原因可能是当地农村在改水、改厕设施和机械灌溉设施方面获得长期投资，环境科技投入和污水治理投资得到强化。一方面促进农村地区总供水量增加和非农产业发展机会上升，另一方面抑制粗放型用水产业的发展。

贵州从1999～2002年的“水贫困严重滞后-中度耦合”转至2003～2006年的“经济贫困严重滞后-中度耦合”，当地水贫困滞后程度加深，水资源开发利用难度渐增，地方财政自给率持续下降使得污染治理投资比例下降和防灾减灾能力下降，常年受灾面积增加，加之当地农村供水总量下降，使得农业经济脆弱性凸显和非农产业发展受阻。

吉林、天津、江苏和广东均在1995～2011年处于极度耦合状态，表明这些农村地区的双贫困子系统趋于同步。吉林在多数年份属“水贫困轻度滞后-极度耦合”状态，在1999～2002年出现“经济贫困轻度滞后-极度耦合”。吉林农业用水设施和用水能力较强，经济贫困急速恶化的原因可能是农村受洪涝灾害冲击较多，同期卫生医疗水平和人均社会救济水平相对偏低，对农村居民的弥补不足。

天津、江苏和广东的耦合度变动均在“水贫困轻度滞后-极度耦合”向“经济贫困轻度滞后-极度耦合”摆动，这三个地区双贫困均属较优水平。天津先天水资源禀赋不足，但其农村供水量借助调水工程得到了适度弥补，以农村改厕受益面和生活污水净化池数量扩大为特征的农村生活污水减少，以农产品生产结构调整和节水灌溉技术推广为特征的农业用水量下降，均促成农村用水效率上升。

江苏和广东两个地区均拥有较好的水资源条件与气候条件，地方政府消费能力较强，在推广节水技术和灌溉设施、“三同时”执行强度和连贯性、缓解农村外源性水污染压力等方面效果显著。

（四）水贫困滞后程度-耦合度总体保持平稳的地区

辽宁持续表现为“水贫困轻度滞后-极度耦合”状态。辽宁农村水资源稀缺，辽西大凌河流域覆盖当地面积最广的农村地区，属严重的水土流失区域。限制耕地面积扩张速度、修复上游生态环境及治理下游河道、长期治理水土流失等措施使农业生产环境得到改善。推广水渠硬化、膜下滴灌等节水技术，因地制宜退耕还林和退耕还果，使得农村居民收入增长。

江西农村水贫困-经济贫困排名比值和农村双贫困耦合度均呈先升后降的趋势，基期和末期均处于“水贫困轻度滞后-极度耦合”状态。江西拥有较多的人均水资源量，但当地农村居民收入水平和教育水平不高限制了其改善用水设施的能力，农业用水效率较低且污染较高。

二、经济贫困滞后型地区

（一）经济贫困滞后程度-耦合度总体恶化的地区

1995～2011 年安徽从“双贫困同步-极度耦合状态”下降并保持在“经济贫困轻度滞后-极度耦合状态”，这可能与当地农村得到的改水、改厕投资波动上升、水污染纠纷与污染治理投资呈现波动有较大关联。

（二）经济贫困滞后程度-耦合度总体改善的地区

1995～2011 年，云南农村地区双贫困耦合度从 0.1296 上升至 0.6295，其农村双贫困排名均在 1～11 名范围内，属较差水平，农村经济贫困滞后突出且逐步改进，双贫困差距呈缩小趋势。云南农村地区拥有繁密的水系网络和高山峡谷地貌，但渠道与水泵站等水利设施建设难度大造成工程型缺水，农村地区供水总量和用水能力均十分有限，农村教育医疗卫生水平也限制了农村居民在非农产业方面的发展能力，农村居民收入结构多样性程度低且增长缓慢。

河南农村耦合度从 0.3086 先降至 0.1009，后升至 0.8701，2007～2011 年当地以水贫困排名大幅下降和经济贫困排名微升实现极度耦合。河南农村居民生活用水设施改善，农村地区粗放型产业的乡镇企业有所发展，其污水排放量加剧了当地的水质型缺水和资源型缺水。

湖南、广西和海南均表现为初期农村水贫困程度明显优于经济贫困程度，而在末期农村水贫困程度下降至5～12名范围内且实现极度耦合。这三个地区农村在基期均拥有较好的水资源模数且人均供水量较高，但地方财政自给率欠缺平稳，造成节水灌溉设施建设放缓与洪涝灾害损失上升，“三同时”执行力度、治污力度和污染治理投资上升速度低于化肥农药施用量与人均水污染经济损失的上升速度。

（三）由经济贫困滞后型转变至水贫困滞后型的地区

四川、重庆和湖北均经历经济滞后型高度耦合以上等级状态向“水贫困轻度滞后-极度耦合”转变的路径，原因可能是这三个地区水资源模数较高且洪涝自然灾害频繁，当地居民借助从事非农生产降低了环境波动对农村家庭收入的冲击，同时当地农村排水设施和污水治理投入等公共品供给在短期内难以满足非农产业发展的需求。

上海、浙江和福建多表现为极度耦合下水贫困轻度滞后状态向经济贫困轻度滞后状态摆动，原因可能是农业用水的经济效益缺乏比较优势进而在城镇化过程中收缩，不断增长的科技投入和地方财政补助共同促使农业需水量和化肥农药污染程度得以降低，农村实际用水空间和资源要素收入得到保障。

内蒙古、河北、北京均属资源型缺水和水质型缺水并存的地区，经济贫困滞后型转变至水贫困滞后型的主要原因是“新农村”建设试点政策、农业生产结构调整、节水灌溉技术更新在改善用水效率、提高农业生产效率与农业收入等方面起到显著的促进作用。但当地不达标工业用水排放和化肥农药施用量过多等因素产生部分抵消效应，加之当地农村水环境脆弱性导致水环境系统自我更新能力较弱，改善进程也相对缓慢。

（四）经济贫困滞后程度-耦合度总体保持平稳的地区

西藏在基期和末期均属“经济贫困极度滞后-低度耦合”阶段，西藏属中国高原高寒生态区，亦是长江、黄河、雅鲁藏布江和澜沧江等中国主要河流发源地，不适合发展农业规模经济。加上当地多年实际蒸散量呈上升趋势，水环境脆弱，以维持原貌为主，发展非农产业是缓解农村经济贫困的主要途径。

第七节　缓解水贫困促进经济脱贫的对策

在中国，尤其是中国农村地区，减贫政策多体现在产业化扶贫、小额信贷、农村特困救助、农村医疗救助、农村税费改革、农村义务教育改革等具体政策上。

通过改善当地的水资源情况来减少经济贫困的政策多局限在保障农业用水和家庭生活用水方面，而实施大规模、成体系地减少水贫困策略以消除经济贫困的情况比较鲜见。因此，在中国的扶贫政策中，应该加入降低贫困地区水贫困程度的政策与措施，这对减少贫困将起到非常重要的促进作用。

（一）建立与完善水权制度

水是支撑人们生活和生产的必要资源，水资源短缺则不能保证贫困人口的正常生活，更无法谈及为减少贫困而进行生产。在中国水资源配置理念中，“重工轻农”“重城市轻农村”的思想由来已久，这使得需要大量用水的农业生产以及农村贫困人口处于水资源供给的绝对劣势。同时，由于中国水资源时空分布与农业用水需求极不匹配，短缺与浪费并存、供求矛盾尖锐、灌溉工程利用效率低下等问题仍然严峻，严重影响农民正常的粮食生产和收入水平。这些不和谐因素的存在实质上是农业水资源产权残缺和组织缺失导致交易短缺所造成的，在中国市场经济体制逐渐完善和大力倡导可持续发展观的条件下，传统的单纯由行政手段对水资源进行分配的方式较难缓解或解决如今越加严峻的水资源问题。因此，只有在政府宏观调控基础上，让社会主义市场机制发挥其优势，用经济手段鼓励水资源高效利用、遏制生产生活中对水资源的浪费和不当使用，才能建立合理高效的、有利于保障贫困人口利益的、具有中国特色的社会主义水权制度。

在中国水资源产权属于国有、政府在水资源配置中占主导地位的前提下，首先要做好农业和农村水资源使用权（尤其是初始水权）的界定和分配，以现有水权许可证制度下的用水许可为主要依据，对农业用水固有权利进行保护。应坚持公平兼顾效率的原则，在保证每个人都可以获得生命保障用水与基本生存发展用水前提下，将剩余水权进行拍卖，解决效率问题，水权平等亦体现权利平等。与此同时，建立一个有效的、可以进行水权交易的水市场，合理调节水价，构建政府部门、市场企业、农业用水户自治组织多元合作互动的治理结构，以有效发挥各个层次配置主体的信息优势，尤其是扩大贫困农户的参与权，提高其合理利用资源的能力。另外，要建立排污权交易制度，进一步完善生态补偿机制，使排污者从其利益出发，自主决定其污染治理水平，合法买卖排污权，调动排污企业的治污积极性，使其可以选择更有利于自身发展的方式主动减排，降低工业点源污染和农业面源污染，杜绝因土地被污染而对农业生产造成毁灭性打击。

（二）改善农业水利基础条件，普及节水灌溉

农田水利基础设施是农业水资源得以高效、合理利用的保障。2011 年 7 月，时任中共中央总书记、国家主席胡锦涛在中央水利工作会议上表示，“要充分认识

加快水利改革发展的重要性和紧迫性，当前和今后一个时期，要把水利作为国家基础设施建设的优先领域”，这对降低农村地区水贫困程度、保障粮食生产和农民增产增收将起到非常关键的作用。在促进农村贫困人口脱贫方面，要重点改善农业水利基础条件以提高农业水资源利用效率、增加粮食产量，进而直接提高农民收入；加强江河治理及防洪建设，推进病险水库除险加固以降低大旱大涝对农业生产的破坏作用，保障农业生产的正常进行。

农田水利基本建设的主要内容之一是节水灌溉。普及节水灌溉，无论是比较简单的渠道防渗、管道输水，还是机械化自动化程度较高的喷灌、滴灌，都会不同程度地减轻农民用于平地、挖渠、灌水的劳动强度和用工，节省出大批劳动力转向乡镇企业和其他行业，促进农村产业结构调整、农村经济发展和社会进步。普及节水灌溉，促使水资源优化配置，节省出的部分水资源用于工业和日常生活，缓解用水供需矛盾，为国民经济快速、健康、持续发展创造有利条件。普及节水灌溉要以大中型灌区改造为重点，推进末级渠系的改造，突破农业用水计量设施的技术问题，实现用水计量到户。贫困地区应针对不同的水资源特点和种植习惯，在能力允许的情况下逐渐推广节水灌溉技术，与此同时建立节水灌溉的补贴机制。

（三）保障饮水安全，普及卫生设施

生活用水的保障是人的基本需要，也是一项基本人权。2006 年《人类发展报告》中指出：“在水和卫生设施的危机中，受害最深的人群是穷人，尤其是穷人中的妇女和儿童。”在 21 世纪初，不清洁水源是导致儿童死亡的第二大原因。在中国，保障贫困人口的饮水安全是扶贫政策中的重要方面，2009 年，中国各地区农村自来水累计受益人口为 65 405.1 万人，占农村人口总数的 91.7%，卫生厕所普及率 63.2%。农村地区改水、改厕工作取得较快进展，但在部分生存环境恶劣的极度贫困地区，饮用水安全和卫生设施状况的问题仍然没有得到彻底解决。甚至一些地区的妇女和儿童为了全家人能够生存下去花费大量时间进行远距离挑水。由于饮用水安全得不到有效保障和卫生设施不足引起的健康问题，处于经济劣势的家庭陷入了贫困的恶性循环。这些问题不仅使在就业和接受教育上的性别不平等变得更加严重，同时也削弱了生产力，阻碍经济增长。

贫困人口最大的问题就是缺乏支付能力，因此，在扶贫过程中，应尽量把农村改水、改厕工程建设当成贫困农村的公共产品来对待，政府在实施这些工程建设时要加大拨付比例，从政策、财政、物质等方面给予贫困人口更多的补偿，减轻贫困人口的直接负担，这同样将对提高贫困人口预期寿命和健康水平、提高贫困儿童受教育程度起到重要作用。

（四）加强水生态保护与管理

中国水生态问题早已存在。近年来中国发生的一系列水生态事件引起了人们前所未有的关注，例如，1998 年长江流域发生严重的洪涝灾害，大面积“围湖造田”被认为是重要原因之一；2005 年珠江三角洲地区咸潮入侵，危及城乡饮用水安全。虽然随着人们环境意识的提高，不同利益集团的声音逐渐突现，但弱势集团的利益常常得不到足够维护。贫困人口作为弱势集团的典型代表，他们的生产和收入往往受自然条件的影响最为直接和深刻，对于生存环境忽然恶化的适应能力最差，也难以采取有力的防范及自救措施。为给贫困人口生活和生产创造有利、稳定的发展环境，有必要在扶贫政策中加入水生态的保护与管理机制。

首先，将维持良好的水生态状况作为扶贫方针中坚持可持续发展的重要方面，贯彻“保护与开发并重”原则；一方面控制水环境质量，在规划中增加湿地保护、珍稀水生生物保护和重点自然保护区建设，另一方面结合中国已有主体功能区的相关规划，针对保护或恢复水生态的标准，对中国主要江河湖泊制定严格的水域管理办法（包括设立相当比例的限制或禁止人类活动的保护区），有效保护大江大河的源头地区、湿地及河口地区、水产养殖区域以及珍稀濒危水生野生动物密集分布区域。

其次，完善中国生态补偿机制，按照“谁开发谁保护、谁破坏谁恢复、谁受益谁补偿、谁排污谁付费”的原则，防治点源和面源污染，特别是上游地区企业的排污，要在整个流域特别是上游地区建设污水处理厂、垃圾集中处理厂等，保护好流域的水生态系统。

最后，对水工程实施生态调度，将水生态健康与确保环境流量加入到水工程调度的目标之中，努力减轻水工程对水生态的负面影响。除此之外，要将水生态修复工程纳入国家生态建设工程计划，并在法律法规层面予以保障和支持。

参 考 文 献

[1] 乔标，方创琳，李铭. 干旱区城市化与生态环境交互胁迫过程研究进展及展望. 地理科学进展，2005，24(6): 31-41.

[2] 乔标，方创琳. 城市化与生态环境协调发展的动态耦合模型及其在干旱区的应用. 生态学报，2005，25(11): 3003-3009.

[3] 乔标，方创琳，黄金川. 干旱区城市化与生态环境交互耦合的规律性及其验证. 生态学报，2006，26(7): 2183-2190.

[4] 方创琳，孙心亮. 河西走廊水资源变化与城市化过程的耦合效应分析. 资源科学，2005，27(2): 2-9.

[5] Grossman G, Kreuger A. Economic growth and the environment. Quarterly Journal of Economics, 1995, 110(2):

353-377.

[6] 叶浩, 濮励杰. 江苏省耕地面积变化与经济增长的协整性与因果关系分析. 自然资源报, 2007, 22(5): 766-774.

[7] 邓翔, 杜江, 张蕊. 计量经济学. 成都: 四川大学出版社, 2002.

[8] Said S, Dickey D. Testing for unit roots in autoregressive-moving average models of unknown order. Biometrika, 1984, 71: 599-607.

[9] Komnenic V, Ahlers R, Zaag P V D. Assessing the usefulness of the water poverty index by applying it to a special case: can one be water poorwith high levels of access? Physics and Chemistry of the Earth, 2009, 34(45): 219-224.

[10] Engle R F, Granger C W J. Cointegration and error correction: representation, estimation, and testing. Econometrica, 1987,55:251-276.

[11] Salameh E. Redefining the water poverty index. Water International, 2000, 25(3): 469-473.

[12] Feitelson E, Chenoweth J. Water poverty: towards a meaningful indicator. Water Policy, 2002, 4(3), 263-281.

[13] Fitch M, Price H. Water poverty in England and Wales. Chartered Institute of Environmental Health, 2002: 67-69.

[14] 刘华军, 何礼伟. 中国省际经济增长的空间关联网络结构——基于非线性 Granger 因果检验方法的再考察. 财经研究, 2016, (02): 97-107.

[15] 李永立, 吴冲. 基于多变量的 Granger 因果检验方法. 数理统计与管理, 2014, (01): 50-58.

[16] 张书云. Granger 因果检验用法探讨. 数理统计与管理, 2009, (02): 244-251.

[17] 王雪妮, 孙才志, 邹玮. 中国水贫困和经济贫困空间耦合关系研究. 中国软科学, 2011(12): 180-192.

第六章　农村水贫困与水贫困、城市化、工业化进程的关系透视

在中国，农业承担着养活十几亿人口和向城市化、工业化提供重要支撑的重任，且农业对水资源的量变和质变十分敏感，从这一点来说，水资源既是重要的农业生产资源，又是重要的农业生态环境控制因素。另外，城市化和工业化的发展规模基本上取决于水资源的开发规模、利用程度和管理水平，用水结构与人口结构、产业结构、生态环境形成了一个巨大的耦合系统，共同制约着区域城市化与工业化的发展速度和水平，反过来城市化与工业化的发展又可为水资源开发提供更多的资金，提高水资源的开发利用效益，形成正反馈。例如，Portnov 和 Safirel 认为一旦农业的发展受到水资源和经济因素的限制时，城市将会消耗更少的水资源，产生较大的经济效益，城市化是更为可取的一种方式，可在保证经济可行的条件下，使不利的环境影响降到最低[1]；钱正英认为工矿业和大中小城镇的水土资源效益远远高于农牧业，推进城市化和城镇化，实际上是通过提高社会生产力的水平，提高水和土地资源的利用效率和效益，从而在宏观上扩大区域生态环境的人口容量[2]；龙爱华和徐中民认为城市化是最大限度降低人类活动对自然资源依赖程度、减少对生态系统的破坏性干扰的最好办法[3]。

对于城市化、工业化与水资源相互作用的研究多集中于从水环境污染和管理的角度进行论述。如日本和韩国在进行水资源管理时，将视角从注重经济效益转向综合效益[4]；Salman 探讨了印度工业化和城市化对水资源带来的巨大压力，同时对区域之间的水权纠纷进行了具体探讨[5]；Al-Kharabshed 和 Taany 研究了约旦南部干旱时期城市化对水质恶化的影响[6]；不少学者研究了城市用地扩张对区域水文和水环境的影响[7,8]。国内学术界目前很少将城市化、工业化过程与水资源生态环境响应过程有机结合起来进行规律性的基础研究，针对水资源与城市化、工业化协调关系的讨论尚属薄弱环节。考虑到当前水资源供需矛盾日益尖锐，农村水问题尤为凸显，而传统上人们解决水资源短缺问题总是侧重于水利工程和技术手段，忽视经济激励、社会结构变化和制度变化等社会资源的应用。而水贫困理论从一般的贫困理论出发，将水资源短缺问题的解决从水文工程领域扩展到社会经济领域，为集成的水资源管理提供理论依据，为缓解水资源稀缺开辟全新的途

径和思路[9]。作者阅读大量文献发现关于协调与耦合关系的研究集中在社会经济领域，其主要应用在城市化与水资源耦合[10]、流域水-生态-经济发展耦合模型[11]、城市化与生态环境交互胁迫过程[12]等方面。考虑到农村水贫困与城市化进程、工业化进程协调关系的开放性与综合性，本章在分别对中国省际农村水贫困与中国水贫困、城市化、工业化进程进行研究的基础上，基于省级比对的研究视角，通过建立水贫困、城市化、工业化综合评价指标体系和农村水贫困综合评价指标体系，进而考量中国水贫困与农村水贫困状况的协调发展关系，力图为缓解中国农村水资源状况，实现城乡协调发展提供科学依据及政策启示。

第一节　研究方法和数据来源

一、研究方法

（一）城市化进程系数

本节以人口城市化、经济城市化、社会城市化和空间城市化四个方面来反映中国城市化的发展进程，选取涉及产业结构、服务设施、居民生活水平等代表性指标，通过函数关系构建区域城市化进程系数[13]，设

$$Y = f(y_1, y_2, \cdots, y_n) \tag{6-1}$$

式中，Y 为城市化进程系数，反映各地区的城市化水平；$y_1, y_2, \cdots, y_n$ 代表城市化系统综合测度指标体系中的各项指标值。求得 Y 值，取 $\lg Y$ 的结果作为城市化进程系数，对其进行排名。

（二）工业化进程系数

类比城市化进程系数构建模式，选取大中型企业利润总额及本年应缴增值税、规模以上工业企业工业增加值率、规模以上工业企业总资产贡献率、工业产值占地区生产总值的比例、人均地区生产总值、人均地区工业产值、地级及以上城市工业单位从业人员比例等指标来衡量区域工业化进程，通过函数关系构建区域工业化进程系数，设

$$X = f(x_1, x_2, \cdots, x_n) \tag{6-2}$$

式中，X 为工业化进程系数，反映各地区的工业化水平；$x_1, x_2, \cdots, x_n$ 为工业化系统综合测度指标体系中的各项指标数值。计算各地对应的工业化进程指数 X，求得 $\lg X$，对其进行排名。

（三）农村水贫困与中国水贫困的耦合协调模型

耦合可用于刻画多个系统间相互作用、彼此影响的状态，本节借助耦合度模型定量分析农村水贫困与中国水贫困之间的关系，具体计算公式如下：

$$\begin{cases} C = f(x)^K \times g(y)^K / [\alpha f(x) + \beta g(y)]^{2K} \\ T = \alpha f(x) + \beta g(y) \\ D = (C + T)^{1/2} \end{cases} \tag{6-3}$$

式中，C 为农村水贫困和中国水贫困的耦合度；T 为综合评价指数；D 为耦合协调度；$f(x)$为农村水贫困评价排名；$g(y)$为中国水贫困评价排名；K 为调节系数，为实现耦合度计算结果具有较高的区分度和层次性，设 K=2；α 和 β 为待定系数，考虑到解决两种水贫困同等重要，$\alpha = \beta = 0.5$。耦合度 $C \in [0,1]$，最大值即为最佳协调状态；反之，C 越小越失调。耦合协调等级划分标准见表 6-1。

表 6-1　耦合协调等级划分标准

耦合度 C	耦合等级	耦合协调度 D	耦合协调等级
0～0.39	低度耦合	0～0.39	低度耦合协调
0.40～0.79	中度耦合	0.40～0.49	中度耦合协调
0.80～0.89	高度耦合	0.50～0.79	高度耦合协调
0.90～1.00	极度耦合	0.80～1.00	极度耦合协调

（四）农村水贫困与城市化进程、工业化进程的协调发展模型

“协调发展”指的是在事物发展过程中，系统之间或系统内各要素之间和谐一致，在良性循环的基础之上，从简单到复杂、从无序到有序的总体变化过程。协调度是用来度量系统之间或系统内要素之间协调状况好坏程度的定量指标，给出如下协调度计算公式[14]：

$$C = \left\{ \frac{f(x) \cdot g(y)}{\left[\dfrac{\alpha f(x) + \beta g(y)}{2} \right]^2} \right\}^K \tag{6-4}$$

式中，C 为协调度；$f(x)$ 为中国农村水贫困测度排名；$g(y)$ 为城市化进程系数排名或工业化进程系数排名；K 为调节系数，$K \geqslant 2$；α 与 β 为权数；本文选取 K=2 且 $\alpha = \beta$ =1。协调度 C 取值在 0 和 1 之间，C 等于 1 为最佳协调状态，C 越小则越不协调，设如表 6-2 所示协调度等级。

表 6-2 协调等级与协调度

协调等级	协调度（C）	协调等级	协调度（C）
严重失调	≤0.30	中度协调	0.70～0.79
中度失调	0.30～0.39	良好协调	0.80～0.89
失调	0.40～0.49	优度协调	≥0.90
勉强协调	0.50～0.69		

二、数据来源

本章选取 2008 年中国 31 个省（自治区、直辖市）作为研究对象，对农村水贫困程度、城市化与工业化进程进行测算与分析。在空间层面上横向覆盖中国 31 个省（自治区、直辖市）（港、澳、台除外）。数据均来源于《中国水资源公报》《中国统计年鉴》《中国环境统计年鉴》《中国环境统计年报》《中国城市统计年鉴》《中国区域经济统计年鉴》《中国劳动统计年鉴》等，部分数据根据年鉴整理所得。

第二节 农村水贫困与水贫困的空间分析

在计算中国水贫困与农村水贫困的基础上，利用上节中的耦合协调发展模型进行计算，得到 2008 年中国水贫困与农村水贫困耦合协调度，如表 6-3 所示。

表 6-3 2008 年中国水贫困与农村水贫困耦合协调度

地区	水贫困		农村水贫困		C	T	D
	得分	排名	得分	排名			
北京	0.483	21	0.020	19	0.995	0.645	0.801
天津	0.449	17	0.008	3	0.260	0.309	0.284
河北	0.309	6	0.022	21	0.478	0.420	0.448
山西	0.251	2	0.010	5	0.666	0.084	0.236
内蒙古	0.327	7	0.014	10	0.939	0.253	0.488
辽宁	0.347	11	0.017	14	0.971	0.389	0.615
吉林	0.339	9	0.012	8	0.993	0.255	0.503
黑龙江	0.295	5	0.018	16	0.527	0.319	0.410
上海	0.521	25	0.015	13	0.810	0.614	0.705
江苏	0.405	16	0.029	29	0.840	0.725	0.781
浙江	0.578	28	0.026	25	0.994	0.866	0.927
安徽	0.401	13	0.018	15	0.990	0.440	0.660
福建	0.606	29	0.020	18	0.893	0.766	0.827
江西	0.544	26	0.021	20	0.966	0.748	0.850

续表

地区	水贫困		农村水贫困		*C*	*T*	*D*
	得分	排名	得分	排名			
山东	0.341	10	0.028	27	0.622	0.589	0.605
河南	0.272	3	0.025	24	0.156	0.418	0.255
湖北	0.461	18	0.020	17	0.998	0.560	0.748
湖南	0.494	22	0.027	26	0.986	0.779	0.876
广东	0.628	30	0.028	28	0.998	0.950	0.974
广西	0.546	27	0.025	23	0.987	0.815	0.897
海南	0.628	30	0.006	2	0.055	0.517	0.168
重庆	0.508	24	0.010	6	0.410	0.480	0.443
四川	0.504	23	0.037	30	0.965	0.863	0.913
贵州	0.468	19	0.011	7	0.619	0.410	0.504
云南	0.472	20	0.023	22	0.995	0.678	0.821
西藏	0.401	13	0.096	31	0.693	0.707	0.700
陕西	0.334	8	0.015	12	0.922	0.304	0.529
甘肃	0.245	1	0.009	4	0.410	0.050	0.143
青海	0.404	15	0.014	11	0.953	0.408	0.624
宁夏	0.29	4	0.003	1	0.410	0.052	0.146
新疆	0.4	12	0.013	9	0.960	0.323	0.557

注：*C* 为农村水贫困和中国水贫困的耦合度；*T* 为综合评价指数；*D* 为耦合协调度

一、耦合度空间分析研究

通过模型测算，得出中国 31 个省（自治区、直辖市）2008 年水贫困与农村水贫困的耦合度结果，如图 6-1 所示。

（一）水贫困与农村水贫困极度耦合区域

包括北京、内蒙古、辽宁、吉林、安徽、福建、江西、湖北、湖南、广东、广西、四川、云南、陕西、青海和西藏在内的 16 个地区属于极度耦合区域，农村水贫困与水贫困的发展状况具有一致性。

（二）水贫困与农村水贫困高度耦合区域

上海、江苏和浙江水贫困与农村水贫困属于高度耦合。

（三）水贫困与农村水贫困中度耦合区域

河北、山西、黑龙江、山东、重庆、贵州、新疆、甘肃和宁夏 9 个地区水贫困与农村水贫困状况属于中度耦合阶段。

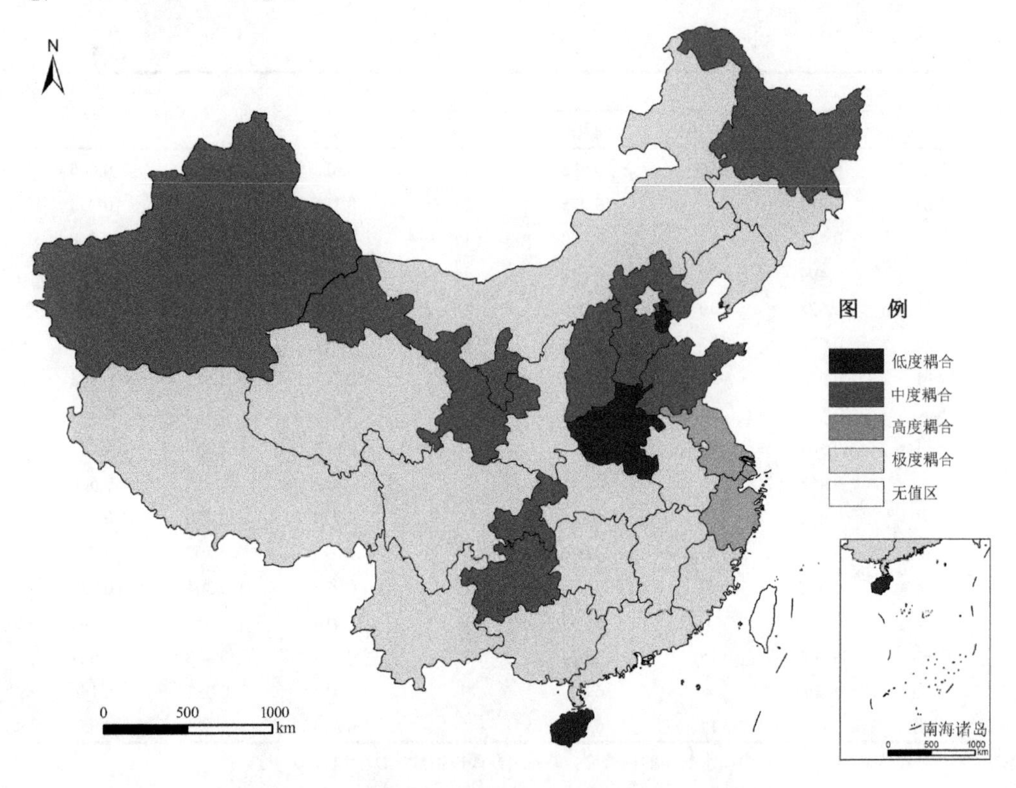

图 6-1　中国水贫困与农村水贫困的耦合空间分异图

（四）水贫困与农村水贫困低度耦合区域

天津、河南和海南 3 个地区水贫困与农村水贫困的低耦合发展，使得该地区城市用水与农村用水分配不匹配，不仅增加了农村用水压力，更不利于地区水资源的可持续利用。其中，天津位于中国华北地区且处于海河流域的下游，由于海河流域水量、水质状况的恶化及地下水的过度开采，其水资源条件极为恶劣。作为环渤海经济区的重要组成，天津城市化水平高，人口密度大，工农业发展及居民生活用水量巨大，在很大程度上加剧其水贫困程度。此外，在实现产业结构转型的过程中，第二、三产业对第一产业的压缩，使得农村水贫困状况窘迫。河南属于发展动力由东部沿海发达地区向内地辐射的扩散区，社会适应性能力一般，水资源承受压力相对较小，生态环境虽未受到严重破坏，但由于农业占国民生产比例较大，且农业生产方式粗放，用水效率低，水贫困水平多为中等偏差。海南作为改革开放的前沿地区，经济发展水平极高，水系发达，气候湿润，水资源条件优越，为地区城市化进程推进提供有力支撑，而农业加速发展需要依靠充足的水资源供给。因此，在实现水资源高效持续利用的过程中，应在不断调整地区用水结构、提高农业用水效率的同时，逐步加大农业用水配额，保证粮食安全与水安全。

二、耦合协调度空间分异研究

耦合协调度是将各地区水贫困与农村水贫困程度，以及两者的耦合关系结合成整体来看，比耦合度结果更全面、更稳定。水贫困与农村水贫困耦合协调程度越高，说明两者的整体水平越高，水资源利用与农村用水效率相互之间越能相互促进、越协调，反之则必然存在一方面对另一方面的发展造成阻碍，或两者互相遏制、恶性循环。通过计算结果可知，如图 6-2，我国水贫困与农村水贫困属于极度协调的有 9 个地区；属于高度协调的有 12 个地区；属于中度协调的有 6 个地区；属于低度协调的有 4 个地区。水贫困与农村水贫困耦合协调程度由东至西逐渐降低，基本可以反映中国水贫困与农村水贫困的实际情况。

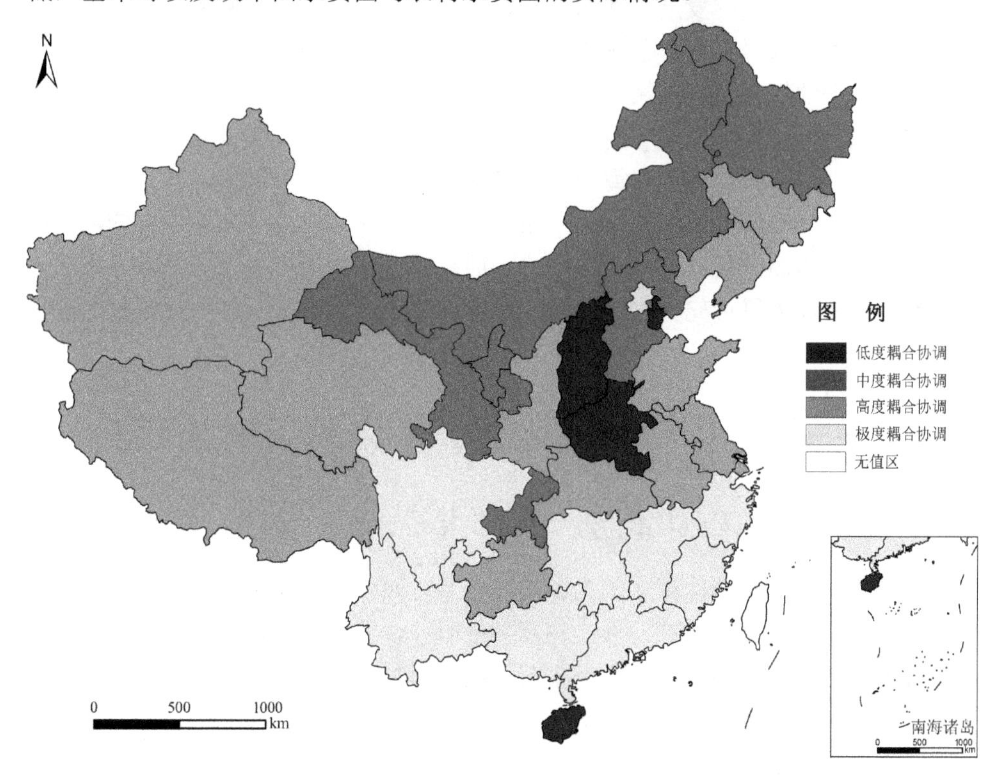

图 6-2 中国水贫困与农村水贫困的耦合协调空间分异图

（1）北京、浙江、福建、江西、湖南、广东、广西、四川和云南水贫困与农村水贫困极度耦合协调。这些地区无论是水贫困还是农村水贫困都属于低贫困水平，耦合度为优质协调，两个方面相互促进，相辅相成。未来需要从调节农村用水结构、提高农业用水效率、加强环境保护以及提高自然水资源丰富地区节水意识方面继续加以完善。

（2）辽宁、吉林、上海、江苏、安徽、山东、湖北、贵州、西藏、陕西、青海和新疆的水贫困与农村水贫困属于高度耦合协调。这些地区的水贫困及农村水贫困水平都属于中等水平。在今后的发展中，需要加强新型用水模式的引进，与此同时重视对水资源的节约利用和对生态环境的保护，并促进科教文卫事业向前发展。

（3）河北、内蒙古、黑龙江、甘肃、宁夏和重庆属于水贫困与农村水贫困中度耦合协调地区。这些地区的水贫困与农村水贫困耦合程度不高，多数属于从失调向协调转变的过渡阶段，水贫困与农村水贫困其中一个方面程度较差，一定程度上制约了另一方面的发展。在水资源本地条件不可改变的情况下，重点应提高经济和社会发展水平，以促进基础设施的完善、水资源使用效率、城乡居民收入、科教文卫水平的提高。此外，注意农村节水措施的改进，同时要保证经济发展不能以破坏生态环境为代价。

（4）天津、山西、河南和海南的水贫困与农村水贫困情况最为恶劣且两者互相遏制，属于低度耦合协调地区。山西和河南深居内陆，经济发展能力低，人民生活水平难以提高，天津第二、三产业发展迅速，而海南虽然水资源自然条件好但没有足够的能力进行充分利用。这些地区想要发展，缓解水贫困与农村水贫困状况，必须依靠用水结构的调整和跨流域调水工程的实施。

第三节 农村水贫困与城市化、工业化的时空分异

一、城市化与工业化进程综合评价指标体系

在影响城市化进程的诸多因素中涉及许多方面，包括城市化水平、经济发展状况、居民生活水平、城区发展状态及基础服务设施构建等，因此在考虑城市化进程综合评价指标体系的过程中，本节选取人口城市化、经济城市化、社会城市化及空间城市化四个大方面。另外，工业化发展的好坏直接影响着地区经济能否良性发展，对于工业化进程评价指标的选取既要包含工业利润对于经济的支撑作用，又要基于可持续发展的理念，以期实现工业的健康有序发展，具体指标见表 6-4。

表 6-4　城市化及工业化进程综合评价指标体系

项目	目标层	评价指标及单位
城市化	人口城市化	城市人口密度/（人/km^2）
		非农业人口比例/%
	经济城市化	人均 GDP/元
		基尼系数
		居民家庭恩格尔系数/%
		地级以上城市工业企业利润总额/元
		工业总产值/元
		地级及以上城市工业企业本年应交增值税/元
		地级及以上城市科技及教育的财政支出/元
	空间城市化	城市建成区面积/km^2
		年末实有房屋建筑面积/m^2
		年末实有道路长度/km
		年末实有道路面积/m^2
		全部地级城市个数/个
		建成区绿化覆盖率/%
		城市建设用地占市区面积比例/%
	社会城市化	年末供水综合生产能力/m^3
		年末供水管道长度/km
		人均日生活用水量/L
		清扫保洁面积/m^2
		生活垃圾无害化处理率/%
		城镇生活污水处理率/%
		工业固体废物综合利用率/%
		城镇居民家庭人均可支配收入/元
		地级及以上城市普通高等学校数/所
		地级及以上城市普通高校在校生人数/人
		地级以上城市医生数/人
		本地电话年末用户数/万户
		移动电话年末用户数/万户
		国际互联网用户数/户
		每百人公共图书馆藏书/册（件）
		交通运营线网长度/km
		万人拥有公共汽车数/辆
		全年公共汽（电）车客运总量/万人次

续表

项目	目标层	评价指标及单位
城市化	社会城市化	年末实有出租汽车数/辆
		城市园林绿地面积/hm^2
		人均住宅建筑面积/m^2
		城市用水普及率/%
		城市燃气普及率/%
		每万人拥有公共交通车辆/标台
		人均拥有道路面积/m^2
		人均公园绿地面积/m^2
		每万人拥有公共厕所/座
		城市桥梁/座
		城市排水管道长度/km
		城市污水日处理能力/m^3
工业化	评价指标及单位	大中型工业企业资产总计/元
		大中型企业利润总额/元
		大中型企业本年应缴增值税/元
		规模以上工业企业工业增加值率/%
		规模以上工业企业总资产贡献率/%
		规模以上工业企业产品销售率/%
		工业污染治理项目本年完成投资/元
		工业污染治理本年竣工项目数/个
		工业产值占地区生产总值的比例/%
		人均地区生产总值/元
		人均地区工业产值/元
		地级及以上城市工业单位从业人员比例/%

二、城市化及工业化进程系数

根据城市化及工业化进程综合评价指标体系中的各项评价指标，对中国 31 个（自治区、直辖市）的城市化与工业化水平进行测度。首先，在时间上选取 2000～2009 年各地区份各个统计指标的数值；其次，根据式（6-1）、式（6-2）计算出城市化进程系数及工业化进程系数，并对其进行由低到高排序，排名越靠前，城市化、工业化水平越差，限于篇幅仅列出奇数年份，结果见表 6-5 和表 6-6。

表 6-5　中国城市化进程系数及排名

地区	2009 年		2007 年		2005 年		2003 年		2001 年	
	系数	排名	系数	排名	系数	排名	系数	排名	系数	排名
北京	132.3062	22	132.1651	25	131.0396	25	131.0283	25	131.0199	26
天津	125.1429	16	124.3765	16	123.4416	16	122.3689	16	122.0972	16
河北	132.1077	25	131.0338	24	130.1920	24	129.6112	24	129.3766	24
山西	123.5457	11	122.9352	12	122.1916	14	121.0557	13	120.4242	13
内蒙古	121.5105	10	120.3680	9	119.0938	9	118.2994	10	117.7247	10
辽宁	133.7429	27	133.0706	27	132.1410	26	131.7652	26	131.0114	25
吉林	124.8040	15	124.0040	15	122.5764	15	121.8864	15	121.7217	15
黑龙江	129.0035	20	128.4930	20	126.5876	19	126.1360	19	125.9179	20
上海	133.0738	26	133.0688	26	133.4751	27	133.3195	27	132.6021	27
江苏	141.0900	30	140.1886	30	138.8046	30	138.3411	30	137.7921	30
浙江	136.2318	28	135.5105	28	133.9572	28	133.7706	28	133.2911	28
安徽	128.5128	19	127.1598	18	125.7139	18	125.3700	18	124.7323	18
福建	127.4264	17	126.5426	17	125.0984	17	124.6250	17	124.0623	17
江西	124.4423	14	123.4006	14	122.0339	13	121.2209	13	120.6168	14
山东	139.3482	29	138.6750	29	137.5395	29	135.7849	29	135.2046	29
河南	131.9578	24	130.3345	23	129.5495	23	128.6551	23	128.2012	23
湖北	131.8763	23	130.2738	22	129.0697	22	128.4671	22	128.1745	22
湖南	128.4884	18	127.9562	19	127.1309	20	126.2220	20	125.5832	19
广东	143.2706	31	143.2312	31	140.5878	31	140.2696	31	139.3919	31
广西	124.0675	13	123.0337	13	121.7048	12	120.5273	12	119.3655	12
海南	108.3396	3	107.3172	3	106.1672	3	105.8541	4	105.0439	4
重庆	121.4798	9	120.6042	10	119.5221	10	117.9156	9	117.3928	9
四川	129.9524	21	128.9035	21	127.1716	21	127.2913	21	126.7500	21
贵州	114.7449	5	113.9344	5	112.4712	5	112.0323	5	111.0441	5
云南	120.8133	8	119.5091	8	117.4004	8	116.4659	8	116.2724	8
西藏	97.3562	1	96.0132	1	95.0997	1	93.8665	1	93.8196	1
陕西	123.6056	12	122.7984	11	120.7397	11	119.2937	11	119.0374	11
甘肃	117.5253	6	117.0463	6	116.3712	7	116.0388	7	115.4979	7
青海	103.3223	2	102.6336	2	101.5950	2	100.8950	2	100.1516	2
宁夏	110.0873	4	109.0150	4	107.3360	4	105.4700	3	104.8975	3
新疆	118.1084	7	117.5626	7	115.7240	6	115.1940	6	114.8002	6

表 6-6　中国工业化进程系数及排名

地区	2009 年		2007 年		2005 年		2003 年		2001 年	
	系数	排名	系数	排名	系数	排名	系数	排名	系数	排名
北京	30.8265	15	30.3479	14	29.6460	16	23.9221	13	23.3187	12
天津	32.1978	24	31.4813	22	30.7757	24	24.3607	17	24.2877	19
河北	31.7840	19	31.6923	24	31.0328	26	25.8249	26	25.2368	24
山西	32.2512	25	32.2468	25	30.5053	21	24.7790	19	24.2796	18
内蒙古	31.8690	23	30.6847	17	27.9382	10	22.3539	8	22.3438	9
辽宁	31.8399	21	31.5981	23	30.7482	22	25.6853	25	25.3225	25
吉林	29.9869	10	29.7849	11	28.2635	11	23.6315	12	23.3899	13
黑龙江	31.0976	16	31.0566	20	30.1857	20	25.5835	23	25.4405	26
上海	32.2714	26	32.3609	26	31.5882	27	25.6865	24	25.6823	27
江苏	34.2671	29	33.9445	29	32.7700	29	27.5288	29	27.1416	29
浙江	33.2597	28	33.1624	28	32.0622	28	26.9689	28	26.2599	28
安徽	30.6534	13	29.6925	10	28.2950	12	24.2781	16	23.4370	14
福建	31.8482	22	31.4575	21	30.7805	25	25.4220	22	24.8412	20
江西	29.0153	7	28.9617	6	27.5475	8	22.0611	6	21.8036	6
山东	34.5779	31	34.4640	31	33.6057	31	28.3574	31	28.0341	31
河南	32.3671	27	32.3610	27	30.7750	23	25.9053	27	25.0886	23
湖北	31.7851	20	31.0321	19	30.0203	19	25.1431	20	25.0181	22
湖南	30.8228	14	30.3653	15	29.0453	15	24.0327	14	24.0183	16
广东	34.3226	30	34.2801	30	33.0378	30	28.3120	30	27.8238	30
广西	29.3602	8	29.3464	9	27.8285	9	22.9260	10	22.9698	11
海南	24.6960	2	24.2787	2	22.8367	2	17.5119	2	17.3473	2
重庆	29.5321	9	29.2936	8	27.2172	7	22.6218	9	22.3417	8
四川	31.0983	17	30.9997	18	30.0096	18	25.3519	21	25.0086	21
贵州	28.5137	5	27.8743	5	27.2045	6	22.1823	7	22.0745	7
云南	30.0782	11	29.8421	12	28.7374	13	24.2412	15	24.2356	17
西藏	19.3216	1	18.9027	1	16.2458	1	12.2147	1	11.1280	1
陕西	31.3109	18	30.6111	16	29.7504	17	24.3844	18	23.6474	15
甘肃	28.9972	6	28.9618	7	26.7758	5	22.0327	5	20.8155	5
青海	26.8489	3	26.2179	3	24.7876	3	18.1976	3	18.1877	3
宁夏	27.4594	4	26.9365	4	24.8409	4	19.3889	4	19.3118	4
新疆	30.1477	12	29.9955	13	28.9236	14	22.9841	11	22.9697	10

三、农村水贫困与城市化及工业化水平的协调程度和空间差异分析

为进一步量化各地农村水贫困与城市化、工业化水平的空间对应关系并进行

空间差异分析，根据协调度模型[式（6-4）]，分别计算出2000～2009年中国31个省（自治区、直辖市）农村水贫困与城市化、工业化水平的协调度（表6-7、表6-8）。总体来看，在时间层面上，这十年来中国农村水贫困与城市化、工业化发展进程的协调程度呈现波动状良性发展态势；在空间层面上，各地区之间农村水贫困与城市化、工业化进程的协调度则存在明显差异。

表6-7　中国农村水贫困与城市化进程协调程度

地区	2000年	2001年	2002年	2003年	2004年	2005年	2006年	2007年	2008年	2009年
北京	0.7470	0.7470	0.7470	0.8789	0.9903	0.9060	0.9632	0.9060	0.9893	0.9801
天津	0.0490	0.0490	0.0490	0.0490	0.2829	0.2829	0.2829	0.2829	0.3379	0.2829
河北	0.8963	0.8963	0.8663	0.9216	0.9288	0.9911	0.9835	0.9731	0.9849	0.9919
山西	0.3713	0.5180	0.3713	0.5180	0.7056	0.6016	0.6896	0.7901	0.6896	0.8345
内蒙古	0.6896	0.7385	0.7385	0.7901	1.0000	0.9596	0.9216	0.9596	1.0000	0.9955
辽宁	0.3086	0.5397	0.4673	0.4469	0.7470	0.8281	0.6769	0.8090	0.8090	0.8434
吉林	0.9216	0.9216	0.9216	0.9755	0.5625	0.7530	0.7530	0.7530	0.7901	0.5625
黑龙江	0.9216	0.9216	0.9216	0.9017	0.9893	0.9938	0.9596	0.9869	0.9755	0.9869
上海	0.0660	0.0660	0.0660	0.1296	0.7700	0.7700	0.8281	0.7901	0.7901	0.7901
江苏	0.9945	0.9945	0.9898	0.9835	0.9976	0.9976	0.9994	0.9976	0.9994	0.9976
浙江	0.8568	0.8841	0.8841	0.8841	0.9882	0.9973	0.9973	0.9936	0.9936	0.9882
安徽	0.7901	0.7901	0.8869	0.9690	0.9985	0.9985	1.0000	0.9835	0.9835	0.9854
福建	0.9814	0.9814	0.9648	0.9648	0.9814	0.9922	0.9982	0.9869	0.9984	0.9814
江西	0.9973	0.9973	0.9976	0.9862	0.9787	0.9486	0.9814	0.9037	0.9120	0.9546
山东	0.9151	0.9151	0.9151	0.9627	0.9975	0.9975	0.9975	0.9941	0.9975	0.9941
河南	0.9925	0.9991	1.0000	0.9872	0.9992	0.9991	0.9990	0.9991	0.9991	0.9991
湖北	0.9801	0.9801	0.9801	0.9962	0.9989	0.9955	0.9990	0.9801	0.9426	0.9903
湖南	0.9819	0.9950	0.9404	0.9663	0.9663	0.9955	0.9632	0.9404	0.9522	0.9216
广东	0.9948	0.9948	0.9978	0.9948	0.9978	0.9978	0.9948	0.9995	0.9948	0.9978
广西	0.8568	0.7470	0.7683	0.8122	0.9216	0.8122	0.8923	0.8923	0.9133	0.8923
海南	0.9216	0.8568	0.9216	0.7260	0.7901	0.9216	0.9216	0.9216	0.9216	0.9216
重庆	0.7260	0.5625	0.7260	0.8434	0.9931	0.9755	0.9945	0.7901	0.9216	0.9931
四川	0.9495	0.9495	0.9596	0.9495	0.9387	0.9387	0.9387	0.9495	0.9387	0.9387
贵州	0.4935	0.5265	0.5265	0.9835	0.8434	0.7901	0.7901	0.8434	0.9452	0.7901
云南	0.6119	0.5866	0.6385	0.7260	0.5866	0.5397	0.5625	0.5866	0.6119	0.5397
西藏	0.0147	0.0147	0.0147	0.0147	0.0147	0.0147	0.0147	0.0147	0.0147	0.0147
陕西	0.9508	0.8345	0.9508	0.9508	1.0000	1.0000	0.9508	0.9955	0.9962	1.0000
甘肃	0.5901	0.5901	0.5901	0.5625	0.8568	0.8568	0.9216	0.9216	0.9216	0.9216
青海	0.2711	0.2711	0.3541	0.3086	0.1724	0.3541	0.2399	0.4096	0.2711	0.4780
宁夏	0.7056	0.8789	0.8789	0.9216	0.5625	0.4096	0.4096	0.4096	0.4096	0.4096
新疆	0.3898	0.3898	0.4096	0.5323	0.9882	1.0000	0.8281	0.9037	0.9690	0.9690

表6-8　中国农村水贫困与工业化进程协调程度

地区	2000年	2001年	2002年	2003年	2004年	2005年	2006年	2007年	2008年	2009年
北京	0.9835	1.0000	1.0000	0.9898	0.9945	1.0000	0.9854	0.9911	0.9309	0.9835
天津	0.0361	0.0361	0.0440	0.0440	0.2058	0.1561	0.1784	0.1784	0.1667	0.1561
河北	0.8963	0.8963	0.8281	0.8898	0.9288	0.9775	0.9903	0.9731	0.9849	0.9893
山西	0.2601	0.3541	0.2219	0.3302	0.4308	0.3860	0.3086	0.3898	0.2781	0.3898
内蒙古	0.6295	0.6792	0.6792	0.6664	1.0000	0.9835	0.6664	0.9414	0.8166	0.7664
辽宁	0.3086	0.5397	0.4673	0.4673	0.7901	0.9037	0.7431	0.8852	0.9814	0.9452
吉林	0.9452	0.9663	0.9663	1.0000	0.6440	0.9037	0.9387	0.9037	0.9755	0.7901
黑龙江	0.9945	0.9898	0.9755	0.9654	1.0000	0.9869	0.9596	0.9869	0.9638	0.9982
上海	0.0704	0.0660	0.0660	0.1561	0.7700	0.7700	0.8281	0.7901	0.8310	0.7901
江苏	0.9975	0.9975	0.9941	0.9891	0.9994	0.9994	1.0000	0.9994	1.0000	0.9994
浙江	0.8568	0.8841	0.8841	0.8841	0.9882	0.9973	0.9973	0.9936	0.9936	0.9882
安徽	0.9350	0.9077	0.9714	0.9911	0.9006	0.9006	0.8869	0.9216	0.9755	0.9787
福建	0.9387	0.9387	0.8923	0.8721	0.8281	0.8789	0.9638	0.9988	0.9801	0.9037
江西	0.7470	0.7470	0.6664	0.8345	0.7172	0.7260	0.8196	0.4536	0.5901	0.6193
山东	0.8881	0.8881	0.8881	0.9432	0.9905	0.9905	0.9905	0.9847	0.9905	0.9847
河南	0.9925	0.9991	1.0000	1.0000	0.9849	0.9991	0.9872	0.9931	0.9968	0.9872
湖北	0.9801	0.9801	0.9945	0.9835	0.9780	0.9987	0.9801	0.9985	0.9869	1.0000
湖南	0.9133	0.9638	0.8734	0.8281	0.8281	0.9297	0.8472	0.8434	0.8612	0.8090
广东	0.9976	0.9976	0.9994	0.9976	0.9994	0.9994	0.9976	1.0000	0.9976	0.9994
广西	0.8142	0.6983	0.7204	0.7137	0.7260	0.6538	0.6385	0.7056	0.5866	0.6385
海南	0.5625	0.4780	0.5625	0.3541	1.0000	1.0000	1.0000	1.0000	1.0000	1.0000
重庆	0.7901	0.6295	0.7901	0.8434	0.9931	0.9911	0.8434	0.8963	0.9216	0.9931
四川	0.9495	0.9495	0.9714	0.9495	0.9017	0.8789	0.9017	0.8934	0.8789	0.8528
贵州	0.6829	0.7172	0.7172	0.9882	0.8434	0.8789	0.9387	0.8434	0.9882	0.7901
云南	0.9801	0.9555	0.9882	0.9835	0.9133	0.8105	0.7901	0.8122	0.7901	0.7204
西藏	0.0147	0.0147	0.0147	0.0147	0.0147	0.0147	0.0147	0.0147	0.0147	0.0147
陕西	0.7901	0.6664	0.8233	0.7260	0.9326	0.9103	0.7576	0.8963	0.9596	0.9216
甘肃	0.4096	0.4096	0.4096	0.3860	0.9216	0.9755	0.9216	0.8568	0.9755	0.9216
青海	0.4536	0.4536	0.5625	0.5042	0.3086	0.5625	0.4096	0.6295	0.4536	0.7056
宁夏	0.8568	0.9755	0.9755	0.7901	0.4096	0.4096	0.4096	0.4096	0.4096	0.4096
新疆	0.7683	0.6664	0.6896	0.8628	0.9037	0.7056	1.0000	0.9862	0.9077	0.9596

具体来看，城市化和工业化发展增大了城市和工业的用水量，使得区域用水结构发生变化，在用水量接近于可利用水资源总量的情况下，城市用水比例的上升必然导致农业和农村用水比例不断下降，而工业和城市的用水效率远远高于农业和农村，因此，合理的用水结构优化方向应该是顺应城市化、工业化的发展趋势，通过调整农业结构和产业结构，进而适度调整用水结构，适当压缩农业和农

村用水，提高工业和城市用水比例，降低城市化、工业化进程中水资源利用的生态风险。与此同时要发展高效农业，在指导思想上要坚决贯彻优先发展农业的方针，实施科教兴农的战略，真正把高效农业放在首位，抑制低产、高耗的传统农业发展模式，采取农户联合承包经营等多种形式，逐步实现专业化生产、规模化经营、一体化运销的产业化模式，发展高产、优质、低耗、高效农业，大力推广滴灌等节水灌溉技术，提高水资源的利用率和经济效益，从而在保持农业大区地位的同时，减少农业大量水资源消耗，以及由此引起的生态植被破坏和土地盐渍化、沙漠化，降低农业经济发展生态风险，有效缓解农村地区水贫困问题。城市化、工业化的发展有利于水资源的优化配置，同时还为缓解地区水贫困创造了有利条件，随着城市化、工业化进程的推进，城市与农村、工业与农业、经济发展与生态环境保护将向着和谐共处、良性循环的方向发展。另外，在城市化、工业化发展过程中科学技术发挥着重要作用。技术进步不仅是指先进技术（如滴灌技术）的推广，还包括生产理念的革新、生产工艺的改进、技术设备的完善等，在其影响下，用水定额、万元产值耗水量、污染物排放量等都会显著下降。显然，技术进步因素可以有效地减少水资源的消耗和浪费，同时意味着城市化、工业化发展对水资源环境的污染和破坏减少、对水资源的回收利用增多，通过水资源循环利用缓解地区水贫困状况。

根据表 6-1 中协调度的划分标准，基于十年均值及有序聚类考虑[15]，将中国 31 个省（自治区、直辖市）分为农村水贫困与城市化、工业化进程的优度协调地区、良好协调地区、中度协调地区、勉强协调地区、失调地区、中度失调地区和严重失调地区（图 6-3、图 6-4）。

（一）农村水贫困、城市化协调度的空间差异分析

（1）优度协调地区中，海南、广东、江苏、福建、浙江位于东南沿海地区，作为改革开放的前沿地区，经济发展水平极高，水系发达，气候湿润，水资源条件优越，为地区城市化进程的推进提供了有力支撑，但要提高水资源利用效率及节水意识。北京、河北、山东人口密度较大，社会经济发展水平较高，城市化发展迅速，水资源条件虽然较差，但在较强的社会适应性能力下，通过基础设施建设、提高水资源利用效率和使用能力，能够维系正常的国民经济生产和人民生活需求，水贫困程度相对较低，但河北、山东较北京来看，在经济水平上还存在差距。陕西、内蒙古、黑龙江、安徽、四川、湖南、江西、湖北和河南的城市化水平大致处于中国中等水平，属于发展动力由东部沿海发达地区向内地辐射的扩散区，社会适应性能力一般，水资源承受压力相对较小，生态环境虽未受到严重破坏，但由于农业占国民生产比例较大，且农业生产方式粗放，用水效率低，水贫困水平多为中等偏差。

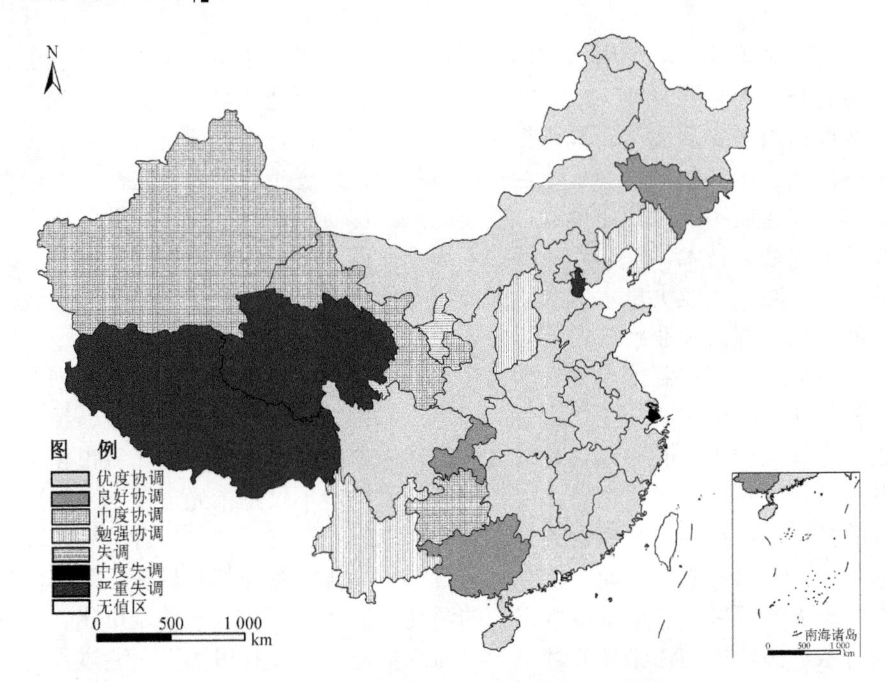

图 6-3　中国农村水贫困与城市化协调度空间格局

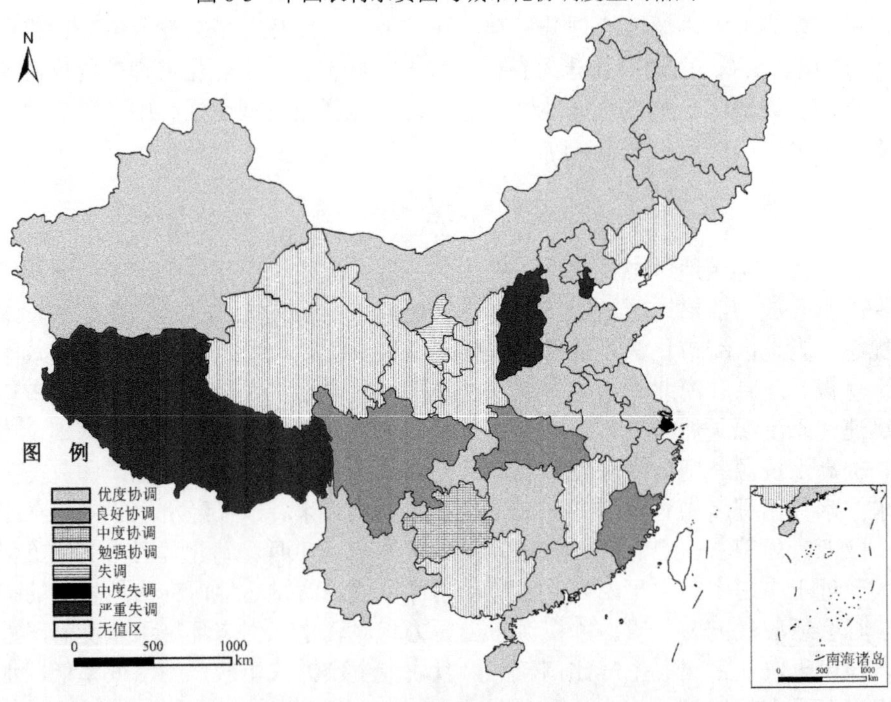

图 6-4　中国农村水贫困与工业化协调度空间格局

（2）良好协调的地区中，吉林、重庆的水贫困程度比广西严重。吉林位于东北地区，水热条件较好，但是由于长期农业生产过程中的粗放经营，西部湿地锐减、河流污染与干涸问题严重，地下水超采与污染现象凸显，重庆地处西南，属亚热带湿润气候，自然地形以山地丘陵为主，存在水土流失现象，且作为地区经济发展重心，城市化水平相对较高，周边农村水资源的使用不仅要进行农业生产及农村居民生活用水，更重要的是要为城镇发展提供支持。而广西位于中国南方地区，高温多雨，毗邻许多大江大河以及淡水湖泊，水热条件较好，利于农业生产的发展，水贫困程度较低。总体来看，这三个中西部地区社会发展的适应能力及城市化进程均不及东部沿海地区，随着西部大开发等一系列倾斜政策的指导及资金、技术投入的不断加大，城市化进程将不断推进。

（3）中度协调地区的水贫困程度均较为严重，城市化水平不高。新疆气候干旱、地广人稀，水资源条件极差，以依靠灌溉的绿洲农业和荒漠放牧业为主要农业生产方式，城市化发展水平较为落后且不平衡。贵州以喀斯特地形为主，水土流失严重，水资源自然条件存在劣势。甘肃位于中国干旱、半干旱地区，水资源条件差。但在改革开放、西部大开发的大背景下，这三个地区近年来城市化有所发展。

（4）勉强协调的地区中，山西的水贫困严峻，作为能源大省，同时作为中部崛起战略的重点省份，虽然城市化水平落后于东部地区，却依然成为支撑全国各项社会经济事业发展的能源基地。辽宁位于东北地区，水资源比较丰富，农业较发达，但由于大面积扩大耕地导致自然生态环境遭到破坏，水贫困程度呈现恶化趋势，城市化水平在全国范围来看位于前列，社会经济、教科文卫事业发展良好，居民生活水平较高。云南位于中国南方地区，水热条件较好，虽在经济方面存在劣势，但近年来国家及地方在农业及旅游方面，通过科学技术及政策、资金的不断投入，使其城市化进程不断推进。

（5）失调地区中，宁夏位于中国西部地区，春旱严重，夏雨集中，水资源条件较差，在改革开放、西部大开发的大背景下，城市化有所发展，水贫困进一步恶化。

（6）中度失调地区上海位于长江三角洲地区，气候湿润，水资源自然条件较好，作为中国经济发展的前沿地区，城市化进程不断推进，人口数量日益增长，导致城市用水及居民生活用水日益激增。

（7）严重失调地区中，天津的水贫困程度要高于其他两省份，西藏最低；在城市化方面，西藏、青海的城市化水平极低，天津极高。具体来看，青海、西藏均位于青藏高原地区，地势高、气温低的自然特点致使大部分地区热量不足，气温日较差大，水资源利用难度大，作为中国大江大河的发源地，保护生态平衡的任务艰巨，近年来随着生态保护理念的不断深入以及旅游业的兴起，城市化进程有所推进。天津位于环渤海地区经济中心，是我国北方重要的沿海开放城市，社会经济发展速度快，城市化水平较高。农村水贫困和城市化发展严重失调的主要原因：一方面，受产业结构调整的影响，农业用水量减少；另一方面，污水排放、海水入侵等带来的水环境恶化问题也加剧了农村水贫困。

（二）农村水贫困、工业化协调度的空间差异分析

（1）优度协调地区中，海南、浙江、河北、山东、北京、江苏、广东作为改革开放前沿地区，工业化发达，相对较好的水资源条件使得工业化发展对水资源产生的压力较小，成为中国东部工业化与水贫困双优型协调地区，但在发展过程中需要提高水资源利用效率，增强节水意识。吉林、内蒙古、河南、湖南、安徽近年来工业化发展突出。吉林作为东北老工业基地，随着政府政策倾斜以及资金、技术的不断投入，工业产值不断增长。内蒙古作为中国的能源地区，煤炭、钢铁产业发展突出，成为全国重要的工业地区及能源输出地区。河南、湖南、安徽在中部崛起的战略指导下，以农业为基础，强化农产品深加工理念，拓宽食品加工渠道，出现了一批以双汇、科迪为代表的大型企业，成为带动区域工业化发展的领头羊。新疆、重庆和云南位于中国西部地区，近年来工业化进程不断推进，新疆拥有丰富的石油、天然气资源，成为国家能源工业领域的重要支撑，同时风能、太阳能等新能源工业的崛起也使得当地工业化水平不断提高。重庆、云南位于中国西南地区，制造业、有色金属冶炼、烟草业、酿酒业发展突出，且基于良好的自然环境，旅游业较为发达。

（2）良好协调地区的气候条件优越，水系较为发达，水资源条件较好，水贫困程度相对较低。福建作为中国东部沿海地区，在海洋水产加工业和制造业方面比较突出；湖北位于中国中部地区，虽在全国范围内工业化水平发展有限，但是近年来随着国家政策的不断倾斜，结合本省实际情况，不断拓宽新领域，工业产值明显提高。四川的工业化发展水平在该地区相对较高。

（3）中度协调地区贵州气候条件优越，水资源条件相对较好，煤炭、有色金属冶炼、酿酒产业较为突出，但就全国范围来看，工业化仍处于劣势。

（4）勉强协调地区中，除辽宁之外其他地区均为中国经济发展较为落后的地区。辽宁作为东北老工业基地的重要组成部分，在钢铁、煤炭、机械制造等方面具有优势，但由于大面积扩大耕地，自然生态环境遭到破坏，水贫困程度不断加深。随着西部大开发、中部崛起等一系列国家政策的出台，青海、江西、广西、陕西、甘肃结合自身资源环境特点，工业得到进一步发展，但也导致水贫困状况不容乐观。

（5）失调地区中，宁夏位于中国西北干旱、半干旱地区，水资源条件较差，

且工业化水平较全国来看处于下游，水贫困与经济贫困的双重压力导致该地区工农业生产发展和居民生活水平亟待改善。

（6）中度失调地区上海，工业发达，主要以轻纺、重工业、冶金、石油化工、机械、电子工业为主，其他还有汽车、航空、航天等工业，社会经济及工业化的飞速发展均需要大量的水资源予以支撑，加之人口密度大，淡水资源缺乏问题凸显。

（7）严重失调的地区中，西藏的水能资源和矿产资源较为丰富，但从生态环保角度看，作为中国众多大江大河源头，又是南亚、东南亚地区的“生态源”，也是中国乃至东半球气候“调节区”，应以维持原生态任务为关键。天津作为中国的重要城市，人口密度大，近年来不断加大产业结构调整力度，工业化发展进程加快，但是由于海河流域水量、水质状况的恶化及地下水的过度开采，其水贫困问题日趋严峻。山西作为能源大省，为中国整个工业的飞速发展做出了重大贡献，加之自身资源条件所限，水贫困程度加深。

第四节　调控对策

考虑到城市化、工业化的快速发展，本质上还是要求农村和城市、工农业与生活的用水保障程度越高越好。而在水资源开发利用接近或超过水资源承载力的地区，城市与农业用水的增加除了受供水条件的限制以外，还受到水资源总量的“瓶颈”约束，即地区水贫困程度加剧现状的约束。在水资源承载力不超载的发展阶段，突破缺水地区城市化、工业化进程中的水资源约束，最直接的办法就是提高区域供水能力、增加社会经济用水量。而在区域供水能力发挥到极限以后，首先要寻找区域系统内部各要素对水资源系统的支持，一般采取经济、法律、行政、政策等各种手段，强化节水技术，转变经济增长方式和城市化模式，转变用水观念，强化水资源需求管理，建立节水型社会，通过提高区域水资源的利用效率，保证区域在城市化、工业化快速发展的情况下，水资源需求仍然不超过水资源承载力。由于部分地区水资源开发利用已超过极限，单纯依靠区域系统内部的力量扭转水资源对城市化和工业化发展的严重约束已不现实，此时必须依靠区域系统的外部力量，主要包括区外调水、虚拟水贸易和水移民等。通过集聚区域内外各种力量，缓解区域水贫困现状，最终实现城市化、工业化发展与资源环境、社会经济的可持续发展。综上考虑，提出以下对策建议：

（一）建立中国农村水资源援助战略，完善水权制度，提高水资源利用率

水是支撑人们生活和生产的必要资源，要转变在中国水资源配置理念中“重工轻农”“重城市轻农村”的错误思想，建设以提高水效率和生产效率为中心的节水高效型农业，走新型工业化道路，优化城市化发展格局。农村水资源援助战略是通过建立高效水资源管理制度来提高在农业生产领域水资源的利用效率，要在加大资金投入和提高政府重视程度的同时更多地借鉴和学习国际经验，不同政府部门、用水户组织和利益相关者之间的协调与合作，需要政府发挥强有力的领导作用，特别是政府职能分配及职能效益发挥需要加强同国际相关组织的合作与交流[16]。

（二）加强水资源生态保护与管理

首先，要贯彻“保护与开发并重”原则，一方面控制水环境质量，另一方面结合国家主体功能区规划，根据水生态要求，对主要河流与河段划定禁止开发区和限制开发区，对江河源头区、重要水源地、渔业水域及珍稀濒危水生野生动物密集分布区、天然湿地与河口区等进行有效保护[17]；其次，完善中国生态补偿机制，按照“谁开发谁保护、谁破坏谁恢复、谁受益谁补偿、谁排污谁付费”的原则，防治点源和面源污染；最后，要将水生态修复工程纳入国家生态建设工程计划，并在法律法规层面予以保障和支持。

（三）城市化、工业化发展与水资源保护需协调进行

中国城市规划、基础设施建设与工业和水资源条件的发展不平衡状况凸显，已成为妨碍国民经济健康发展的主要原因之一，要逐步建立起新型工业化与城市化良性互动有效机制，提升水资源利用与保护能力，走新型工业化道路[18]，从根本上消除传统工业化在经济发展和环境保护方面带来的负效应，走出一条科技含量高、经济效益好、资源消耗低、环境污染少、人力资源优势得到充分发挥的路子[19]。

（四）大力推行生态经济型水利模式

发达国家和中国东部发达地区工业化和城市化发展的实践证明，“先污染后治理”的发展模式需要付出惨重代价[20]，因此在水资源开发利用的各个环节，必须始终贯穿对水污染的防治和对生态环境的保护，提高工业用水循环率。同时，规划建设产业生态链，将整个区域纳入统一协调的资源循环体系中，通过中水回用系统，节约大量日常用水，缓解供需矛盾，在生产的同时实现水资源“绿色”消

费。尊重自然界水循环规律，通过经济、立法、工程技术等手段调整水的时空分布和利用，维护水资源的自然循环系统，实现永续利用[21]。

参考文献

[1] Portnov B A, Safirel U N. Combating desertication in the Negev: dryland urbanization. Journal of Arid Environments, 2004, 56(1): 659-680.

[2] 钱正英. 中国水资源战略研究中几个问题的认识.河海大学学报（自然科学版）, 2001, 29(3): 1-7.

[3] 龙爱华, 徐中民. 河西走廊绿洲城市化及可持续对策. 中国人口·资源与环境, 2002, 12(5): 57-59.

[4] Takahasi Y, Uitto J I. Evolution of river management in Japan: from focus on economic benefits to a comprehensive view. Global Environmental Change, 2004, (14): 63-70.

[5] Salman M A. Inter-states water disputes in India: an analysis of the settlement process. Water Policy, 2002, 4(3): 223-237.

[6] Al-Kharabshed A, Taany R. Influence of urbanization on water quality deterioration during drought periods at South Jordan. Journal of Arid Environments, 2003, 53(4): 619-630.

[7] Klocking B, Haberlandt U. Impact of land use changes on water dynamics. Physics and Chemistry of the Earth, 2002, (27): 619-626.

[8] Carter N, Kreutzwiser R D, de Loë R C. Closing the circle: linking land use planning and water management at the local level. Land Use Policy, 2005, (22): 115-127.

[9] 邵薇薇, 杨大文. 水贫乏指数的概念及其在中国主要流域的初步应用. 水利学报, 2007, 38(7): 866-872.

[10] 李娜, 孙才志, 范斐. 辽宁沿海经济带城市化与水资源耦合关系分析. 地域研究与开发, 2010, 29(4): 47-51.

[11] 方创林. 黑河流域水-生态-经济发展耦合模型及应用. 地理学报, 2004, 59(5): 781-790.

[12] 乔标, 方创琳, 李铭. 干旱区城市化与生态环境交互胁迫过程研究进展及展望. 地理科学进展, 2005, 24(6): 31-41.

[13] 高桂芝, 刘俊良, 田志勇, 等. 城市水资源利用与城市化的关系. 中国给水排水, 2002, 18(2): 32-34.

[14] 杨士弘. 广州城市环境与经济协调发展预测及调控研究, 地理科学, 1994, 14(2): 136-143.

[15] 李慧赟, 张弛, 王本德, 等. 基于模糊聚类的丰满上游流域降雨径流变化趋势分析. 水文, 2009, 29(3): 28-31.

[16] 世界银行东亚及太平洋地区. 中国水资源援助战略. 北京: 中国水利水电出版社, 2004.

[17] 刘友金, 胡黎明, 赵瑞霞. 创意产业与城市发展的互动关系及其耦合演化过程研究. 中国软科学, 2009, (1): 151-158.

[18] 王婧, 方创林. 中国城市群发育的新型驱动力研究地理研究, 2011, 30(2): 335-347.

[19] 方创林, 刘晓丽, 鲍超, 等. 中国城市化进程及资源环境保障报告. 北京: 科学出版社. 2009.

[20] 方创林, 刘海燕. 快速城市化进程中的区域剥夺行为及调控路径. 地理学报, 2007, 62(8): 849-860.

[21] 方创琳, 鲍超, 乔标. 城市化过程与生态环境效应. 北京: 科学出版社, 2008.

第七章　中国水贫困研究

在 Lawrence 等对 147 个国家进行的水贫困评价与比较中，中国得分 51.1 分，位居第 106 位[1]。虽然指标选取和加权方法与本书有所不同，也能够反映出中国的水贫困水平在世界上是比较严重的。但是，中国各省（自治区、直辖市）的自然水资源状况、经济和社会发展水平差距较大，区域性较强，且随时间发展有不同程度的变化，这是国别比较结果所不能体现出来的。鉴于此，需要对中国水贫困的空间集聚情况、不同省（自治区、直辖市）水贫困差距的大小、区域组间差异和组内差异各自的变动方向和变动幅度进行进一步的考察和揭示。因此，本章运用空间自相关分析、基尼系数和锡尔指数方法对中国水贫困的评价结果进行时空分异及演变特征分析。

第一节　全国水资源概况

中国是一个干旱缺水严重的国家。中国的淡水资源总量为 28 000 亿 m^3，占全球水资源的 6%，仅次于巴西、俄罗斯和加拿大，名列世界第四位。但是，中国的人均水资源量不足世界平均水平的 1/4，是全球人均水资源较贫乏的国家之一。然而，中国又是世界上用水量较多的国家，根据《中国水资源公报》（2014）统计，1997 年以来全国总用水量和用水消耗总量总体上均呈缓慢上升趋势。2014 年，中国淡水抽取量为 554.1m^3，人均可再生淡水资源为 2062m^3，其中人均可再生淡水资源仅占美国的 23.3%。中国土地面积 960 万 km^2，多年平均年降水总量约 6 万亿 m^3，折合年降水深为 628mm，比亚洲平均年降水深少 114mm。根据 1956～1979 年同期年径流资料分析计算，全国河川年径流量的多年平均值为 27 120 亿 m^3，中等干旱年（4 年一遇）为 24 530 亿 m^3，严重干旱年（20 年一遇）为 22 420 亿 m^3。全国地下水矿化度小于 2g/L 的淡水区面积（不包括沙漠面积）约 860 万 km^2，多年平均地下水年补给量为 8250 亿 m^3。由于地表水和地下水在一定条件下互相转化，河川径流中包括很大部分地下水排泄量，动态地下水也有一部分由河川径流所补给，不能将河川径流量与地下水补给量相加作为水资源总量，应扣除两者之间相互转化的重复水量。根据 1985 年《中国水资源评价》的资料可知，这项重复水量达 7320 亿 m^3，全国多年平均水资源总量为 28 041 亿 m^3。中国河川径流总量与世界各国比较，仅次于巴西、俄罗斯、加拿大、美国、印度尼西亚五国，居世界第六位。按人口平均每人占有年径流量 2670m^3，相当于世界平均数的 1/4；按耕地平均每亩占有年径流量 1800m^3，约相当于世界平均数的 2/3。

中国位于太平洋西岸，地域辽阔，地形复杂，大陆性季风气候非常显著，因而形成水资源地区分布不均和时程变化的两大特点。降水量从东南沿海向西北内陆递减，依次可划分为多雨、湿润、半湿润、半干旱、干旱五种地带。降水量的地区分布很不均匀，造成了全国水土资源不平衡现象，长江流域和长江以南耕地只占全国的 36%，而水资源量却占全国的 80%；黄、淮、海三大流域，水资源量只占全国的 8%，而耕地却占全国的 40%，水土资源相差悬殊。降水量和径流量的年内、年际变化很大，并有少水年或多水年连续出现。全国大部分地区冬春少雨、夏秋多雨，东南沿海各省，雨季较长较早。降水量最集中的为黄淮海平原的山前地区，汛期多以暴雨形式出现，有的年份一天大暴雨超过了多年平均年降水量。降水量的年际变化，北方大于南方，黄河和松花江在近 70 年中出现过连续 11～13 年的枯水期，也出现过连续 7～9 年的丰水期。有的年份发生北旱南涝，另外一些年份又出现北涝南旱。上述水资源特点是造成中国水旱灾害频繁、农业生产不稳定的主要原因。

依据《中国水资源公报》（2014）数据：2014 年，全国平均降水量 622.3mm，与常年值基本持平。从水资源分区看，松花江区、辽河区、海河区、黄河区、淮河区、西北诸河区 6 个水资源一级区（以下简称北方 6 区）平均降水量为 316.9mm，比常年值偏少 3.4%；长江区（含太湖流域）、东南诸河区、珠江区、西南诸河区 4 个水资源一级区（以下简称南方 4 区）平均降水量为 1205.3mm，与常年值基本持平。从行政分区看，东部 11 个省级行政区（以下简称东部地区）平均降水量 1045.8mm，比常年值偏少 5.4%；中部 8 个省级行政区（以下简称中部地区）平均降水量 925.4mm，比常年值偏多 1.1%；西部 12 个省级行政区（以下简称西部地区）平均降水量 501.0mm，与常年值基本持平。全国地表水资源量 26 263.9 亿 m^3，折合年径流深 277.4mm，比常年值偏少 1.7%。从水资源分区看，北方 6 区地表水资源量为 3810.8 亿 m^3，折合年径流深 62.9mm，比常年值偏少 13.0%；南方 4 区为 22 453.1 亿 m^3，折合年径流深 657.9mm，比常年值偏多 0.6%。从行政分区看，东部地区地表水资源量 5022.9 亿 m^3，折合年径流深 471.3mm，比常年值偏少 3.1%；中部地区地表水资源量 6311.6 亿 m^3，折合年径流深 378.3mm，与常年值基本持平；西部地区地表水资源量 14 929.4 亿 m^3，折合年径流深 221.7mm，比常年值偏少 1.9%。

2014 年，从中国境外流入中国境内的水量 187.0 亿 m^3，从中国流出国境的水量 5386.9 亿 m^3，流入界河的水量 1217.8 亿 m^3；全国入海水量 16 329.7 亿 m^3。

全国矿化度小于等于 2g/L 地区的地下水资源量 7745.0 亿 m^3，比常年值偏少

4.0%。其中，平原区地下水资源量 1616.5 亿 m^3；山丘区浅地下水资源量 6407.8 亿 m^3；平原区与山丘区之间的地下水资源重复计算量 279.3 亿 m^3。中国北方 6 区平原浅层地下水计算面积占全国平原区面积的 91%，2014 年地下水总补给量 1370.3 亿 m^3，是北方地区的重要供水水源。在北方 6 区平原地下水总补给量中，降水入渗补给量、地表水体入渗补给量、山前侧渗补给量和井灌回归补给量分别占 50.4%、35.8%、8.1%和 5.7%。

2014 年，全国总供水量 6095 亿 m^3，占当年水资源总量的 22.4%。其中，地表水源供水量 4921 亿 m^3，占总供水量的 80.8%；地下水源供水量 1117 亿 m^3，占总供水量的 18.3%；其他水源供水量 57 亿 m^3，占总供水量的 0.9%。在地表水源供水量中，蓄水工程供水量占 32.7%，引水工程供水量占 32.1%，提水工程供水量占 31.3%，水资源一级区调水量占 3.9%。在地下水供水量中，浅层地下水占 85.8%，深层承压水占 13.9%，微咸水占 0.3%。在其他水源供水量中，主要为污水处理回用量和集雨工程利用量，分别占 80.9%和 15.3%。南方 4 区供水量 3314.7 亿 m^3，占全国总供水量的 54.4%；北方 6 区供水量 2780.2 亿 m^3，占全国总供水量的 45.6%。南方省份地表水供水量占其总供水量比例均在 86%以上，而北方省份地下水供水量则占有相当大的比例，其中，河北、河南、北京、山西和内蒙古 5 个省（自治区、直辖市）地下水供水量占总供水量一半以上。全国海水直接利用量 714 亿 m^3，主要作为火（核）电的冷却用水。海水直接利用量较多的为广东、浙江、福建、江苏和山东，分别为 286.7 亿 m^3、155.3 亿 m^3、58.4 亿 m^3、56.3 亿 m^3 和 55.7 亿 m^3，其余沿海省份大都也有一定数量的海水直接利用量。

2014 年，全国总用水量 6095 亿 m^3。其中，生活用水占总用水量的 12.6%；工业用水占 22.2%；农业用水占 63.5%；生态环境补水（仅包括人为措施供给的城镇环境用水和部分河湖、湿地补水）占 1.7%。按水资源分区统计，南方 4 区用水量 3314.7 亿 m^3，占全国总用水量的 54.4%，其中，生活用水、工业用水、农业用水、生态环境补水分别占全国同类用水的 66.2%、75.9%、45.0%、35.0%；北方 6 区用水量 2780.2 亿 m^3，占全国总用水量的 45.6%，其中，生活用水、工业用水、农业用水、生态环境补水分别占全国同类用水的 33.8%、24.1%、55.0%、65.0%。按东、中、西部地区统计，用水量分别为 2194.0 亿 m^3、1929.9 亿 m^3、1971.0 亿 m^3，相应占全国总用水量的 36.0%、31.7%、32.3%。生活用水比例东部高、中部及西部低，工业用水比例东部及中部高、西部低，农业用水比例东部及中部低、西部高，生态环境补水比例基本一致。

2014 年，全国用水消耗总量 3222 亿 m^3，耗水率（消耗总量占用水总量的比例）53%。各类用户耗水率差别较大，农业为 65%；工业为 23%；生活为 43%；生态环境补水为 81%。废污水排放量指工业、第三产业和城镇居民生活等用水户排放的水量，但不包括火电直流冷却水排放量和矿坑排水量。2014 年全国废污水排放总量 771 亿 t。

2014 年，全国人均综合用水量 447m^3，万元国内生产总值（当年价）用水量 96m^3。耕地实际灌溉亩均用水量 402m^3，农田灌溉水有效利用系数 0.530，万元工业增加值（当年价）用水量 59.5m^3，城镇人均生活用水量（含公共用水）213L/d，农村居民人均生活用水量 81L/d。按东、中、西部地区统计分析，人均综合用水量分别为 389m^3、451m^3、537m^3；万元国内生产总值用水量差别较大，分别为 58m^3、115m^3、143m^3，西部比东部高近 1.5 倍；耕地实际灌溉亩均用水量分别为 363m^3、357m^3、504m^3；万元工业增加值用水量分别 41.9m^3、64.1m^3、47.9m^3。

第二节 指标体系的建立与数据来源

将水贫困指数体系运用到中国，就要更多地考虑中国的特殊情况。在水资源综合管理和社会适应性能力理论的基础上，遵循全面性、特殊性、易获得性、可比性和可操作性原则，本节对原有水贫困指标体系做了一系列调整。

首先，水设施不仅仅包括对农业灌溉、生活用水的供水设施，还应该考虑排水、污水处理的设施水平，本节将原有指标体系中供水设施子系统的评价范围扩大到供水和污水处理两个方面。

其次，各部门用水造成了水资源使用的压力，而提高用水效率有助于减小压力。因此，将使用效率子系统的考虑范围扩大，综合评价水资源的使用情况，将其分为用水压力及区域抗逆两部分。

最后，适当添加反映利用能力的政府调控能力、人民经济能力和科技水平，以及添加反映环境状况的环境治理保护等方面的指标，将原有的指标体系加以充实。修改后的水贫困指标体系见表 7-1。

表 7-1 水贫困评价指标体系

目标层	准则层	评价指标及单位	主观权重	客观权重	综合权重
资源	资源禀赋	人均水资源量/m^3	0.250	0.382	0.278
		地表径流深/mm	0.250	0.526	0.552
	资源组合	资源组合压力/%	0.500	0.092	0.170
设施	农业	节水灌溉率/%	0.333	0.210	0.299
	工业	工业废水处理达标率/%	0.333	0.280	0.242
	城市生活	城市用水普及率/%	0.250	0.257	0.201
		人均排水管道长度/m	0.084	0.252	0.258

续表

目标层	准则层	评价指标及单位	主观权重	客观权重	综合权重
能力	政府调控	财政自给率/%	0.083	0.036	0.037
		政府消费支出占 GDP 比例/%	0.083	0.119	0.118
		“三同时”执行力度/%	0.083	0.005	0.025
	教育	文盲率/%	0.063	0.007	0.021
		万人拥有在校大学生数/人	0.063	0.137	0.074
	科技	科技市场成交额占 GDP 比例/%	0.050	0.319	0.353
		科技事业费、科技三费占财政支出比例/%	0.075	0.063	0.065
	人民生活	恩格尔系数/%	0.120	0.018	0.040
		基尼系数/%	0.120	0.020	0.043
	经济水平	污染治理投资占 GDP 比例/%	0.120	0.124	0.108
		人均 GDP/元	0.120	0.150	0.117
使用	压力	经济增长率/%	0.100	0.011	0.052
		水资源开发利用强度/%	0.100	0.015	0.042
		农业用水比例/%	0.100	0.136	0.129
		农田实灌亩均用水量/m^3	0.100	0.095	0.109
		万元 GDP 用水量/m^3	0.100	0.021	0.046
		人均日生活用水量/m^3	0.100	0.066	0.069
	提高效率	万元 GDP 用水降低率/%	0.133	0.174	0.190
		万元工业增加值废水排放降低率/%	0.133	0.254	0.242
		工业用水重复利用率/%	0.134	0.229	0.121
环境	生态环境	沙化面积比例/%	0.083	0.035	0.044
		水旱灾面积比例/%	0.083	0.015	0.041
		水开发强度/%	0.042	0.009	0.025
		生态需水/mm	0.042	0.221	0.151
		水质	0.083	0.067	0.065
	污染	化肥施用强度/kg	0.083	0.025	0.048
		农药使用强度/ kg	0.083	0.023	0.044
		径污比/%	0.056	0.013	0.030
		单位径流量化学需氧量/g	0.056	0.003	0.026
		单位径流量氨氮量/g	0.056	0.003	0.026
	治理保护	保护区面积比例/%	0.111	0.170	0.184
		水土流失治理增长速度/%	0.111	0.006	0.071
		城市园林绿化面积比例/%	0.111	0.412	0.245

注：地表径流深、水质和城市人均日生活用水量为根据 1997~2008 年《中国水资源公报》数据计算整理所得，其他指标数据来自 1998～2009 年《中国统计年鉴》《中国环境统计年鉴》和各省（自治区、直辖市）统计年鉴或经整理所得；资源组合压力指标为水资源总量与人口、GDP、煤炭储量和耕地面积的组合压力

本章所建立水贫困评价指标体系共包括人均水资源量、节水灌溉率、人均GDP等41个指标，横向覆盖中国31个省（自治区、直辖市），纵向覆盖1997～2008年共12个年份，所用数据均来自1997～2008年《中国水资源公报》、1998～2009年《中国统计年鉴》《中国城市统计年鉴》和《中国环境统计年鉴》。

第三节　中国水贫困的研究方法

现有文献对水贫困各子系统内部指标多采用均权法进行加权，这种方法不能反映不同指标对水贫困贡献程度互不相同的现实。目前常用的权重确定方法为以下两种：等权重和非等权重。下面主要介绍具体的方法。

一、主、客观综合赋权法

目前，常见的指标权重确定方法有主观法和客观法两种。层次分析法是比较有代表性的一种主观赋权法，它依赖于专家经验和已有知识来确定指标的重要程度，不同的赋权人得到的权重也不尽相同，主观性强[2,3]；而客观赋权法中的熵值法则通过调查数据计算，根据指标的统计性质确定哪些指标的变动更能影响总体评价，但它不能依理论上各指标的重要程度赋予不同的权值[4,5]。

为了分清不同指标对水贫困的重要程度，取层次分析法吸取专家经验和熵值法利用统计特征之长，克服单独使用主观或客观赋权法之短，使指标的赋权值主客观统一，进而使评价客观、真实、有效，应该将两种赋权法有机地结合起来。本节采用综合赋值模型，即运用层次分析法和熵值法共同确定满足主客观条件的指标的综合权重，并保证各子系统内部权重之和为1。

由层次分析法确定的指标主观权重向量为

$$\omega=\left(\omega_1,\omega_2,\cdots,\omega_m\right)^{\mathrm{T}} \tag{7-1}$$

利用熵值法确定的客观权重向量为

$$\mu=\left(\mu_1,\mu_2,\cdots,\mu_m\right)^{\mathrm{T}} \tag{7-2}$$

设各项指标的综合权重为$W=\left(w_1,w_2,\cdots,w_n\right)^{\mathrm{T}}$，标准化后的决策矩阵为$Z=\left(z_{ij}\right)_{n\times m}$。所有方案指标的主客观赋权下的决策结果的偏差越小越好。建立最小二乘法优化决策模型，通过构造拉格朗日函数求解可得

$$W_{m1}=B_{\mathrm{mm}}^{-1}\left[C_{m1}+\frac{1-e_{1m}^{\mathrm{T}}B_{\mathrm{mm}}^{-1}C_{m1}}{e_{1m}^{\mathrm{T}}B_{\mathrm{mm}}^{-1}e_{m1}}e_{m1}\right] \tag{7-3}$$

式中，

$$B_{\mathrm{mm}}=\mathrm{diag}\left[\sum_{i=1}^{n}z_{i1}^{2},\sum_{i=1}^{n}z_{i2}^{2},\cdots,\sum_{i=1}^{n}z_{im}^{2}\right]$$

$$W_{m1}=\left(w_1,w_2,\cdots,w_m\right)^{\mathrm{T}}$$

$$e_{m1}=\left(1,1,\cdots,1\right)^{\mathrm{T}}$$

$$C_{m1}=\left[\sum_{l=1}^{n}\frac{1}{2}(\omega_1+\mu_1)z_{i1}^{2},\sum_{l=1}^{n}\frac{1}{2}(\omega_2+\mu_2)z_{i2}^{2},\cdots,\sum_{l=1}^{n}\frac{1}{2}(\omega_m+\mu_m)z_{im}^{2}\right]^{\mathrm{T}}$$

具体推导过程见参考文献[6]，以求得的综合权重为基础，利用下列公式对各子系统内的指标进行加权：

$$\mathrm{WPI}_i=\frac{\sum_{j=1}^{n_i}w_{ij}x_{ij}}{\sum_{j=1}^{n_i}w_{ij}} \tag{7-4}$$

式中，WPI_i代表第 i 个子系统得分矩阵；x_{ij} 代表第 i 个子系统中的第 j 个指标，$j=1,\cdots,n_i$，其中，n_i代表第 i 个子系统的指标个数；其他指标含义同式（7-1）。依据主客观综合赋权法所得权重见表 7-1。

二、动态层次分析法

动态层次分析法（dynamic analytic hierarchy process，DAHP）在 AHP 模型中考虑时间因素，它的判断矩阵元素是时间的函数[7]，其一般形式为

$$B(t)=\left(b_{ij}(t)\right)_{n\times n} \tag{7-5}$$

式中，$b_{ij}(t)$代表判断矩阵 $B(t)$中第 i 行第 j 列的元素，$b_{ji}(t)=1/b_{ij}(t)$。$b_{ij}(t)$ 的具体形式可以根据实际情况选择常数、线性函数、对数函数、指数函数、抛物线函数、突变函数等，详细可参阅文献[8]。

在经济社会水贫困的概念下，经济和社会系统对水贫困的调节能力是不断提高的，其在水贫困评价中的权重应该不断地提高，而 DAHP 能够有效求解经济和社会调节能力重要性随时间改变而变化的因素权重。文献[1]提出的改进 DAHP 避免了动态判断矩阵难以在所有时间点上都满足一致性条件的缺陷，可以直接求出权重而不必进行一致性检验。本节构造的动态判断矩阵具体形式如下（限于页面宽度，只列出下三角矩阵元素）：

$$B(t)=\begin{bmatrix} 1 & & & & \\ \left[\exp\left(-\frac{t}{3}+1.97\right)+2.87\right]^{-1} & 1 & & & \\ \left[\exp\left(-\frac{t}{3}+2.15\right)+2.87\right]^{-1} & \left[\exp\left(-\frac{t}{3}+1.05\right)+0.95\right]^{-1} & 1 & & \\ \left[\exp\left(-\frac{t}{3}+1.97\right)+3.87\right]^{-1} & \left[\exp\left(-\frac{t}{3}+1.46\right)+0.92\right]^{-1} & \left[\exp\left(-\frac{t}{3}-0.33\right)+1.49\right]^{-1} & 1 & \\ \left[\exp\left(-\frac{t}{3}+1.75\right)+4.90\right]^{-1} & \left[\exp\left(-\frac{t}{3}+1.05\right)+2.95\right]^{-1} & \left[\exp\left(-\frac{t}{3}-0.33\right)+2.49\right]^{-1} & \left[\exp\left(-\frac{t}{3}-0.33\right)+1.49\right]^{-1} & 1 \end{bmatrix}$$

用改进的DAHP得到的动态判断系数对相应年份的5个子系统得分进行加权综合，计算不同时间各地区的水贫困评价得分：

$$\mathrm{WPI}_t=\frac{w_{\mathrm{rt}}R_t+w_{\mathrm{at}}A_t+w_{\mathrm{ct}}C_t+w_{\mathrm{ut}}U_t+w_{\mathrm{et}}E_t}{w_{\mathrm{rt}}+w_{\mathrm{at}}+w_{\mathrm{ct}}+w_{\mathrm{ut}}+w_{\mathrm{et}}} \tag{7-6}$$

式中，WPI_t代表水贫困评价得分矩阵；R_t、A_t、C_t、U_t和E_t分别代表各地区用综合赋权法加权后的资源、设施、能力、使用和环境子系统得分；w_{kt}为利用动态层次分析法所求得的各子系统权重，k取r,a,c,u,e，t指时间，t=1代表1997年，t=12代表2008年。

三、水贫困系统聚类分析

系统聚类分析（hierachical cluster analysis）在聚类分析方法中应用最为广泛。凡是具有数值特征的变量和样本都可以通过选择不同的距离和系统聚类方法而获得满意的数值分类效果。系统聚类分析法就是把个体逐个合并成一些子集，直至整个总体都在一个集合之内。

（一）数据变换处理

由于不同指标（变量）一般都有各自不同的量纲和数量级单位，为了使不同量纲、不同数量级数据能放在一起进行比较，通常需要对数据进行变换处理，以消除不同量纲对分类结果产生的影响。常用的变换方法有如下几种。

1. 中心化变换

中心化变换是一种坐标轴平移处理方法，即先求出每个变量的样本平均值，再从原始数据中减去该变量的均值，得到中心化变换后的数据。即变换的结果使每列数据之和均为0，且每列数据的平方和是该列数据方差的n−1倍，任何不同两列数据的交叉积是两列协方差的n−1倍。其实，这是一种计算方差-协方差变化的方法，方便实用。

2. 极差规格化变换

规格化变换是从数据矩阵的每一个变量中找出其最大和最小值，两者之差称为极差。然后从每一个原始数据中减去该变量中的最小值，再除以极差，即变换后，每列的最大数据变为 1，最小数据变为 0，其余数据取值为 0～1。并且变换后的数据都不再具有量纲，便于不同的变量之间的比较。

3. 标准化变换

标准化变换也是对变量的数值和量纲进行类似于规格化变换的一种数据处理方法。首先是对每个变量进行中心化变换，然后再用该变量的标准差使变量标准化。通过变换处理后，矩阵中每列数据的平均值为 0，方差为 1，并且不再具有量纲，同样也便于不同变量之间的比较。

4. 对数变换

对数变换是将各个原始数据取对数，将原始数据的对数值作为变换后的新值，即其中观察值。对数变换可将具有指数特征的数据结构转化成为线性数据结构。

（二）计算距离系数

研究变量或样本间亲疏程度的数量指标有两种：一种是相似系数，性质越接近的样本相似系数越接近于 1（或-1），而彼此无关的样本之间的相似系数则接近于 0，在进行聚类处理时，比较相似的样本归为一类，不相似的样本归为不同的类；另一种是距离，它是将每一个样本都看成 m 维空间（m 个变量）的一个点，在这 m 维空间中定义距离，距离较近的点归为同一类，距离较远的点归为不同的类。变量之间的聚类即 R 型聚类，常用相似系数来测度变量之间的亲疏程度；而样品之间的聚类即 Q 型聚类，常用距离来测度变量之间的亲疏程度。

1. 欧氏距离

欧氏距离是聚类分析中使用最广泛的距离。其缺点是距离的值与各指标的量纲有关，而各指标计量单位的选择有一定的人为性和随意性。各变量计量单位的不同不仅使此距离的实际意义难以说清，而且，任何一个变量计量单位的改变都会使此距离的数值改变，从而使该距离的数值依赖于各变量计量单位的选择。

2. 距离和相似系数选择的原则

一般来说，同一批数据采用不同的亲疏测度指标，会得到不同的分类结果。其主要原因在于不同的亲疏测度指标所衡量的亲疏程度的实际意义不同，也就是说，不同的亲疏测度指标代表了不同意义上的亲疏程度。因此，在进行聚类分析时，应注意亲疏测度指标的选择。通常在选择亲疏测度指标时，应注意遵循以下基本原则：

（1）所选择的亲疏测度指标在实际应用中应有明确的意义，如在经济变量分析中，常用相关系数表示经济变量之间的亲疏程度。

（2）要综合考虑对样本观测数据已实施的变换方法和将要采用的聚类分析方法，如在标准变换之下，夹角余弦实际上就是相关系数；如果在进行聚类分析之前已经对变量的相关性做了处理，则通常就可采用欧氏距离。此外，所选择的亲疏测度指标，还需和所选用的聚类方法一致，如聚类方法若选用离差平方和法，则距离只能选用欧氏距离。

四、水贫困空间自相关分析

为了考察水贫困程度和其空间位置之间是否存在相关性，以及哪些地区存在高值集聚或低值集聚，本节采用空间自相关分析方法对水贫困评价结果进行分析。空间自相关分析是一系列空间数据分析方法和技术的集合[9]，应用到水贫困评价中，就是以空间关联测度为核心，通过对水贫困现象空间分布格局的描述与可视化，发现水贫困的空间集聚和空间异常，揭示各省（自治区、直辖市）之间的空间相互作用机制。

水贫困空间自相关分析的关键是空间自相关系数的计算，本章采用全局莫兰指数和局部莫兰指数来表征全国 31 个省（自治区、直辖市）水贫困水平的空间分布特征：①全局空间自相关，主要探索水贫困在整个区域的空间分布特征，采用全局莫兰指数来进行度量；②局部空间自相关，用来进一步考虑水贫困是否存在观测值的高值或低值的局部空间集聚，哪个区域单元对于水贫困全局空间自相关的贡献更大，以及在多大程度上水贫困空间自相关的全局评估掩盖了反常的局部状况或小范围的局部不稳定，采用局部莫兰指数来表示。水贫困空间自相关分析的计算公式如下[10]：

$$\text{全局莫兰指数}\ I=\frac{\sum_{i}^{n}\sum_{j\neq i}^{n}w_{ij}\left(x_i-\overline{x}\right)\left(x_j-\overline{x}\right)}{S^2\sum_{i}^{n}\sum_{j\neq i}^{n}w_{ij}} \tag{7-7}$$

$$\text{局部莫兰指数}\ I=z_i\sum_{j=1}^{n}w_{ij}z_j \tag{7-8}$$

式中，x_i、x_j 为地区 i 和地区 j 的水贫困评价得分值；n 为决策单元总数；S^2 是得分值的方差，即 $S^2=\frac{1}{n}\sum_{i=1}^{n}\left(x_i-\overline{x}\right)^2$；$\overline{x}=\frac{1}{n}\sum_{i=1}^{n}x_i$；$w_{ij}$ 为空间权重矩阵（本节所用的确定空间权重的方法为空间邻接标准：如果两个地区相邻，则权重为 1，即 w_{ij}=1；否则为 0）；I 的值一般在−1～1，小于 0 为负相关，等于 0 为不相关，大于 0 为正相关；z_i 和 z_j 分别是地区 i 和地区 j 上水贫困评价得分的标准化值。

五、水贫困基尼系数

基尼系数是 1943 年美国经济学家阿尔伯特·赫希曼根据洛伦茨曲线所定义的判断收入分配公平程度的指标。基尼系数是比例数值，在 0 和 1 之间，是国际上用来综合考察居民内部收入分配差异状况的一个重要分析指标[11,12]。设实际收入分配曲线和收入分配绝对平等曲线之间的面积为 A，实际收入分配曲线右下方的面积为 B。并以 A 除以（$A+B$）的商表示不平等程度[13,14]。这个数值被称为基尼系数或洛伦茨系数。如果 A 为零，基尼系数为零，表示收入分配完全平等；如果 B 为零，则尼基系数为 1，收入分配绝对不平等。收入分配越是趋向平等，洛伦茨曲线的弧度越小，基尼系数也越小；反之，收入分配越是趋向不平等，洛伦茨曲线的弧度越大，那么基尼系数也越大。

国内不少学者对基尼系数的具体计算方法进行了探索，其中一个简便易用的例子是假定一定数量的人口按收入由低到高顺序排队，分为人数相等的 n 组，从第 1 组到第 i 组人口累计收入占全部人口总收入的比例为 w_i，则说明该公式是利用定积分的定义将对洛伦茨曲线的积分（面积 B）分成 n 个等高梯形的面积之和得到的。

中国各省（自治区、直辖市）水贫困的差距较大，丰水地区如东南沿海地区，既有充沛的降水量，经济社会发展水平也较高，而西北地区气候干旱少雨且经济相对滞后，由此可见对水贫困的省际差异大小及变化趋势进行衡量对于认清中国水贫困的地域差别是非常必要的。基尼系数是衡量差异最为常用的指标，开始是用于描述按人口分布所形成的收入平均差距对收入总体期望值偏离的相对程度。将基尼系数引入水贫困评价方法中，将各省（自治区、直辖市）看成均质的个体来量化全国不同地区水贫困差距的大小。基尼系数的取值范围在 0 到 1 之间，基尼系数越大，则表示各地区的水贫困分布越不均衡。基尼系数在 0.2 以下，表示水贫困分布情况“高度平均”或“绝对平均”；0.2～0.3 表示“相对平均”；0.3～0.4 为“比较合理”；0.4～0.5 为“差距偏大”；0.5 以上为“高度不平均”。按照国际惯例以基尼系数 0.4 作为分配贫富差距的“警戒线”[15,16]。本节用来计算基尼系数的公式如下：

$$\text{Gini} = \frac{1}{2n(n-1)\mu}\sum_{j=1}^{n}\sum_{i=1}^{n}\left|y_j - y_i\right| \qquad (7\text{-}9)$$

式中，$i,j = 1,2,\cdots,31$；n 代表所统计的地区个数，在此取 31；$u = \frac{1}{n}\sum_{i-1}^{n} y_i$ 是全国平均水贫困评价得分；y_i 和 y_j 分别是地区 i 和地区 j 的水贫困评价得分。

六、水贫困锡尔指数

锡尔指数最早是由锡尔于 1967 年研究国家之间的收入差距时提出来的。以锡尔指数表示的国家之间的收入差距总水平等于各个国家收入份额与人口份额之比的对数的加权总和，权数为各国的收入份额。在这里只需将国家换成区域，则可用它来研究区域之间的差异。并且，锡尔指数可以直接将区域间的总差异分解为组间差异和组内差异两部分，从而为观察和揭示组间差异和组内差异各自的变动方向和变动幅度，以及各自在总差异中重要性及其影响提供了方便。

锡尔指数因其可以分解为相互独立的组间差异和组内差异而被广泛用于衡量经济发展相对差距。由于其适用于空间差异的地区分解，本节引入该指数来量化水贫困在空间上的差异程度。

为了进一步考察水贫困地区差距形成的机理及内部变化趋势，需要将水贫困空间差异进行地区分解，而锡尔指数可将区域总体差异分解成组内差异和组间差异[17,18]，以考察和揭示区域组间差异和组内差异各自的变动方向和变动幅度，以及各自在区域总体差异中的重要性，因而十分适用于水贫困分析。由于提高社会适应性能力对改善水贫困程度至关重要，而国家政策导向是社会适应性能力中非常重要的部分，根据中国区域发展的总体战略，将全国分为东北、东部、中部和西部四大区域来进行研究。作为基本空间单元，对锡尔指数做一阶段分解，从而将中国水贫困的总体差异分解为四大地区间的差异和地区内各省（自治区、直辖市）间的差异。若以人口比例加权，则地区间的差异指标 I_{BR} 的计算公式[19-21]为

$$I_{\mathrm{BR}}=\sum_{i=1}^{N}\left\{\left(v_i/v\right)\log\left[\left(v_i/v\right)/\left(d_i/d\right)\right]\right\} \tag{7-10}$$

式中，N 为区域个数；v_i 为地区 i 的水贫困水平；v 为各省（自治区、直辖市）水贫困评价得分之和；d_i 和 d 分别为地区 i 和全国的人口数。地带内部各省（自治区、直辖市）间的差异指标 I_{WR} 等于地带内部各省（自治区、直辖市）间的非均衡性指标的加权和，则第 i 地带内部的省（自治区、直辖市）间差异公式为

$$I_i=\left(v_i/v\right)\sum_{j}\left\{\left(v_{ij}/v_i\right)\log\left[\left(v_{ij}/v_i\right)/\left(d_{ij}/d_i\right)\right]\right\} \tag{7-11}$$

全国内部整体差异指标 I_{WR} 公式为

$$I_{\mathrm{WR}}=\sum_{i=1}^{n}I_i \tag{7-12}$$

以人口比例加权，则全国总体差异的锡尔指数计算公式为

$$I_{\mathrm{theil}}=I_{\mathrm{BR}}+I_{\mathrm{WR}}=\sum_{i}\sum_{j}\left\{\left(v_{ij}/v_i\right)\log\left[\left(v_{ij}/v\right)/\left(d_{ij}/d\right)\right]\right\} \tag{7-13}$$

式中，v_{ij}代表第i地区j省（自治区、直辖市）的水贫困评价得分；其他变量同式（7-4）。I_{theil}值越大，表示各区域总体水贫困程度差异越大。

基尼系数和锡尔指数的功效类似，都是用来揭示水贫困差异的大小和演化规律。采用这两个指标是因为一方面可以检验指数计算的正确性，另一方面锡尔指数还能对其表达式进行分解，从而反映中国四大区域水贫困统筹发展差异与统筹发展极化之间的关系[22-24]。

第四节　中国水贫困水平测度

根据计算结果可知，2009 年中国各地区水贫困得分由 0.13 到 0.75 不等，得分越高则代表水贫困情况越严重。以各地区水贫困得分为指标，利用 SPSS13.0 统计分析软件，运用聚类分析方法对中国各省（自治区、直辖市）水贫困优劣情况进行分类。聚类分析显示中国水贫困程度可分为不水贫困、微水贫困、较重水贫困和严重水贫困 4 类。具体来说，不水贫困地区包括浙江、福建、广东、重庆和上海，共 5 个地区；微水贫困地区包括江苏、四川、广西、湖北和北京，共 5 个地区；较重水贫困地区包括天津、山东、陕西、安徽、辽宁、黑龙江、云南、海南、江西和湖南，共 10 个地区；严重水贫困地区包括宁夏、甘肃、新疆、西藏、贵州、河南、山西、内蒙古、河北、青海和吉林，共 11 个地区。总体来说，中国水贫困程度呈现由东南到西北逐渐加重的趋势，所得评价结果基本可以反映中国各地区水贫困的实际情况（图 7-1）。

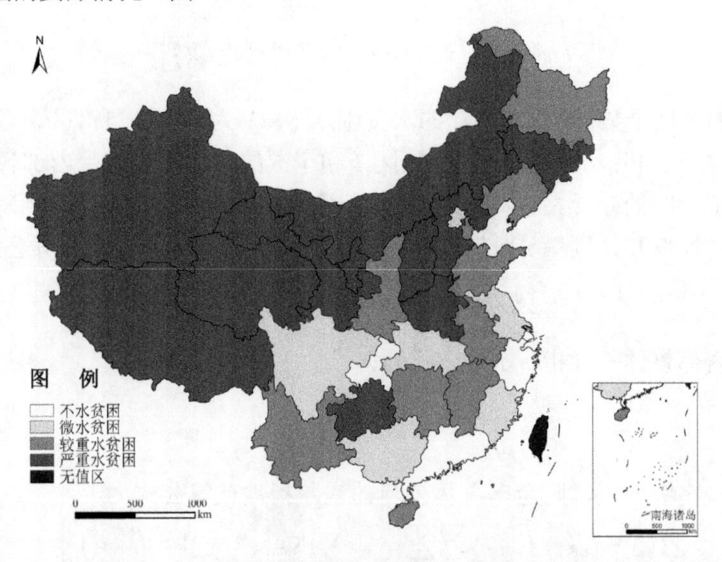

图 7-1　中国各地区水贫困程度图

第五节　中国水贫困的驱动效应分析

本章计算所依据的水贫困评价指标体系较前一章相比在资源子系统中加入了年降水量变异系数，以测度水资源总量的可靠性。对 2009 年中国 31 个省（自治区、直辖市）的水贫困水平及其驱动类型进行计算。首先，将所有指标的数据进行规格化，为使最后的得分值越高越水贫困，对数值越大越水贫困的指标做效益型标准化处理，反之则做成本型标准化处理；其次，用主客观综合赋权法确定各指标权重，将水贫困子系统内的指标进行加权得到各地区 5 个子系统的评价得分；然后，用层次分析法所得权重对各子系统进行加权求和，得到各地区水贫困总得分；最后，对各子系统得分进行规格化，以加权后的子系统得分占总得分比例作为子系统的水贫困驱动效应贡献率，运用 LSE 方法对各子系统贡献率进行计算，得出各地区水贫困驱动类型。上述计算结果见表 7-2。

表 7-2　中国水贫困得分、驱动效应贡献率及驱动效应类型

驱动类型	地区	水贫困得分	排名	R_{eff}/%	A_{eff}/%	C_{eff}/%	U_{eff}/%	E_{eff}/%
双因素支配型 I	山东	0.25	20	54.71	17.10	12.57	11.28	30.48
	天津	0.29	21	7.27	0.00	4.77	6.39	31.16
	北京	0.28	22	7.75	5.36	0.00	5.78	34.15
	上海	0.23	27	32.74	6.86	5.07	21.75	33.58
双因素支配型 II	贵州	0.39	5	3.62	40.72	40.35	12.51	2.81
	吉林	0.33	11	7.70	55.43	19.84	8.13	8.91
	湖北	0.28	23	3.07	35.08	34.23	10.37	13.05
	重庆	0.21	28	9.36	45.96	41.61	0.00	3.06
三因素主导型	西藏	0.44	4	0.00	41.87	45.13	12.99	0.00
	青海	0.35	10	7.99	37.45	33.22	18.16	3.18
	湖南	0.32	12	5.87	46.03	20.84	17.88	9.38
	江西	0.32	13	8.17	35.96	35.91	12.92	7.03
	海南	0.32	14	6.65	30.96	29.22	23.63	9.54
	云南	0.31	15	5.33	30.17	47.88	14.57	2.05
	黑龙江	0.31	16	4.00	40.86	22.94	25.71	6.48
	广西	0.27	24	28.56	32.35	32.80	19.78	7.32
	四川	0.26	25	17.21	35.74	42.88	16.73	1.57
四因素协同型 I	河南	0.38	6	15.14	32.58	24.54	9.33	18.41
	山西	0.38	7	27.47	32.06	16.67	4.54	19.26
	内蒙古	0.36	8	28.83	38.59	17.93	4.56	10.09
	河北	0.36	9	31.00	12.48	16.35	6.51	33.66

续表

驱动类型	地区	水贫困得分	排名	R_{eff}/%	A_{eff}/%	C_{eff}/%	U_{eff}/%	E_{eff}/%
四因素协同型 I	辽宁	0.30	17	22.74	41.95	8.13	4.46	22.72
	陕西	0.25	19	57.67	28.81	36.95	0.98	16.05
四因素协同型 II	甘肃	0.47	2	17.17	32.74	28.45	13.12	8.52
	新疆	0.44	3	18.91	24.21	19.86	30.44	6.58
四因素协同型III	安徽	0.30	18	7.30	32.19	33.74	14.39	12.37
	广东	0.20	29	8.41	50.82	12.93	15.02	12.82
	江苏	0.19	26	9.64	15.29	22.81	22.84	29.44
	浙江	0.13	31	8.38	26.22	29.99	12.83	22.58
五因素联合型	宁夏	0.75	1	48.44	11.87	15.21	11.22	13.27
	福建	0.19	30	14.25	19.86	27.33	20.98	17.58

通过考察各地区的资源、设施、能力、使用和环境 5 个方面的 LSE 法计算结果，可以进一步分析各地区水贫困的原因和空间驱动类型（图 7-2）。

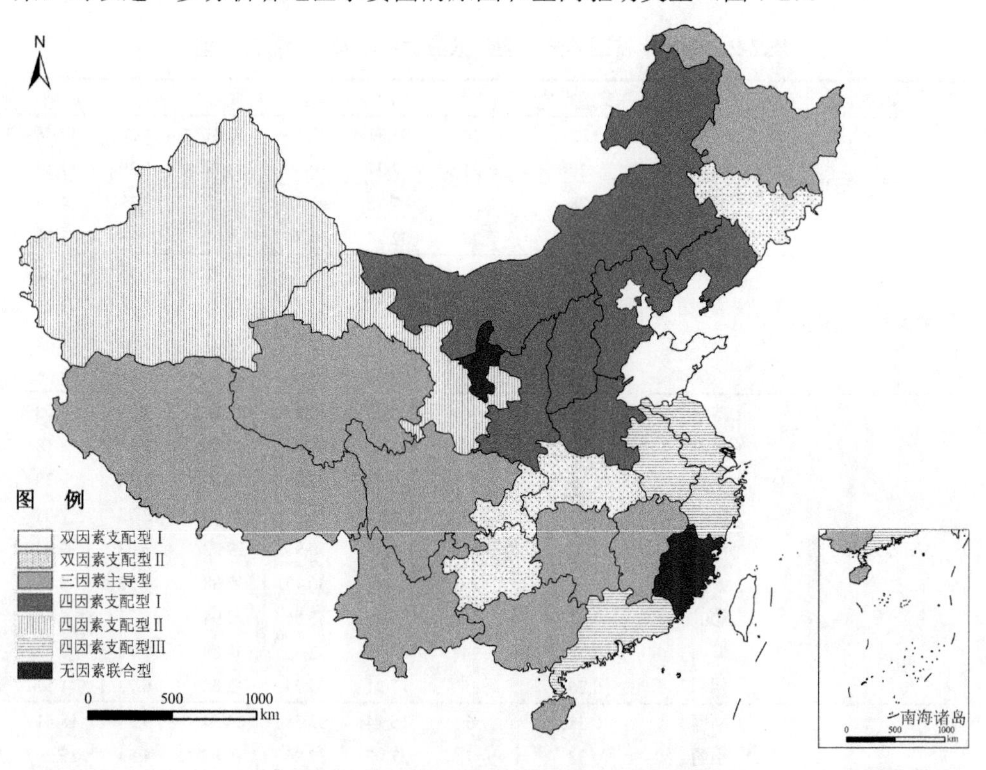

图 7-2　中国水贫困驱动类型空间分布图

一、双因素支配型

双因素支配型水贫困具体可分为两类，驱动因素互不相同。其中，双因素支配型Ⅰ地区以资源和环境驱动效应为主，包括山东、天津、北京和上海。这 4 个地区经济和社会发展水平高，科技实力雄厚，高等学府齐集，政府调控能力强，工农业及生活用水设施水平居全国之首，水资源利用效率较高，区域抗逆能力好。但该区域人口密度大，人均水资源量[25]都低于缺水地区的标准线①，尤其北京、天津均为人口和生态双重缺水，经济的快速发展对水资源造成很大压力，属于资源型缺水城市。同时，该区域生态环境负荷重，如京津鲁水资源开发利用强度均高于 150%，且在提高水质、控制农业面源污染等方面均需加强管理和增加投入。因此，相对于其他因素，水资源短缺和环境恶化是造成此区域水贫困的支配性因素。

双因素支配型Ⅱ地区的水贫困以设施和能力驱动效应为主，包括贵州、吉林、湖北和重庆 4 个地区。该类型区域的水资源本底条件较好，没有较大的经济发展和人口压力，水资源使用效率有所提高，社会发展对生态环境影响不大。另外，该区域社会适应性能力不高，农业节水灌溉覆盖比例较小，工业污水处理达标率有待提高。提高经济发展速度和科学技术水平（尤其是贵州）有助于快速提高该区域的能力得分，增强社会适应性能力。设施和能力驱动效应是该区域水贫困的支配性因素。

二、三因素主导型

水贫困三因素主导型地区包括西藏、青海、湖南、江西、海南、云南、黑龙江、广西和四川 9 个地区，为设施、能力和使用效应主导驱动。该区域的水资源本底情况很好，水资源承受压力很小，生态环境没有受到破坏。大部分地区位于中国西部，经济和社会发展水平有限，如该区域城市排水系统密度较低，江西和湖南的节水灌溉水平较低，西藏和青海的工业污水处理达标比例较小；政府财政自给能力和社会生产能力较低，四川、云南、西藏和青海的科技教育水平亟待提高；农业用水所占比例较大，且用水效率不高，工业用水重复利用水平低。该区域要靠努力提高社会适应性能力来缓解水贫困，同时不能以损坏生态环境为代价来谋求发展。

三、四因素协同型

水贫困驱动效应四因素协同型具体可分为三类。其中，四因素协同型Ⅰ区域

---

① 按现行通用标准，人均水资源占有量小于 500m³ 属于极度缺水，地表径流深在 150mm 以下为生态缺水。

包括河南、山西、内蒙古、河北、辽宁和陕西，以资源、设施、能力和环境的驱动效应为主。这6个地区的水资源本底情况都较差，其中河北、山西和辽宁属于人口和生态双重缺水，河南和内蒙古分别为人口缺水和生态缺水，年降水量变化较大。在水资源供需紧张的条件下，该区域的用水效率较高，在一定程度上缓解了用水压力。另外，该区域设施水平不高，辽宁和河南的节水灌溉水平急需提高，山西、内蒙古、辽宁的工业污水处理达标率和内蒙古、河南的城市用水普及率都较低；经济社会水平需要进一步发展，河北、山西、内蒙古和河南仍需对科技和教育加大投入；在发展经济的同时，环境没有得到有效保护，水资源被掠夺性开采，导致生态用水被严重挤占，水土流失治理力度不力，尤为严重的是，内蒙古沙化面积比例达35.2%，河南水旱面积比例有17.9%，山西的水质恶化严重，河北单位径流量氨氮浓度有11.6g/m^3。由此，资源、设施、能力和环境因素共同对该类型区域的水贫困做协同驱动。

四因素协同型II以资源、设施、能力和使用驱动因素的影响为主，包括甘肃和新疆。该地区地表径流深不足50mm，属生态缺水，但由于人口较少，人均水资源量高于极度缺水标准。该地区经济发展水平有限，政府财政自给能力和人均国内生产总值较低，且政府消费支出占地区生产总值比例均高于20%；科教水平低，文盲率和大学生比例都为全国较低水平；地区用水效率较低，且以农业用水为主，亩均灌溉用水量较高，没有明显的优化趋势；工业污水处理达标水平低，城市排水设施有待进一步完善。这就要求这些地区要努力提升自身社会适应性能力以缓解水贫困。但是，除了沙化和水旱灾等自然因素影响，生态环境没有受到较多人为破坏，因此环境子系统优于其他地区。

四因素协同型III地区的水贫困以设施、能力、使用和环境驱动效应为主，包括江苏、浙江、安徽和广东4省。该区域水系发达，水资源丰富，资源子系统对水贫困不产生驱动效应。江苏、浙江和广东的水贫困评价分别排名第26、31和29位，属中国水贫困情况较好的区域，而其他4个方面成为这3省水贫困主要驱动因素，也是因为相对不足程度较为一致，而与其他地区的绝对情况相比却要好一些。需要注意的是，该区域科技市场成交量占GDP比例较低，说明没有形成科技研究成果向生产力转换的有效机制，人均日生活用水量较高，保护区面积比和水土流失治理增长速度等方面亦有较大的改进空间，同时，江苏和广东节水灌溉率略低，需要提高节水灌溉能力。相比之下，安徽的经济发展水平有限，政府调控能力、国民生产能力和科技水平尚有很大提升空间，国民经济仍以第一产业为主，用水效率较低，且没有明显的提高趋势，在水土流失治理和保护区面积比例等环境保护方面仍需加强管理。

四、五因素联合型

资源、设施、能力、使用和环境5个因素对水贫困共同产生驱动效应的地区包括不水贫困的福建和严重水贫困的宁夏。它们虽然资源本底情况不同，但是5个子系统对当地水贫困的驱动效应是相同的。如福建的水资源本底情况好，经济发展、基础设施建设和生态环境也相对较好，没有因素成为“短板”。而宁夏的情况则正好相反，自然资源条件恶劣，设施和能力等社会适应性能力都较差，所有子系统影响因素均需要提高，因此，5个因素对水贫困产生联合驱动效应。

第六节　中国水贫困时间动态分析

将表7-1中所有指标的数据进行标准化，用主客观综合赋权法确定各指标权重，将水贫困评价子系统内的指标进行加权得到不同时期各省（自治区、直辖市）5个子系统的评价得分。由DAHP求得资源、设施、能力、使用和环境系统在水贫困评价中的动态权重（图7-3）。

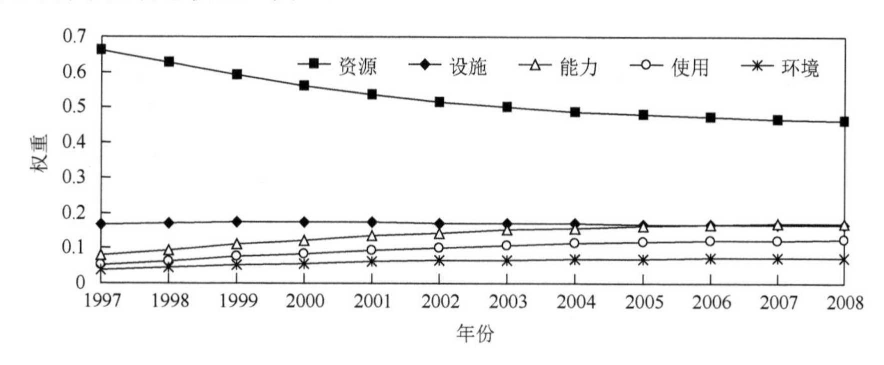

图7-3　1997～2008年水贫困子系统DAHP法权重系数

由图7-3可知，自然资源系统的权重系数始终是5个子系统中的最大值。但从变化趋势来看，其权重系数在逐年下降，设施子系统权重稍有变化但幅度不大，能力、使用和环境系统权重所占比例在逐年上升。这是因为水资源管理的不同阶段所制定的目标和采取的对策是不同的。管理者的视点由利用工程措施增加新水源供应，转移到利用经济刺激，以及大规模调整社会结构的管理方法上，社会化管理将起着越来越重要的作用。

利用式(7-6)，用DAHP得到的权重对相应年份的5系统得分进行加权综合，计算不同时间各地区的水贫困评价得分（表7-3）。

表 7-3　1997～2008 年中国水贫困评价得分及排名

地区	1997 年	1999 年	2001 年	2003 年	2005 年	2007 年	2008 年	1997 年排名	2008 年排名
北京	0.321	0.349	0.408	0.443	0.463	0.477	0.483	14	21
天津	0.29	0.3	0.357	0.394	0.398	0.42	0.449	13	17
河北	0.18	0.191	0.231	0.275	0.283	0.294	0.309	4	6
山西	0.153	0.163	0.177	0.234	0.251	0.275	0.251	3	2
内蒙古	0.259	0.248	0.235	0.292	0.309	0.292	0.327	11	7
辽宁	0.253	0.246	0.28	0.293	0.363	0.346	0.347	10	11
吉林	0.244	0.267	0.28	0.307	0.382	0.35	0.339	9	9
黑龙江	0.326	0.263	0.297	0.355	0.329	0.305	0.295	15	5
上海	0.402	0.596	0.483	0.426	0.455	0.507	0.521	19	25
江苏	0.231	0.311	0.273	0.429	0.406	0.436	0.405	8	16
浙江	0.656	0.655	0.573	0.485	0.617	0.591	0.578	28	28
安徽	0.285	0.45	0.288	0.459	0.389	0.416	0.401	12	13
福建	0.689	0.603	0.592	0.502	0.645	0.615	0.606	29	29
江西	0.653	0.598	0.525	0.535	0.555	0.492	0.544	26	26
山东	0.141	0.192	0.21	0.302	0.297	0.34	0.341	2	10
河南	0.138	0.167	0.176	0.334	0.317	0.309	0.272	1	3
湖北	0.362	0.427	0.299	0.442	0.388	0.469	0.461	16	18
湖南	0.604	0.565	0.469	0.489	0.505	0.478	0.494	25	22
广东	0.757	0.495	0.625	0.494	0.543	0.495	0.628	31	30
广西	0.653	0.547	0.563	0.514	0.493	0.495	0.546	26	27
海南	0.692	0.602	0.691	0.553	0.561	0.566	0.628	30	30
重庆	0.373	0.48	0.337	0.461	0.44	0.552	0.508	17	24
四川	0.475	0.488	0.455	0.498	0.52	0.489	0.504	22	23
贵州	0.545	0.511	0.411	0.397	0.42	0.459	0.468	24	19
云南	0.517	0.501	0.464	0.418	0.439	0.49	0.472	23	20
西藏	0.428	0.406	0.404	0.421	0.387	0.416	0.401	21	13
陕西	0.213	0.229	0.235	0.368	0.362	0.348	0.334	6	8
甘肃	0.214	0.237	0.232	0.26	0.291	0.302	0.245	7	1
青海	0.393	0.388	0.407	0.387	0.387	0.411	0.404	18	15
宁夏	0.181	0.195	0.192	0.228	0.214	0.268	0.29	5	4
新疆	0.411	0.402	0.369	0.408	0.413	0.417	0.4	20	12

从整体上看，全国各省（自治区、直辖市）的水贫困评价得分都是逐年上升的，这说明全国水贫困情况普遍得到改善。在社会适应性能力的作用下，通过提高经济和社会实力，加大立法力度，优化产业结构，加大水资源基础设施建设和科研投入，优化取水、用水和污水处理等环节的方式，人们适应水资源稀缺的能

力逐渐增强，体现了人的发展与水资源利用逐步走向协调的良性态势。

从局部来看，2008 年，水贫困较严重的 10 个地区依次是河南、山西、河北、甘肃、宁夏、黑龙江、陕西、山东、内蒙古和辽宁；水贫困情况较轻的地区有海南、广东、福建、浙江、广西、北京、江西、湖南、上海和四川。为了弄清排名结果产生的原因，需要分别考察各地区与水贫困有关的资源、设施、能力、使用和环境 5 个方面的得分情况，并通过比较得出这些地区在哪些方面的问题更亟待解决，为政府制定水管理政策提供依据。利用雷达图可以清楚地比较出 2008 年 31 个地区分别在这 5 个方面的优势和劣势（图 7-4）。

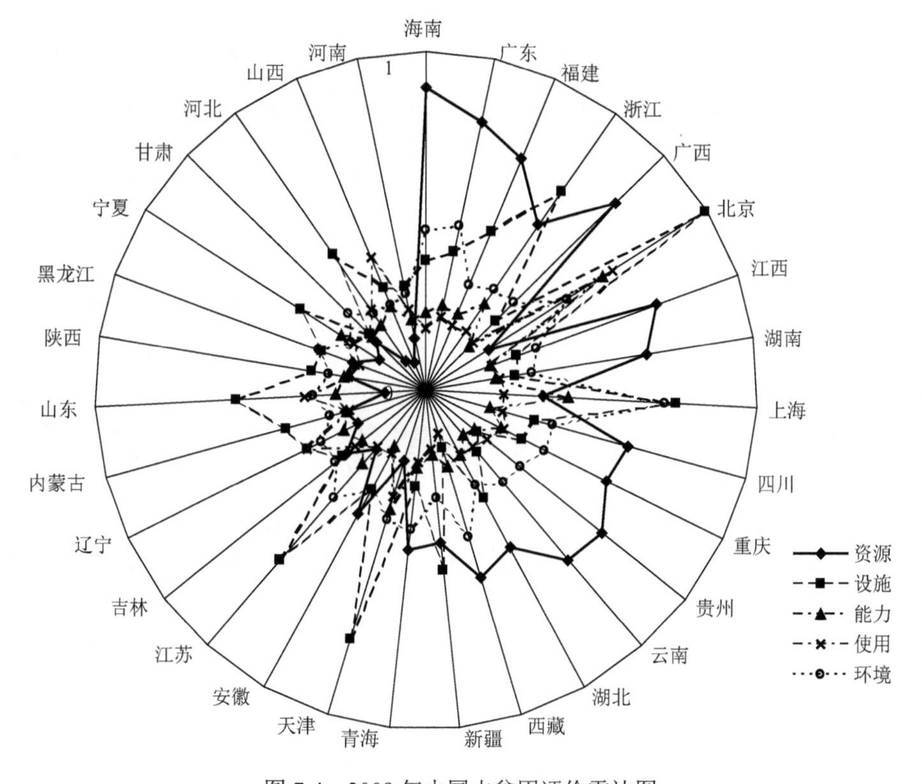

图 7-4　2008 年中国水贫困评价雷达图

一、资源系统

中国属于重度缺水国家，并且自然水资源东南多西北少，空间分布很不均匀。占中国人口 41.5%的北方地区水资源量只占全国总量的 16.2%，人均水资源量仅 807m^3，平均地表径流深 77mm，从人口压力和生态压力看都属于重度缺水区域；南方地区水资源丰富，人均水资源量达到 3035m^3，平均地表径流深是 599mm。

同时，水资源空间分布的不均衡还体现在与其他自然和社会经济要素的组合错位上。资源组合压力不仅加剧了水资源短缺，而且还容易引发水资源的供求矛盾。从资源子系统来看，排在前十名的依次是海南、广东、广西、福建、江西、贵州、湖南、云南、四川和重庆，全部属于南方地区；排在后十位的分别是山西、河北、山东、河南、宁夏、甘肃、天津、北京、辽宁和江苏，除江苏属于南方地区以外，其他 9 个都地处北方。江苏排在后十名，是因为承受的人口压力和资源组合压力较大。评价排名结果与中国水资源分布的南北不均衡特点相符合。

二、设施系统

供水、用水及废水处理设施的建设与维护是国民生产和人民生活正常进行的重要保证。1997～2008 年，全国灌溉面积增加了 $7233.2\times10^3hm^2$，工业废水处理达标率提高 30.6%，供水、排水管道长度分别增加了 122.7%和 163.3%，水设施的完善大大提高了工农业的用水效率，提升了人民的生活水平。中国水设施水平排在前十位的依次为北京、天津、上海、浙江、江苏、山东、新疆、福建、河北和宁夏，其中有 8 个属于东部经济发达地区。新疆和宁夏虽然地处中国西部，但新疆的节水灌溉率高达 61.9%，大大高于 20.1%的全国平均水平，说明新疆的农业供水设施覆盖比例是全国领先的。宁夏的平均排水管道长度为 3.19km/万人，高于 2.37km/万人的全国平均水平，但自来水用水普及率只有 75.7%，较全国平均水平低 19 个百分点，人均排水管道长度较大可能是宁夏人口密度小造成的。设施水平排名后十位的分别是西藏、贵州、甘肃、云南、湖南、青海、广西、江西、河南和吉林，其中 6 个位于西部地区，经济社会发展水平较低，3 个位于中部地区，1 个位于东北地区。吉林的节水灌溉率过低是造成吉林设施水平较差的主要原因，而江西、河南、湖南这三个中部省份的节水灌溉率和城市用水普及率都低于全国平均水平，需要水管理部门给予更多关注。

三、能力系统

水资源使用能力系统主要包括足以支持购买水的收入、与收入互相作用的教育和科技水平，以及政府管理水供给的能力。1997～2008 年，中国经济水平迅速提高，人均 GDP 增长了 2.73 倍，政府管理能力上升，政府消费支出占 GDP 比例增加了 76.5%，科教水平显著提高，在校大学生人数比例增长了 493%，技术市场成交额占 GDP 比例提高了 78.4%，人民生活水平越来越好，恩格尔系数降低了 18.7%，但收入差距在逐渐拉大。能力子系统得分排在全国前十位的依次是北京、上海、天津、浙江、江苏、辽宁、山东、山西、广东和重庆，其中有 7 个位于东部地区，反映出这些地区在用水能力方面占有优势。排在后十位的分别是云南、广西、贵州、安徽、新疆、四川、江西、河南、湖南和湖北，其中有 5 个位于中部地区，5 个分布在西部地区，他们共同的特点是经济较落后、科学技术水平较低。其中，四川、云南、新疆和广西的政府管理能力指标得分较低，财政自给率都低于 40%；贵州、云南和安徽的文盲率较高，而贵州和云南的在校大学生人数比例也较低，反映出这些地区的教育水平亟待提高的现状。

四、使用系统

水资源使用包括家庭、农业和非农业的水资源利用情况。经济发展、农业种植、工业生产、人民生活的用水都对水资源的使用造成了压力。而经济生产单位用水量、废水排放量的降低，以及重复用水都提高了水资源的使用效率，缓解了用水压力。1997～2008 年，中国 GDP 增长率提高了 53.6%，水资源开发利用强度增加 7.8%，这些都增加了用水压力。但是，万元增加值用水量降低了 75.0%，农业用水比例降低了 13.2%，城市人均生活用水量减少 16.5%，重复利用率提高了 197.0%，这些都使中国水资源使用效率得到提高，用水压力得到缓解。使用子系统的评价得分排名前十位的有北京、山西、辽宁、山东、天津、河北、吉林、重庆、宁夏和河南，这些地区除重庆以外，都属于自然水资源贫乏的地区，经济发展和人口压力迫使这些地区提高节水意识和用水效率。重庆的用水效率与全国平均水平较为接近，而人们的使用相对于丰富的自然水资源对水资源造成的压力较小，所以排名比较靠前。排名后十位的有西藏、新疆、海南、广西、福建、浙江、黑龙江、青海、江西和安徽。其中，福建、浙江和海南的水资源丰富，使用压力较小，在提高用水效率方面没有得到足够的重视，导致区域抗逆能力较差。其他地区的共同特点是经济发展水平较低、水资源匮乏、万元增加值用水量过高、水资源重复利用率低。按各地区情况来看，黑龙江和新疆的水资源开发利用强度过高，都超过了 60%，黑龙江、西藏和新疆的农业用水比例较大，江西、广西、西藏的城市人均日生活用水量大大高于全国水平，西藏、青海和安徽的万元 GDP 用水量降低率较低，西藏、广西、黑龙江和新疆的万元工业增加值废水排放降低速度较慢，各地水管理部门应优先从这些主要矛盾着手解决水资源使用方面的问题。

五、环境系统

环境子系统主要考察当地的生态环境、污染程度以及治理保护情况。从 1997 年至今，中国的生态环境情况稍有恶化，农业面源和城市点源污染得到一定程度的控制，治理程度有所加强，但污径比和水土流失情况日益严重。环境水平排名前十位的依次为上海、北京、广东、海南、西藏、江苏、青海、重庆、天津、四川，除海南和青海外，其他地区的经济发展水平较高，政府有更多的精力和实力来维护生态环境、治理污染。西藏的开发程度较低，生态环境没有受到严重破坏。而国家由于高度重视三江源地区生态建设，投入巨资对青海省的自然保护区进行建设，使其保护区占辖区面积比达到30%以上，较好地维护了当地的生态环境。排在环境得分后十位的有宁夏、山西、河北、河南、陕西、内蒙古、新疆、湖北、甘肃和湖南，这些地区的经济发展水平较低，有限的资金多用于经济建设，较少用于环境方面的建设，而政府在以发展经济为根本目标下，从思想和发展战略上忽略了城市环境的控制和保护，致使出现严重的环境污染现象。比较严重的有宁夏、山西、河南、河北和陕西，河南、湖北和湖南的化肥农药使用量过多，河北、山西、河南和宁夏的污径比、平均单位径流量、需氧量和氨氮含量过高，以及山西、甘肃的水土流失治理率很低。这就要求政府在努力促使经济增长的同时，也要兼顾环境方面的建设和维护。

第七节　中国水贫困空间自相关分析

对中国31个省（自治区、直辖市）的水贫困水平进行计算和评价，并运用空间自相关分析方法进行分析，是作者对水贫困多年研究的一个探索。从以下的研究中可以知道自然水贫困和经济社会水贫困都存在高度全局空间自相关，且后者的空间集聚程度稍低于前者，说明经过经济和社会调节，中国水贫困空间分布情况发生了变化。局部自相关分析将各省（自治区、直辖市）划分为四种类型，分别考察两种水贫困层面下的分类情况及分布特点。分析结果表明中国水贫困分布没有从根本上改变自然资源稀缺的束缚，依然呈现南北分化局势。

一、全局空间自相关检验

利用水贫困评价中的资源子系统来代表自然水资源评价情况，对2008年中国31个省（自治区、直辖市）的水贫困资源子系统得分和综合得分分别进行全局空间自相关检验。零假设为水贫困不存在空间自相关现象，取显著性水平为0.05，用统计量Z来进行检验。当$Z>1.96$且统计显著时，表示水贫困存在正的空间自相关现象，即空间集聚；当$Z<-1.96$且统计显著时，表示水贫困存在负的空间自相关现象，即空间分散；若$Z=0$，则代表水贫困的空间分布是独立且随机的。

计算结果为水贫困资源子系统得分的全局莫兰指数I值为0.73，$Z=5.24>0$；水贫困综合得分的全局莫兰指数I值为0.63，$Z=4.59>0$。由全局自相关的计算结果表明，无论是自然水贫困还是经过社会适应性调节以后的经济社会水贫困都存在高度的全局空间自相关现象，并且经济社会水贫困的空间自相关程度稍低于自然水贫困的集聚程度，说明经过经济和社会能力的调节，中国某些区域的水资源条件发生了变化，自然水资源贫乏的束缚稍微被打破。

二、局部空间自相关检验

进一步地，为了考察在自然水贫困和经济社会水贫困两个层面下是否分别存在水贫困的局部空间集聚，哪些区域对全局空间自相关的贡献更大，以及空间自相关的全局评估在多大程度上掩盖了局部的负相关情况并进行比较，对水贫困资源子系统得分和综合得分进行局部自相关分析，即根据局部莫兰指数统计值计算公式中 z_i 与 $\sum_j w_{ij}z_j$ 取值的正负，将各省（自治区、直辖市）划分为四种类型：①扩散（涓滴）效应区（H-H），$z_i>0$ 且 $\sum_j w_{ij}z_j>0$，省份自身与相邻省份水资源情况均相对较好，二者的空间差异程度较小；②极化（回波）效应区（H-L），$z_i>0$ 且 $\sum_j w_{ij}z_j<0$，表示省份自身水资源情况较好，而相邻省份水贫困水平较为严重，二者的空间差异程度较大，呈现了负的空间相关性；③过度增长效应区（L-H），$z_i<0$ 且 $\sum_j w_{ij}z_j>0$，表示省份自身水贫困情况较为严重，而相邻省份水资源条件较好，空间差异程度较大，也呈现出负的空间相关性；④低速增长效应区（L-L），$z_i<0$ 且 $\sum_j w_{ij}z_j<0$，表示区域自身和相邻区域水贫困水平都较为严重，二者的空间差异程度较小，呈现显著的正相关。

利用上述方法，分别考察自然水贫困和经济社会水贫困层面下各省（自治区、直辖市）的局部空间自相关类型。从自然水贫困评价来看（图 7-5），扩散效应区集中在中国长江流域及长江以南地区，包括浙江、福建、江西、湖北、湖南、广东、广西、海南、重庆、四川、贵州、云南、西藏和青海 14 个地区，面积占全国总面积的 44.9%。这些地区自然水资源丰富，没有承受较多的人口和生态压力，水资源情况相对好于其他地区。极化效应区只有新疆，属于自然水资源情况从贫乏到丰富的过渡性地带。低速增长效应区集中在中国长江以北地区，包括北京、天津、河北、山西、内蒙古、辽宁、吉林、黑龙江、上海、江苏、安徽、山东、河南、陕西、甘肃和宁夏，共 16 个地区，面积占全国总面积的 37.8%。这些地区自然水资源贫乏，或承受较多的人口和生态压力，或当地的水资源量不足以维系正常的矿产开采、粮食耕种或经济发展。这种分布局势较好地反映了中国自然水资源分布的实际状态。

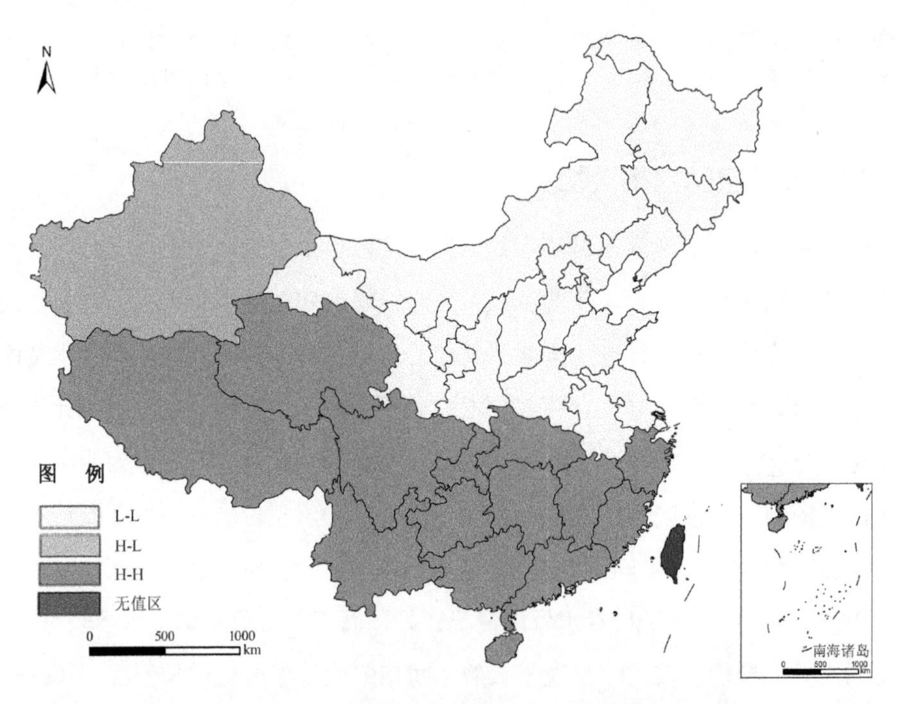

图 7-5　中国各地区自然水贫困空间格局

L-L 代表低速增长效应区；H-L 代表极化（回波）效应区；H-H 代表扩散（涓滴）效应区

由自然水资源和经济社会水资源的局部空间自相关分析的比较可以看出，各个类型区域分布没有发生太大变化。从经济社会水贫困来看（图 7-6），扩散效应区同样集中在中国长江流域及长江以南地区，包括上海、浙江、福建、江西、湖南、广东、广西、海南、重庆、贵州、云南和西藏 12 个地区，面积占全国总面积的 30.5%，与自然水贫困的扩散效益区有大部分重合。这些地区的自然水资源条件大多较好，在适当的社会适应性作用下，水资源状况仍然属于区域水资源条件的优势地区。有变化的是增加了上海，减少了四川和湖北。上海虽然自然水资源承受着人口增长和经济增长的巨大压力，但经济飞速发展带来了当地用水能力、设施条件的显著提高和对环境保护的重视，通过经济和社会能力的调节，较好地缓解了当地水资源稀缺状况，经济社会水资源情况相对好于周边地区。

低速增长效应区仍主要集中在长江以北地区，包括天津、河北、山西、内蒙古、辽宁、吉林、黑龙江、江苏、安徽、山东、河南、陕西、甘肃和宁夏，面积占全国总面积的 45.1%，与自然水资源的低速增长效应区域大部分重合，但减少了北京和上海，增加了青海，区域面积比有所增加。这一区域的水贫困情况较为严重，通过市场调节和政府调控，自然水资源贫乏的状况没有得到根本转变，或者

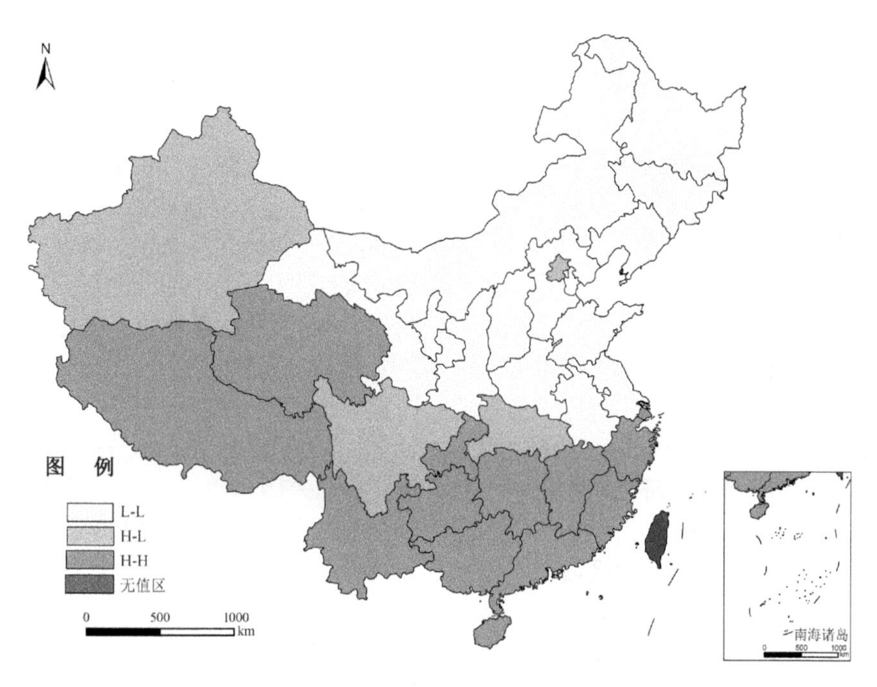

图 7-6　中国各地区经济社会水贫困空间格局

因为当地落后的经济和社会发展水平，无法对原本充裕的水资源加以利用，是水贫困的“重灾区”，虽然提升空间较大，但是优化速度很慢，这种情况很难在短时间内有所改善。青海位于中国的三江源地区，自然水资源条件和生态环境状况非常优越，但是其经济发展对国家支持的依赖性较大，对水资源的使用效率较低，社会适应性能力较差，无法充分利用当地优质的水资源，导致经济社会水贫困水平落入 L-L 型区域。

极化效应区包括北京、四川、湖北和新疆，较自然水资源的空间自相关分析结果增加了北京、四川和湖北，面积占全国总面积的 24.4%，除北京位于 L-L 型区域中心外，其他三个地区都位于 H-H 和 L-L 型区域的过渡地区。北京自身的自然水资源条件承受着人口和生态的双重压力，但其无论是用水设施建设、使用能力，还是用水效率都处于全国领先水平，表明经过社会适应性调节，当地的自然水资源贫乏状况得到很好的改善，但是对周围的 L-L 型地区影响较小，没有起到较好的带动作用。四川和湖北由自然条件的 H-H 型，变为社会经济水贫困的 H-L 型，说明这两个地区经济和社会能力对自然水资源的调节作用不大，同时受到 H-H 型地区的影响也有限，并且没有对邻近的水资源贫乏区域起到良好的带动作用。

第八节　中国水贫困时空差异分析

中国自然水资源时空分布非常不均衡，而受水资源量和社会适应性能力的影响，各地区水贫困程度不断发生着变化，全国水贫困分布情况也随之改变。根据基尼系数和锡尔指数公式，计算得出1997～2008年中国水贫困地区差异的变化趋势（图7-7）。基尼系数在0.3以下表示中国四大区域的水贫困水平相对平均。总体上，基尼系数和锡尔指数都呈现出下降的趋势，而以基尼系数的变化幅度较大，两个指标的相同走势说明中国水贫困的地区差异是在逐渐减小的。由于提高社会适应性能力对改善水贫困程度至关重要，而国家政策导向是社会适应性能力中非常重要的部分，根据中国区域发展的总体战略[①]，将全国分为东北、东部、中部和西部四大区域来进行研究。将锡尔指数分解成组内差距和组间差距，可以看出，采用四大区域分组方式，组间差异在地区差异中占主要地位，组间和组内差距都有小幅度减少，说明四大区域内部和区域之间的水贫困差距逐渐降低（图7-8）。而东部地区水贫困组内差异最大，其次是西部和中部，东北地区的水贫困组内差异最小。且在12年中，只有中部地区的水贫困组内差异在减小，其他各组的组内差异虽有上下波动，但没有明显的变化趋势（图7-9）。

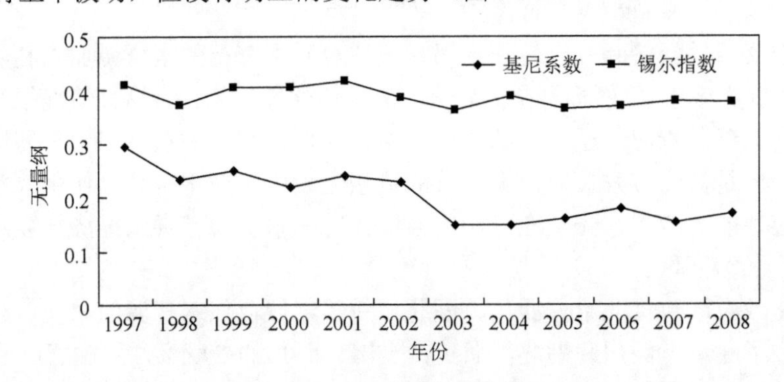

图7-7　1997～2008年中国水贫困区域总差异变化

东部各地区之间的自然水资源情况差距较大，其中，北京、天津、河北和山东都是全国水资源较为贫乏的地区，从四个地区承受的人口压力来看，它们的人均水资源量分别只有206m^3、160m^3、231m^{3}和350m^3，属于重度缺水，也远远低于2071m^{3}的全国平均水平。

---

① 《国民经济和社会发展第十一个五年规划纲要》提出："坚持实施推进西部大开发，振兴东北地区等老工业基地，促进中部地区崛起，鼓励东部地区率先发展的区域发展总体战略，健全区域协调互动机制，形成合理的区域发展格局。"

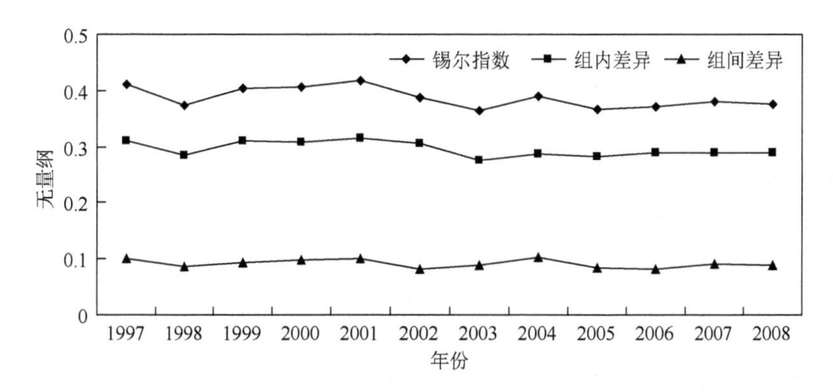

图 7-8　1997～2008 年中国水贫困地区差异演变

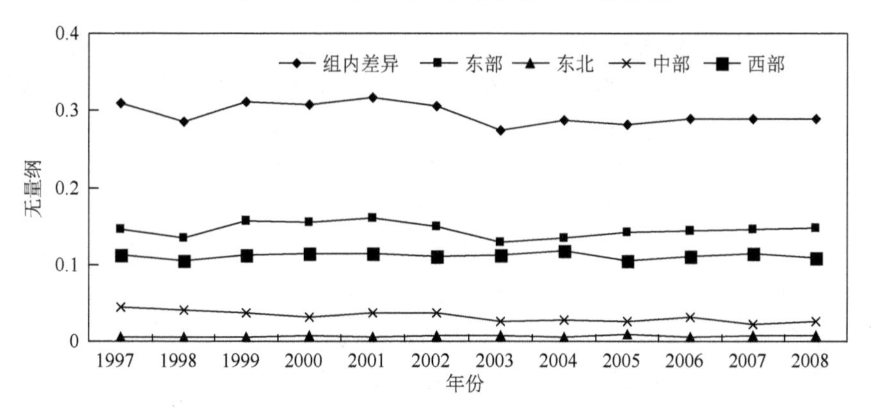

图 7-9　1997～2008 年中国水贫困地区组内差异演变

从维系生态系统的标准来看，它们的地表径流深分别为 203mm、162mm、86mm 和 214mm，其中，河北小于 150mm 的警戒线，说明河北是生态缺水的。上海、江苏、浙江、福建、广东和海南地处中国南方，降水量充沛，能够维系良好的生态系统，除上海和江苏承受巨大的人口压力，人均水资源量为 198m^3 和 494m^3 外，其他各地区均在 1700m^3 以上，而广东、福建和海南又是中国水资源较为丰富的地区，自然水资源本底情况差异较大。自改革开放以来，东部地区凭借诸多优势大力发展经济，1997～2008 年，东部 10 个地区的 GDP 总量增加了 270.23%，2008 年，其 GDP 总和占中国国内生产总值的 63.33%。经济增长伴随着政府调控能力的增强，以及教育、科技和人民生活水平的提高，供水设施、使用能力都得到加强。经济和人口的快速增长也造成了对水资源利用的压力和对环境的污染，而用水效率的提高和对环境治理保护力度的加大部分抵消了这些负面影响。虽然东部地区总体适应水资源短缺的能力逐渐提高，但是在严重缺水地区中，只有北京的水贫困情况得到了较大的改善，而河北水贫困情况恶化，排名由第 4 位升至第3位，天津和山东经过社会适应能力的提高水资源稀缺状况得到了一定的缓解，但是改变不大。综上，巨大的自然资源南北差异和缺水地区社会适应性能力不高造成了东部水贫困组内差距最大的现状。

中部地区各省份之间的自然水资源情况同样存在差异，属于长江流域的安徽、江西、湖北和湖南自然水资源状况相对较好，属于黄河流域的山西和河南自然水资源情况较为贫乏，人均水资源量分别只有257m^{3}和395m^3，属于重度缺水。其中，山西的地表径流深仅为56mm，不能维持正常的生态环境，由于蕴藏丰富的煤矿资源，煤矿的大量开采、煤炭的生产造成水资源浪费和生态污染，导致山西的资源组合压力很大，使原本较差的自然水资源贫乏问题更加严峻。总体来说，中部地区的经济社会水平低于东部和东北地区，而稍稍高于西部地区。中部各省在供水设施、人民生活水平、科教文卫事业以及用水效率方面都有一定程度的提高。但是，山西、河南、江西和湖南的环境问题却愈加严峻，农业面源和城市点源污染日益严重，说明这四个地区在着重发展经济的同时，没有给予环境保护以足够的重视，导致经济和环境没有协调发展。中部地区的发展速度较为缓和，各项指标虽然有所提高，但在与其他地区的比较中却显得力道不足，发展速度较慢。中部6省中有一半地区的水贫困状况趋于恶化，分别为江西（上升3名）、山西（上升2名）和湖南（上升1名）。湖北的水贫困情况稍有改善，由16名降为18名，这主要是由于当地的降水量、地表水及地下水量均有不同程度增加而使自然水资源条件得到改善。中部地区水贫困组内差距变小并不代表此区域水贫困水平整体提高，而主要是由丰水区的江西和湖南水资源情况相对变差造成的。

西部地区的自然水资源状况不尽相同，其中，广西、重庆、四川、贵州、云南和西藏的自然水资源较为丰富；内蒙古、陕西、甘肃、青海、宁夏及新疆地表径流深分别为35mm、148mm、41mm、91mm、14mm和49mm，属于生态严重缺水地区。由于人口的压力，陕西、甘肃和宁夏的人均水资源量分别只有809m^3、715m^{3}和150m^3，远远低于1700m^{3}的缺水警戒线，自然水资源十分贫乏。西部地区是中国经济欠发达地区，虽然矿产资源和能源丰富，但是由于深居内陆，经济得不到发展。2003年以来，中国西部大开发战略的实施使西部地区的资源逐渐得到开发利用，基础设施状况逐步得到改善，有力地推动了西部地区的经济增长，提高了当地人民的生活水平。但是西部地区的城市供水设施、政府财政自给能力、科技教育水平普遍没有得到有效提高，水土流失治理力度不足，个别地区农药和化肥的使用强度有增无减。这是因为西部地区的经济主要靠国家支持才得以发展，经济的各个部分发展步伐不一致，而社会发展较经济发展有一定的滞后性，所以社会发展水平没有得到相应的提高。这也反映出了西部大部分地区在重点发展经济的同时，没有充分重视对环境的治理和保护。综合各方面因素，重庆的水贫困水平得到了一定的缓解，评价排名下降了4位，广西和四川都下降了1位，水贫困情况稍有改观，而西部的大多数地区，贵州、云南、西藏、甘肃、青海和新疆都分别上升了4位，内蒙古上升了3位，说明西部大部分地区经济和社会能力没有对水资源贫乏进行有效的适应性调节，水贫困情况普遍严重化，组内差距变化不大。

东北三省的自然水资源都十分匮乏，辽宁的人均水资源量只有618m^3，属于重度缺水，吉林和黑龙江的人均水资源量分别是1215m^{3}和1208m^3，属于中度缺水地区；同时，黑龙江生态缺水严重，地表径流深度仅为102mm。东北地区是中国重要的粮食生产地区，种植粮食需要大量的灌溉用水，农业用水压力较大。东北地区也是中国老工业基地，工业废水的排放形成了水污染的潜在危险。振兴东北老工业基地战略使得东北的经济得到快速发展，免农业税和粮食生产补贴的政策普惠于吉林和黑龙江的商品粮生产，工业结构调整升级和加强基础设施建设使工业企业重新焕发生机。在经济总量快速增加的同时，东北三省在提高质的方面也取得了较好的成绩。其中，辽宁和吉林在农业、工业和生活用水效率方面都有显著提高，辽宁、吉林、黑龙江的万元增加值用水量分别下降了75%、78%和68%。而辽宁由于加强了对农业面源和城市点源污染的控制和治理，水质条件有明显改善。另外，12年间，黑龙江的地表水、地下水资源量分别减少了50.0%和22.5%，使得水资源总量下降了47.7%，导致黑龙江的自然水资源情况严重恶化。综合以上原因，东北三省的水资源本底状况非常相近，虽然辽宁和吉林的水贫困评价位次在波动中略有下降，黑龙江水贫困有一定程度的恶化，但三省的组内差距没有发生明显的改变，水贫困组内差距在四大区域中程度最小。

参 考 文 献

[1] Lawrence P, Meigh J, Sullivan C A. The water poverty index: an international comparison. Keele Economics Research Papers, 2002.

[2] 彭国甫, 李树丞, 盛明科. 应用层次分析法确定政府绩效评估指标权重研究. 中国软科学, 2004, (6): 136-139.

[3] 常建娥, 蒋太立. 层次分析法确定权重的研究. 武汉理工大学学报(信息与管理工程版), 2007, 29(1): 153-156.

[4] 郭显光. 改进的熵值法及其在经济效益评价中的应用. 系统工程理论与实践, 1998, (12): 98-102.

[5] 张卫民. 基于熵值法的城市可持续发展评价模型. 厦门大学学报(哲学社会科学版), 2004, (2): 109-115.

[6] 孙才志, 迟克续. 大连市水资源安全评价模型的构建及其应用. 安全与环境学报, 2008, 8(1): 115-118.

[7] 岳麓, 潘郁. 动态层次分析法在客户关系管理系统中的应用. 南京工业大学学报, 2004, 26(5): 81-86.

[8] 孙才志, 林学钰, 王金生. 水资源系统模糊优化适度中的动态 AHP 及应用. 系统工程学报, 2002, 17(6): 551-561.

[9] 张燕, 徐建华, 曾刚, 等. 中国区域发展潜力与资源环境承载力的空间关系分析. 资源科学, 2009, 31(8): 1328-1334.

[10] 孙才志, 刘乐, 范斐. 基于CD-ESDA模型的中国产业用水增长质量的时空格局分析. 经济地理, 2010, 30(9) : 1529-1535.

[11] 梁琦. 中国工业的区位基尼系数——兼论外商直接投资对制造业集聚的影响. 统计研究, 2003, (9): 21-25.

[12] 程永宏. 改革以来全国总体基尼系数的演变及其城乡分解. 中国社会科学, 2007, (4): 45-60.

[13] 陈昌兵. 各地区居民收入基尼系数计算及其非参数计量模型分析. 数量经济技术经济研究, 2007, (1): 133-142.

[14] 胡祖光. 基尼系数理论最佳值及其简易计算公式研究. 经济研究, 2004, (9): 60-69.

[15] 孙才志, 刘玉玉, 张蕾. 中国农产品虚拟水与资源环境经济要素的时空匹配分析. 资源科学, 2010, 32(3): 512-519.

[16] 孙才志, 张蕾. 中国农畜产品虚拟水区域分布空间差异. 经济地理, 2009, 29(5): 806-811.

[17] 刘慧. 区域差异测度方法与评价. 地理研究, 2006, 25(4): 710-718.

[18] 杨明洪, 孙继琼. 中国地区差距时空演变特征的实证分析: 1978～2003. 复旦学报(社会科学版), 2006, (1): 84-89.

[19] 鲁凤, 徐建华. 基于二阶段嵌套锡尔系数分解方法的中国区域经济差异研究. 地理科学, 2005, 25(4): 401-407.

[20] 孙才志, 刘玉玉, 陈丽新, 等. 基于基尼系数和锡尔指数的中国水足迹强度时空差异变化格局. 生态学报, 2010, 30(5): 1312-1321.

[21] 杜茂华, 杨刚. 基于锡尔系数和基尼系数法的重庆城乡发展差异分析. 经济地理, 2010, 30(5): 773-777.

[22] 王启仿. 区域经济发展差距的因素分解. 经济地理, 2004, 24(3): 334-337.

[23] 段娟, 文余源, 鲁奇. 中国城乡互动发展水平的地区差异及其变动趋势研究. 中国软科学, 2006, (9): 87-95.

[24] 陈秀琼, 黄福才. 中国入境旅游的区域差异特征分析. 地理学报, 2006, 61(12): 1271-1280.

[25] 吴季松. 中国可以不缺水——资源系统工程管理学的十二年研究与实践. 北京: 北京出版社, 2004.

第八章　基于城乡二元结构下中国水贫困研究

中国各地城市建设步伐的加快和工业的迅猛发展，带动了周边地区农村的建设。伴随着城市建设、工业的发展与人口的增多，农村用水格局发生了变化，农村水资源出现了农业用水短缺和水污染等问题。本章在分析了中国城市、农村水资源利用现状的基础上，阐述中国农村城镇化进程中的水资源可持续利用的对策，包括建设高效节水防污的城镇体系、建立节水型农业生产体系和完善水资源综合管理等。

第一节　研 究 背 景

中国是一个水资源严重短缺的国家，人均水资源量不足世界人均水平的 1/4，且分布极不均衡。随着中国经济发展、人口增长以及城市化进程的加快，各种水资源短缺问题交织在一起，日益显示出复杂的多元性特点。在研究水资源短缺问题的众多理论中，水贫困理论以贫困为视角，将水资源的开发、设施的完整性、人们利用水资源的能力、水资源的使用效率以及对环境的影响等问题有机结合起来，创造了比较独特的研究视角，研究成果可为水资源综合管理提供理论依据，并通过综合管理，实现人水和谐共生的目的[1]。

目前，国内外相关研究主要集中在理论性的探讨和尺度性的测度上。Sullivan[2]提出的水贫困指数从资源、设施、能力、使用和环境 5 个方面考虑，使人们对于水资源的可获得性、用水能力和对环境的影响之间的关系有了更系统、更科学的理解。Sullivan 和 Jemmali[3]运用主成分分析（principal component analysis，PCA）法分析中东与北非地区的水贫困指数情况，综合考虑了政治、社会、生态、经济等方面对于该地区水资源分配的影响。Cohen 和 Sullivan[4]运用 WEILAI（water, economy, investment and learning assessment indicator）对中国西南农村地区水贫困进行评估，以对其水贫困整体效应和可持续发展水平进行探讨。Wilk 和 Jonsson[5]指出了水贫困指数的不足之处，提出了 WPI^+（water prosperity index），在指标选取过程中相对重视设施与能力的指标选取，说明了空间和性别对于改善地区水资源状况的重要作用。Harris[6]从性别、贫困、生计以及土地的角度探讨了富水穷国的水资源的空间差异。Toure 等[7]以非洲沿海城市为例，运用 ArcGIS 重点分析了设施与能力子系统对于解决经济贫困与水资源短缺的重要作用。何栋材等[8]、曹建廷[9]首先从国外引入水贫困指数，并对水贫困理论的形成与发展过程做出了详细的介绍。孙才志和王雪妮[10]运用 WPI-LES（water poverty index-least square error）模型对中国 31 个省（自治区、直辖市）的水贫困的空间驱动因素进行了系统的分析。陈莉等[11]通过选取科学合理的指标，在流域尺度上基于时空视角对该地区水贫困情况进行评价。孙才志等[12]在时空维度上考察农村水贫困和农村经济贫困的耦合关系。以上研究为本章提供了较好的研究基础。

尽管如此，国内对于水贫困研究仍有诸多问题亟待解决。首先，对于中国水贫困状况的研究大多只是对水贫困指数就不同尺度进行指标测度，少数的实证研究也是运用水贫困指数对中国各地区进行针对水资源短缺的单一评价，主要集中在水资源承载力、水资源管理制度建设等领域。其次，水贫困测度模型的指标体系选取与指标权重确定存在一定的缺陷，水贫困指标的选取存在一定的不合理性。目前，国内相关研究在追求全面性的基础上采用大量的指标来说明情况，而这些指标内部之间并没有解决好指标冗余或者重复性问题[13]。同时，水贫困评价涉及政治、经济、社会以及生态环境等多元系统，这些系统中的各指标之间的相对重要性是随着时间而不断变化的，目前的权重确定方法对这个关键问题的解释力不足[14]。最后，城市和农村水资源短缺情况的相关研究非常薄弱，目前的研究仅限于水贫困与经济贫困的交互耦合研究，忽略了当前中国城市用水与农村用水之间的特殊关系[15]。与世界其他国家相比，随着中国经济迅速发展，以城市发展过快与农村发展滞后为特征的城乡二元结构矛盾越发尖锐，中国水资源短缺情况也日趋严重。从理论上说，现有的城乡二元结构决定了城市在水资源利用中的优势地位，固化了城乡水资源分配失衡的格局，导致城市与农村之间水资源分配冲突不断发生。

基于中国当前城乡二元结构矛盾的背景，本章着重分析当前国内水贫困研究的相对薄弱点，从衡量当前中国城市水贫困和农村水贫困之间的协调发展关系出发，对中国 31 个省（自治区、直辖市）城市水贫困与农村水贫困状况进行评价，并对中国 31 个省（自治区、直辖市）城市、农村水贫困的时空演变特征进行分析，揭示其内在变化的成因，以期为缓解中国当前在“城乡二元结构”模式下的城乡用水矛盾提供理论依据和政策建议。

第二节　指标体系的构建和数据来源

一、中国城市与农村水贫困指标体系的构建及权重

若运用水贫困指数评价中国城市、农村水资源短缺状况，必须更全面地考虑

中国的实际情况。在前人的研究成果上水贫困指数指标体系的选取已经相对丰富完善，然而考虑到本章的研究角度，在水资源总量既定的前提下，本章对城市和农村水贫困评价指标的选取不仅参照了水贫困指数的指标体系，还融入了 WPI$^+$的指标选取的优势[16]，着重考虑水资源的分配权利和使用能力，主要遵循科学性、特殊性、易获得性、对比性强等原则，删去了一些没有比较价值的指标，充实了一些能对比体现城市、农村用水情况的指标，使现有水贫困指数指标体系更符合中国城市、农村水资源的实际情况。

首先，资源方面考虑了城市、农村水资源权利分配问题；其次，用水设施方面不仅包括体现生产、生活用水等供水能力的设施情况，还考虑排水、污水处理能力的设施水平；再次，综合评价水资源的使用情况，将其细化为生活用水、生产用水以及体现用水效率的指标；最后，采用能反映利用能力的政府支持力度、居民用水和取水能力、居民节水意识以及环境保护方面的指标，对原有的指标体系加以充实。修改后的城市、农村水贫困评价指标体系见表 8-1 和表 8-2。

表 8-1 城市水贫困评价指标体系及指标权重

目标层	目标层权重	评价指标	AHP	EVM	变权重
资源（R）	0.2494	R1 降水量/亿 m^3	0.1590	0.0623	0.1173
		R2 城市水资源量/亿 m^3	0.1590	0.0600	0.1387
设施（A）	0.1578	A1 城市排水能力/%	0.0249	0.0817	0.0688
		A2 废水处理能力/%	0.0125	0.0790	0.0512
		A3 供水能力/%	0.0190	0.0879	0.0708
		A4 城市自来水普及率/%	0.0328	0.0619	0.0185
能力（C）	0.2614	C1 财政自给率/%	0.0451	0.0866	0.0835
		C2 高等教育普及率/%	0.0706	0.0194	0.0305
		C3 城市人均 GDP/元	0.1104	0.0641	0.0973
		C4 城市居民恩格尔系数/%	0.0353	0.0651	0.0259
使用（U）	0.1724	U1 城市人均生活用水量/L	0.0725	0.0470	0.0763
		U2 工业用水比例/%	0.0327	0.0385	0.0313
		U3 万元工业增加值用水量/m^3	0.0463	0.0416	0.0170
		U4 城市污水处理效率/%	0.0209	0.0319	0.0156
环境（E）	0.159	E1 工业废水排放增长率/%	0.0621	0.0674	0.0653
		E2 万人拥有公厕数量/个	0.0439	0.0311	0.0284
		E3 治理废水项目投资比例/%	0.0310	0.0369	0.0364
		E4 城市人均绿地面积/m^3	0.0220	0.0377	0.0272

表 8-2　农村水贫困评价指标体系及指标权重

目标层	目标层权重	评价指标	AHP	EVM	变权重
资源（R）	0.2494	R1 降水量/亿 m^3	0.1247	0.0307	0.0840
		R2 农村水资源量/亿 m^3	0.1247	0.0965	0.0426
设施（A）	0.1086	A1 蓄水能力/%	0.0419	0.0538	0.0590
		A2 实际灌溉能力/hm^2	14.800	35.100	21.400
		A3 排水能力/万 hm^2	0.0328	0.0728	0.0641
		A4 农村自来水普及率/%	0.0190	0.0170	0.0590
能力（C）	0.2494	C1 妇女儿童留守比例/%	0.0479	0.0864	0.0724
		C2 初等教育普及率/%	0.0958	0.0355	0.0895
		C3 农村人均 GDP/元	0.0750	0.1012	0.0398
		C4 农村居民恩格尔系数/%	0.0306	0.0221	0.0122
使用（U）	0.2494	U1 农村人均生活用水量/L	0.0958	0.1178	0.1491
		U2 农业用水比例/%	0.0750	0.1008	0.0937
		U3 农田亩均灌溉用水量/m^3	0.0479	0.0403	0.0181
		U4 万元农业增加值用水效率/%	0.0306	0.0451	0.0633
环境（E）	0.1432	E1 化肥、农药使用强度/t	0.0559	0.0191	0.0194
		E2 水土流失治理情况/hm^2	0.0396	0.0234	0.0133
		E3 生态用水/m^3	0.0198	0.0719	0.0886
		E4 用水纠纷情况/件	0.0280	0.0306	0.0105

二、研究对象和数据来源

本章以中国 31 个省（自治区、直辖市）作为研究对象，对其进行城市、农村水贫困情况的测算，所用 1997～2013 年指标数据均来源于《中国水资源公报》《中国统计年鉴》《中国环境统计年鉴》《中国区域经济统计年鉴》《中国农村统计年鉴》《中国农业年鉴》等，部分数据是根据年鉴综合处理所得。

第三节　中国城市水贫困和中国农村水贫困指标的冗余性检验

一、相关分析

相关分析一般表明两个变量之间或一个变量与多个变量之间的相互关系，并通过其相互之间的关系来分析或测定这些变量之间的联系程度，据此进行线性回归分析、预测和控制等。在中国城市-农村水贫困复合系统内部，两者在水资源总量不变的前提下，基于用水权利和用水能力以及经济发展等程度差异，在指标的选取方面有可能会存在一定的冗余性。本节在中国城市-农村水贫困子系统内部的相关指标的基础上，对中国城市水贫困与中国农村水贫困指标加以验证，以说明两者的内部指标在解释问题上是否具有冗余性。

二、冗余检验

本节选取中国1997～2013年城市水贫困指标、农村水贫困指标的相关数据进行分析，应用SPSS19.0对中国31个地区城市、农村水贫困的指标体系进行相关性（cov.）与显著性（sig.）检验，检验情况在整体上较理想（表8-3）。

表8-3a　城市水贫困与农村水贫困资源系统指标检验

资源（城市）	R1	R2	资源（农村）	R1	R2
R1（cor.）/（sig.）	1	−0.20/0	R1（cor.）/（sig.）	1	0.30/0
R2（cor.）/（sig.）	−0.20/0	1	R2（cor.）/（sig.）	0.30/0	1

表8-3b　城市水贫困与农村水贫困设施系统指标检验

设施（城市）	A1	A2	A3	A4	设施（农村）	A1	A2	A3	A4
A1（cor.）/（sig.）	1	0.29/0	0.19/0	0.19/0	A1（cor.）/（sig.）	1	0.29/0	0.26/0	−0.11/0
A2（cor.）/（sig.）	0.29/0	1	0.14/0	0.05/0	A2（cor.）/（sig.）	0.29/0	1	0.16/0	−0.04/0
A3（cor.）/（sig.）	0.19/0	0.14/0	1	0.21/0	A3（cor.）/（sig.）	0.27/0	0.16/0	1	0.06/0
A4（cor.）/（sig.）	0.19/0	0.05/0.02	0.21/0	1	A4（cor.）/（sig.）	0.11/0	−0.04/0.04	0.06/0	1

表8-3c　城市水贫困与农村水贫困能力系统指标检验

能力（城市）	C1	C2	C3	C4	能力（农村）	C1	C2	C3	C4
C1（cor.）/（sig.）	1	0.18/0	0.12/0	0.27/0	C1（cor.）/（sig.）	1	−0.02/0	−0.35/0	−0.21/0
C2（cor.）/（sig.）	0.18/0	1	0.09/0	0.03/0	C2（cor.）/（sig.）	−0.02/0	1	0.12/0	0.12/0
C3（cor.）/（sig.）	0.13/0	0.09/0	1	0.30/0	C3（cor.）/（sig.）	−0.35/0	0.12/0	1	0.14/0
C4（cor.）/（sig.）	0.27/0	0.03/0.03	0.30/0	1	C4（cor.）/（sig.）	−0.21/0	0.12/0	0.14/0	1

表8-3d　城市水贫困与农村水贫困使用系统指标检验

使用（城市）	U1	U2	U3	U4	使用（农村）	U1	U2	U3	U4
U1（cor.）/（sig.）	1	0.12/0	−0.36/0	−0.22/0	U1（cor.）/（sig.）	1	−0.32/0	−0.22/0	0.08/0
U2（cor.）/（sig.）	0.12/0	1	−0.09/0	0.125/0	U2（cor.）/（sig.）	−0.32/0	1	−0.22/0	0.20/0
U3（cor.）/（sig.）	−0.36/0	−0.09/0	1	0.236/0	U3（cor.）/（sig.）	−0.22/0	−0.22/0	1	−0.25/0
U4（cor.）/（sig.）	−0.22/0	0.13/0	0.23/0	1	U4（cor.）/（sig.）	0.08/0	0.20/0	−0.25/0	1

表 8-3e　城市水贫困与农村水贫困环境系统指标检验

环境（城市）	E1	E2	E3	E4	环境（农村）	E1	E2	E3	E4
E1（cor.）/（sig.）	1	0.09/0	−0.08/0	0.12/0	E1（cor.）/（sig.）	1	−0.11/0	−0.24/0	0.17/0
E2（cor.）/（sig.）	0.88/0	1	0.06/0.05	−0.10/0	E2（cor.）/（sig.）	−0.11/0	1	−0.07/0	0.12/0
E3（cor.）/（sig.）	−0.78/0	0.06/0.05	1	−0.14/0	E3（cor.）/（sig.）	−0.24/0	−0.07/0.01	1	−0.17/0
E4（cor.）/（sig.）	0.12/0	−0.10/0	−0.13/0	1	E4（cor.）/（sig.）	0.17/0	0.12/0	−0.17/0	1

三、中国城市、农村水贫困的冗余性分析

结合城市与农村指标体系的实际情况，可以看出：首先，根据费希尔的显著性理论，当 $p<0.05$ 时在统计上是显著的，当 $p<0.001$ 时会出现极度显著，在 SPSS 上默认为 0，由表 8-3 可知，中国 31 个省（自治区、直辖市）城市水贫困指标体系与中国农村水贫困指标体系内部之间存在显著性，本次检验合理；其次，相关系数描述了变量之间的相关性程度，且相关系数的绝对值越高，则变量之间的相关性越强，反之则表明变量之间的相关性越弱。一般当 $|r|<0.3$ 时，认为两个变量相互关系极弱，存在不相关性，由表 8-3 可知，该指标体系内部之间相关关系较弱，指标选取相对合理。

第四节　中国城市水贫困以及农村水贫困测度结果

一、研究方法

（一）变权重

1. 权重的确定

在模糊数学中，为了权衡各参考因子对系统的贡献大小，引进了权重的概念。由各因子权重组成的向量，称为权重模糊子集 $\tilde{A}=(a_1,a_2,\cdots,a_m)$，$0\leqslant a_i\leqslant 1$ $(i=1,2,\cdots,m)$，m 为参考因子个数。权重模糊子集 $\tilde{A}$ 确定得恰当与否，直接影响计算结果的合理性。$\tilde{A}$ 的确定方法有多种，常用的有德尔菲法（专家调查法）、变权法、判断矩阵分析法等。但是，无论采用哪一种确定方法，都存在一定的人为性和任意性，这是模糊数学计算的一个缺陷，也是实际应用中不可避免的问题之一。为了减小这一缺陷带来的偏差，尽可能地反映客观实际，采取更仔细地调查和研究工作，反复论证，得到可信度较高的权重。

水贫困指标度量化研究中，权重的确定可以选用以下 3 种方法：

（1）等权法。如多准则集成的时候采取 $\beta_1=\beta_2=\beta_3=1/3$，即认为水系统的子系

统的重要性相同。这是目前比较常用的一种取值，也是人们对经济社会发展与水资源保护等同看待的一种倾向性看法。这一取值已在国外研究中得到成功应用，证明是可行的。在后面实例研究中，部分基础权重的确定采用该方法。

（2）专家调查法。把调查表发给精通专业的专家单个填写，收回后加以整理，形成正式意见。如果专家们的意见差距太大，可针对不同意见再向专家征询，采用第二轮征询甚至第三轮征询，最后统计得到各个权重。这种方法具有较多优点，可以依靠专家们的丰富知识和宝贵经验，能够比较直观地反映实际情况。

（3）变权法。变权法是权重随评估向量而改变的方法。对总体而言，涉及元素 $A_1,A_2,\cdots,A_n$，得到评估指标为 $u_1,u_2,\cdots,u_n$。记 A_i 相对于总体而言的权重为 $\omega_i=\omega_i$（$u_1,u_2,\cdots,u_n$）。$\omega_i(u_1,u_2,\cdots,u_n)=\dfrac{\lambda_i(u_i)}{\sum_{j=1}^{n}\lambda_j(u_j)}$。其中，$\lambda_i(u_i)$ 为选定函数，可通过一定的计算得到。在后面实例研究中，在基础权重确定的基础上，根据各量化指标和谐度的大小，采用该方法对权重进行再处理得到最终权重。

2. *层次分析法与变权法*

本章采用层次分析法与变权法相结合的权重确定方法，由层次分析法确定基础权重（又称初始权重），再利用变权法求最终权重。

层次分析法是一种定性和定量相结合的决策分析方法，通过两两比较及计算矩阵最大特征值及其相应的特征向量，以确定各指标的权重，具体的计算过程如下。

（1）构造判断矩阵。在所有因素中任取两个因素进行对比，根据因素的重要程度，构造判断矩阵 $A=(a_{ij})_{n\times n}$，见表 8-4。

表 8-4　构造比较判断矩阵

数值	两因子之间相比较的含义
1	两因子同样重要
3	一个因子比另外一个稍微重要
5	一个引子比另外一个明显重要
7	一个因子比另外一个重要得多
9	一个因子比另外一个极为重要
2,4,6,8	上述相邻判断的中值
倒数	因子 i 与 j 比较判断为 a_{ij}，则因子 j 与 i 比较为 $a_{ji}=1/a_{ij}$

（2）计算权向量及特征值。对给定的判断矩阵 $A=(a_{ij})_{n\times n}$，确定权向量 $W=(\omega_1,\omega_2,\cdots,\omega_n)^{\mathrm{T}}$ 及特征值 λ_1。其中，有

$$\omega_i = \frac{1}{n}\sum_{j=1}^{n}\frac{a_{ij}}{\sum_{k=1}^{n}a_{kj}} \qquad (i=1,2,\cdots,n) \tag{8-1}$$

$$\lambda_1 = \frac{1}{n}\sum_{i=1}^{n}\frac{\sum_{j=1}^{n}a_{ij}\omega_j}{\omega_i} \tag{8-2}$$

（3）一致性检验。判断矩阵的一致性指标为CI，随机一致性指标是RI，一致性比率为CR。其中，$\mathrm{CI}=\frac{\lambda_1-n}{n-1}$（$n$>1），$\mathrm{CR}=\frac{\mathrm{CI}}{\mathrm{RI}}$，RI的取值见表8-5。

表8-5　平均随机一致性指标RI值

矩阵阶数	RI	矩阵阶数	RI
3	0.52	9	1.46
4	0.89	10	1.49
5	1.12	11	1.52
6	1.26	12	1.54
7	1.36	13	1.56
8	1.41	…	…

当CR<0.1时认为满足一致性要求，并以λ_1所对应的归一化后的特征向量作为归一化后的权向量，即得所求的基础权重$W=(\omega_1,\omega_2,\cdots,\omega_n)^{\mathrm{T}}$。

3. *变权法确定权重*

常权法[17,18]即在综合评判中把每个因素所作的权重视为定值，不考虑权重随评估值变化。变权法就是在综合评估中权数随评估向量改变的综合评判法，是常权法确定基础权重的修正，具体的计算过程如下。

（1）对总体而言，$\mu_1, \mu_2,\cdots, \mu_n$分别为$n$个因素$A_1,A_2,\cdots,A_n$的评估指标（本书中指各因素的安全度），$\mu_i$无量纲或量纲相同，且$\mu_i\in[0,\mu_{\mathrm{m}}]$，常取$\mu_{\mathrm{m}}$=1,10,100等。当$\mu_i$=0时，说明因素$A_i$已经完全失去了应有的作用；当$\mu_i=\mu_{\mathrm{m}}$时，表示因素$A_i$为理想值。

（2）在总体十分完善理想的情况下，A_i的权重$\omega_{\mathrm{m}i}=\omega_i(\mu_{\mathrm{m}},\mu_{\mathrm{m}},\cdots,\mu_{\mathrm{m}})$，$\omega_{\mathrm{m}i}\in$(0,1)，$\sum_{i=1}^{n}\omega_{\mathrm{m}i}=1$，$\omega_{\mathrm{m}i}$称为基础权重，可以用层次分析法得到。

（3）ω_{0i}为因素A_i功能完全消失时A_i的上确界权重，充分体现了加大评估值过低项目权重以引起决策者充分注意的思想。$\omega_{0i}=\omega_i(\mu_{\mathrm{m}},\cdots,\mu_{\mathrm{m}},0,\mu_{\mathrm{m}},\cdots,\mu_{\mathrm{m}})$，

$\omega_{0i}\in$（0,1）当 $n\geqslant 3$ 时，建议用下式计算：

$$\omega_{0i}=\frac{\omega_{mi}}{\min\limits_{1\leqslant j\leqslant n}\omega_{mj}+\max\limits_{1\leqslant j\leqslant n}\omega_{mj}}\qquad (i,j=1,2,\cdots,n) \tag{8-3}$$

（4）为了简便、直观地获取最终权重 $\omega_i(\mu_1,\mu_2,\cdots,\mu_n)$，引入函数 $\lambda_i(\mu_i)$，$\lambda_i(\mu_i)\in(0,\mu_m)$。$\lambda_{0i}$ 和 λ_{mi} 分别是 $\lambda_i(\mu_i)$ 在 $[0,\mu_m]$ 上的最大值和最小值。

$$\lambda_i(\mu_i)=\frac{\lambda_{.i}^{*}\lambda_{0i}}{\lambda^{*}\exp\left[\frac{1}{1-k_i}\left(\frac{\mu_i}{\mu_m}\right)^{1-k_i}\right]} \tag{8-4}$$

式中，

$$\lambda_{0i}=\frac{\omega_{0i}\sum\limits_{j\neq i}\omega_{mj}}{1-\omega_{0i}}$$

$$\lambda^{*}=\sum_{i=1}^{n}\lambda_{0i}$$

$$\lambda_{.i}^{*}=\sum_{j\neq i}\lambda_{0j}$$

$$k_i=1-\frac{1}{\ln\frac{\lambda_{0i}\left(\lambda_{.i}^{*}+\omega_{mi}\right)}{\lambda^{*}\omega_{mi}}}$$

（5）在计算得到 $\lambda_i(\mu_i)(i=1,2,\cdots,n)$ 之后，最终的变权重 $\omega_i(\mu_1,\mu_2,\cdots,\mu_n)$ 可利用以下公式求得

$$\omega_i\left(u_1,u_2,\cdots,u_n\right)=\frac{\lambda_i\left(\mu_i\right)}{\sum\limits_{j=1}^{n}\lambda_j\left(\mu_j\right)}\qquad (i,j=1,2,\cdots,n) \tag{8-5}$$

求得的 $\omega_i(\mu_i)$ 即为利用模糊变权法确定的最终权重值。使用变权法得到的综合值总比以基础权重为权数计算出来的综合值小，这与开始提出的用降低综合值的办法突出单因素评估时评估值低的结论相吻合。

（二）水贫困指数模型

本节以水贫困理论为基础，采用非均衡法构建水贫困指数模型。水贫困指数模型从资源、设施、能力、使用和环境这 5 个方面来评价水资源短缺程度。其中，水资源状况指在物理意义上水资源量及其可获得性或可利用性；水设施状况指充足而完整的供水、灌溉以及卫生设施的情况，反映了该地区居民对清洁水源的利

用程度以及对水资源利用的安全程度；利用能力指在经济、教育以及卫生情况的基础上评价居民综合利用、管理水资源和卫生设施的能力；使用效率指通过分析社会各部门的用水量，衡量水资源对社会经济发展所作的贡献；环境状况指反映与水资源管理相关的环境状况，包括水质状况及生态环境可能受到的潜在压力等[19]。具体计算公式见第三章第三节。

二、中国城市水贫困与农村水贫困测度水平

首先，通过数据标准化方法，解决所有指标（表 8-1 和表 8-2）对应原始数据的不同度量问题；其次，通过变权重方法计算得出各指标综合权重，对中国城市水贫困与农村水贫困评价系统各个指标加权求和，得到中国 31 个省（自治区、直辖市）的各子系统的综合评价得分；最后，通过对体系内部子系统得分进行加权求和，得到中国 31 个省（自治区、直辖市）城市、农村地区水贫困的总得分情况。最终所得的评价结果能够基本反映 1997～2013 年中国城市地区水贫困、农村地区水贫困得分的实际情况，限于篇幅，仅列部分年份数据（表 8-6）。

表 8-6　1997～2013 年中国城市水贫困与农村水贫困测度得分

地区（城市/农村）	1997 年得分	2001 年得分	2004 年得分	2007 年得分	2010 年得分	2013 年得分
北京	0.276/0.283	0.318/0.271	0.356/0.255	0.370/0.301	0.384/0.325	0.467/0.353
天津	0.229/0.276	0.266/0.262	0.268/0.265	0.301/0.272	0.326/0.291	0.373/0.317
河北	0.209/0.301	0.210/0.304	0.212/0.316	0.227/0.324	0.251/0.338	0.266/0.358
山西	0.172/0.248	0.169/0.254	0.178/0.252	0.223/0.260	0.227/0.274	0.257/0.293
内蒙古	0.168/0.306	0.181/0.310	0.190/0.299	0.206/0.316	0.250/0.346	0.286/0.398
辽宁	0.258/0.267	0.242/0.275	0.240/0.270	0.271/0.280	0.295/0.308	0.323/0.341
吉林	0.170/0.274	0.184/0.269	0.190/0.281	0.207/0.295	0.229/0.325	0.248/0.359
黑龙江	0.206/0.364	0.211/0.356	0.203/0.359	0.235/0.366	0.246/0.397	0.274/0.448
上海	0.273/0.274	0.329/0.243	0.385/0.272	0.401/0.265	0.402/0.286	0.444/0.437
江苏	0.260/0.336	0.303/0.349	0.343/0.378	0.415/0.388	0.458/0.367	0.490/0.399
浙江	0.251/0.352	0.303/0.344	0.329/0.366	0.388/0.371	0.432/0.402	0.454/0.409
安徽	0.193/0.299	0.181/0.292	0.202/0.302	0.241/0.309	0.254/0.343	0.276/0.373
福建	0.209/0.307	0.216/0.315	0.233/0.319	0.269/0.328	0.309/0.358	0.328/0.399
江西	0.180/0.360	0.188/0.330	0.196/0.325	0.207/0.340	0.246/0.385	0.254/0.402
山东	0.268/0.312	0.243/0.318	0.266/0.333	0.359/0.363	0.382/0.383	0.413/0.410
河南	0.200/0.297	0.207/0.282	0.216/0.288	0.252/0.304	0.272/0.325	0.276/0.338
湖北	0.237/0.309	0.219/0.297	0.239/0.289	0.288/0.294	0.303/0.329	0.326/0.364
湖南	0.247/0.389	0.236/0.386	0.240/0.383	0.245/0.376	0.269/0.399	0.284/0.419
广东	0.315/0.366	0.331/0.369	0.347/0.346	0.403/0.370	0.463/0.430	0.484/0.467

续表

地区（城市/农村）	1997年得分	2001年得分	2004年得分	2007年得分	2010年得分	2013年得分
广西	0.218/0.359	0.227/0.339	0.223/0.339	0.249/0.328	0.284/0.363	0.289/0.373
海南	0.146/0.273	0.156/0.271	0.147/0.269	0.172/0.269	0.197/0.293	0.202/0.314
重庆	0.170/0.225	0.168/0.237	0.194/0.226	0.220/0.242	0.255/0.259	0.272/0.295
四川	0.235/0.295	0.248/0.313	0.274/0.321	0.287/0.312	0.316/0.345	0.340/0.393
贵州	0.147/0.257	0.143/0.265	0.156/0.256	0.174/0.260	0.190/0.283	0.215/0.292
云南	0.208/0.350	0.207/0.348	0.206/0.334	0.221/0.337	0.239/0.351	0.265/0.361
西藏	0.190/0.340	0.243/0.332	0.227/0.354	0.218/0.340	0.232/0.344	0.262/0.340
陕西	0.152/0.259	0.155/0.250	0.164/0.245	0.201/0.250	0.219/0.268	0.245/0.273
甘肃	0.132/0.251	0.127/0.256	0.144/0.277	0.166/0.275	0.166/0.289	0.187/0.301
青海	0.139/0.301	0.144/0.304	0.164/0.275	0.176/0.295	0.187/0.317	0.215/0.321
宁夏	0.115/0.293	0.127/0.293	0.115/0.305	0.152/0.288	0.178/0.300	0.175/0.318
新疆	0.148/0.396	0.179/0.432	0.188/0.415	0.203/0.420	0.219/0.456	0.232/0.408

综上可得，中国31个省（自治区、直辖市）的城市水贫困、农村水贫困得分均呈现上升态势，表明：①中国城市、农村地区水贫困程度在逐渐改善；②中国城市、农村地区水贫困改善程度的绝对差距逐渐拉大。

第五节　中国城市水贫困与农村水贫困的协调发展分析

一、协调发展模型

城市水贫困与农村水贫困之间是一种既对立又统一的关系。一般情况下，为了发展经济，通常会以农村水贫困状况恶化或者改善极为缓慢的代价来换取城市水贫困的改善。然而，随着社会经济发展、城市水贫困情况的改善，人们对农村水贫困的重视程度也会随之提高。为了计算出中国城市水贫困和农村水贫困的发展度和协调度，根据城市水贫困和农村水贫困的相互关系建立直角坐标图（图8-1）。图8-1的协调发展模型是用来度量中国城市和农村水贫困程度的发展度和协调度，曲线$y=1/2-x^3$、$y=3/4-x^3$、$y=1-x^3$将该图形面积以实线分成了4等分，作为衡量发展度的标准；曲线$y=x$、$y=x^{1/3}$、$y=x^3$将正方形面积以虚线分成了4等分，作为衡量协调度的标准[20]。采用该曲线的划分方式，体现出城市水资源短缺状况的改善要以农村水资源短缺状况的改善为基础，以达到中国城市水资源的利用和农村水资源的利用协调发展的目的。

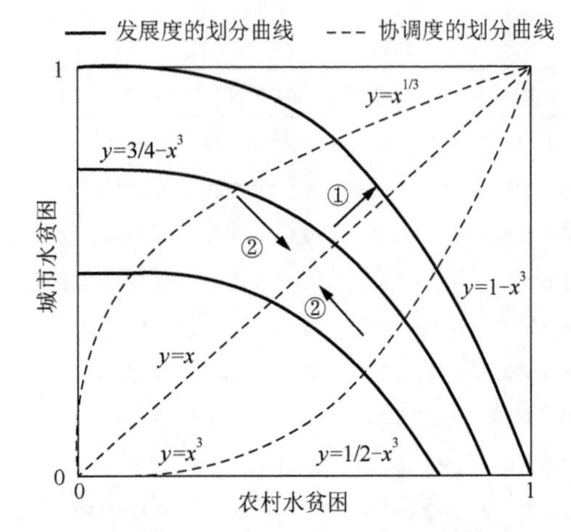

图 8-1 协调发展的度量标准示意图

（一）协调发展度的评价

将中国城市水贫困、中国农村水贫困的得分代入协调发展模型以求出协调发展指数。图 8-1 中，y 轴表示城市水贫困得分，x 轴表示农村水贫困得分，把两个系统得分代入公式 $y=D-x^3$、$y=x^a$、$H=a$（$a<1$）和 $H=1/a$（$a>1$）分别计算得到中国 31 个省（自治区、直辖市）城市、农村水贫困的发展度（D）和协调度（H）（表 8-7）。

表 8-7 中国城市与农村水贫困的发展度、协调度得分

地区	1997 年		2001 年		2004 年		2007 年		2010 年		2013 年	
	H	D	H	D	H	D	H	D	H	D	H	D
北京	0.939	0.299	0.947	0.338	0.956	0.372	0.928	0.398	0.911	0.418	0.881	0.511
天津	0.940	0.251	0.951	0.284	0.949	0.287	0.946	0.321	0.935	0.350	0.917	0.405
河北	0.922	0.237	0.919	0.238	0.911	0.244	0.906	0.261	0.897	0.289	0.880	0.312
山西	0.952	0.187	0.948	0.186	0.950	0.194	0.949	0.241	0.942	0.247	0.931	0.282
内蒙古	0.912	0.197	0.911	0.211	0.921	0.216	0.910	0.238	0.890	0.292	0.841	0.349
辽宁	0.947	0.277	0.942	0.263	0.945	0.259	0.940	0.293	0.923	0.324	0.897	0.363
吉林	0.935	0.191	0.941	0.203	0.934	0.212	0.926	0.233	0.905	0.263	0.877	0.294
黑龙江	0.867	0.254	0.876	0.256	0.871	0.249	0.869	0.284	0.838	0.309	0.781	0.364
上海	0.944	0.294	0.962	0.344	0.946	0.406	0.951	0.420	0.938	0.425	0.788	0.528
江苏	0.899	0.298	0.890	0.345	0.864	0.397	0.850	0.474	0.869	0.507	0.829	0.554
浙江	0.884	0.295	0.894	0.344	0.875	0.378	0.869	0.440	0.833	0.497	0.823	0.522
安徽	0.921	0.220	0.925	0.206	0.920	0.230	0.919	0.270	0.892	0.294	0.866	0.328
福建	0.917	0.238	0.912	0.247	0.911	0.265	0.906	0.304	0.882	0.355	0.841	0.392
江西	0.866	0.227	0.896	0.223	0.901	0.230	0.890	0.246	0.852	0.303	0.834	0.319

续表

地区	1997 年		2001 年		2004 年		2007 年		2010 年		2013 年	
	H	*D*	*H*	*D*	*H*	*D*	*H*	*D*	*H*	*D*	*H*	*D*
山东	0.918	0.299	0.912	0.275	0.902	0.303	0.878	0.407	0.858	0.438	0.825	0.482
河南	0.924	0.226	0.934	0.229	0.931	0.240	0.924	0.280	0.909	0.306	0.898	0.314
湖北	0.918	0.267	0.926	0.245	0.933	0.263	0.932	0.314	0.907	0.339	0.877	0374
湖南	0.848	0.306	0.849	0.293	0.853	0.296	0.860	0.298	0.838	0.333	0.817	0.358
广东	0.874	0.364	0.873	0.381	0.893	0.388	0.869	0.454	0.795	0.543	0.736	0.586
广西	0.873	0.264	0.893	0.266	0.893	0.262	0.905	0.284	0.877	0.331	0.867	0.341
海南	0.932	0.166	0.936	0.175	0.935	0.167	0.939	0.191	0.926	0.222	0.911	0.233
重庆	0.963	0.181	0.957	0.181	0.965	0.205	0.959	0.234	0.952	0.273	0.931	0.297
四川	0.929	0.261	0.916	0.278	0.912	0.307	0.919	0.317	0.894	0.357	0.847	0.401
贵州	0.943	0.164	0.937	0.161	0.945	0.173	0.945	0.191	0.932	0.212	0.928	0.240
云南	0.881	0.251	0.883	0.249	0.894	0.243	0.894	0.260	0.884	0.282	0.877	0.313
西藏	0.887	0.229	0.901	0.279	0.879	0.271	0.891	0.257	0.889	0.272	0.896	0.302
陕西	0.943	0.169	0.948	0.171	0.953	0.179	0.953	0.216	0.944	0.239	0.944	0.266
甘肃	0.944	0.148	0.940	0.143	0.929	0.165	0.934	0.187	0.924	0.190	0.919	0.214
青海	0.909	0.167	0.908	0.172	0.934	0.184	0.922	0.202	0.906	0.219	0.907	0.248
宁夏	0.909	0.140	0.912	0.152	0.898	0.144	0.922	0.176	0.918	0.205	0.903	0.207
新疆	0.816	0.210	0.784	0.259	0.807	0.259	0.805	0.276	0.764	0.314	0.824	0.300

（二）中国城市、农村水贫困协调发展评价

在发展度、协调度计算的基础上，计算中国 31 个省（自治区、直辖市）城市与农村水贫困协调发展水平 SD（$SD=\sqrt{H \times D}$），以便更好地衡量中国城市水贫困和农村水贫困的协调发展情况（表 8-8）。

表 8-8 中国 31 个省（自治区、直辖市）城市水贫困与农村水贫困协调发展水平

地区	1997 年	2001 年	1997～2002 年均值	2004 年	2007 年	2003～2007 年均值	2010 年	2013 年	2008～2013 年均值
北京	0.530	0.566	0.509	0.596	0.608	0.512	0.617	0.671	0.630
天津	0.485	0.520	0.491	0.522	0.551	0.484	0.572	0.609	0.582
河北	0.467	0.468	0.444	0.471	0.486	0.397	0.509	0.524	0.511
山西	0.422	0.420	0.380	0.429	0.478	0.379	0.482	0.512	0.490
内蒙古	0.424	0.438	0.333	0.446	0.465	0.341	0.509	0.542	0.512
辽宁	0.513	0.497	0.513	0.495	0.524	0.470	0.547	0.571	0.551
吉林	0.423	0.437	0.369	0.445	0.464	0.414	0.488	0.508	0.489
黑龙江	0.469	0.473	0.420	0.466	0.497	0.412	0.509	0.533	0.512
上海	0.527	0.575	0.529	0.620	0.632	0.539	0.632	0.645	0.634

续表

地区	1997年	2001年	1997～2002年均值	2004年	2007年	2003～2007年均值	2010年	2013年	2008～2013年均值
江苏	0.517	0.554	0.587	0.586	0.634	0.646	0.664	0.678	0.664
浙江	0.511	0.554	0.551	0.575	0.618	0.629	0.643	0.656	0.641
安徽	0.450	0.437	0.415	0.460	0.498	0.428	0.512	0.533	0.514
福建	0.467	0.475	0.456	0.491	0.525	0.461	0.560	0.574	0.558
江西	0.443	0.447	0.364	0.455	0.468	0.368	0.508	0.516	0.504
山东	0.524	0.501	0.535	0.523	0.598	0.583	0.613	0.631	0.617
河南	0.457	0.463	0.446	0.473	0.508	0.439	0.528	0.531	0.523
湖北	0.495	0.476	0.473	0.496	0.541	0.496	0.554	0.573	0.558
广东	0.564	0.576	0.628	0.589	0.628	0.648	0.657	0.657	0.651
广西	0.480	0.488	0.424	0.484	0.507	0.436	0.539	0.544	0.536
海南	0.394	0.405	0.413	0.395	0.424	0.397	0.454	0.461	0.451
重庆	0.418	0.416	0.394	0.445	0.474	0.437	0.510	0.526	0.512
四川	0.492	0.505	0.465	0.529	0.540	0.467	0.565	0.583	0.565
贵州	0.393	0.389	0.319	0.404	0.425	0.336	0.445	0.472	0.444
云南	0.470	0.469	0.366	0.467	0.482	0.349	0.499	0.524	0.501
西藏	0.451	0.502	0.383	0.488	0.479	0.421	0.492	0.520	0.493
陕西	0.399	0.402	0.367	0.413	0.454	0.374	0.475	0.501	0.485
甘肃	0.374	0.367	0.306	0.391	0.418	0.302	0.419	0.444	0.428
青海	0.389	0.395	0.267	0.415	0.431	0.275	0.446	0.474	0.458
宁夏	0.357	0.373	0.313	0.359	0.403	0.294	0.434	0.433	0.422
新疆	0.414	0.451	0.313	0.458	0.472	0.333	0.489	0.497	0.483

由表8-8可知，中国31个省（自治区、直辖市）城市与农村水贫困协调发展水平随着时间的推进递增，但是协调发展程度较高的地区的改善速度要快于协调发展程度较低的地区。

二、城市水贫困与农村水贫困协调发展程度的时空演变分析

为消除数据周期性波动的影响，通常首先将全部数据样本按照5年或6年为一段划分为若干个时期，用各时期平均值作为变量进行讨论，因此将测算所得的得分结果划分为1997～2002年、2003～2008年、2009～2013年3个时间段；然后，求得历年协调发展度的平均值作为空间格局分布情况；最后，按照空间格局分布情况对历年变化情况进行原因分析。从计算结果可知，1997～2013年中国城市水贫困和城市水贫困协调发展度总体呈上升的趋势，并且其协调发展程度由西北向东南依次递增，其格局分布与中国经济格局大致吻合。基于上面的评估结果，依据ISODATA聚类的方法将中国31个省（自治区、直辖市）城市与农村水贫困空间格局划分为4类（图8-2）。

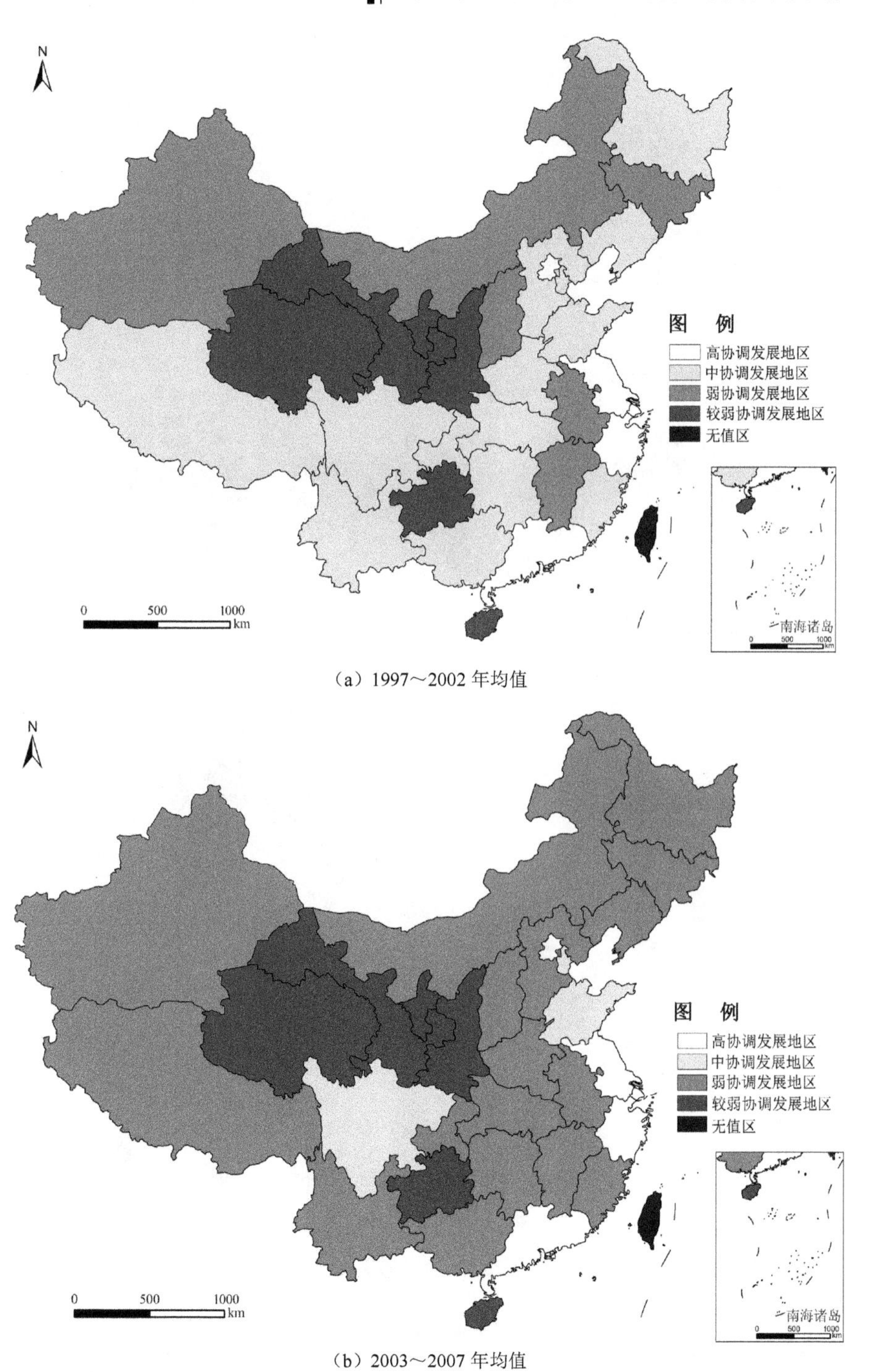

（a）1997～2002 年均值

（b）2003～2007 年均值

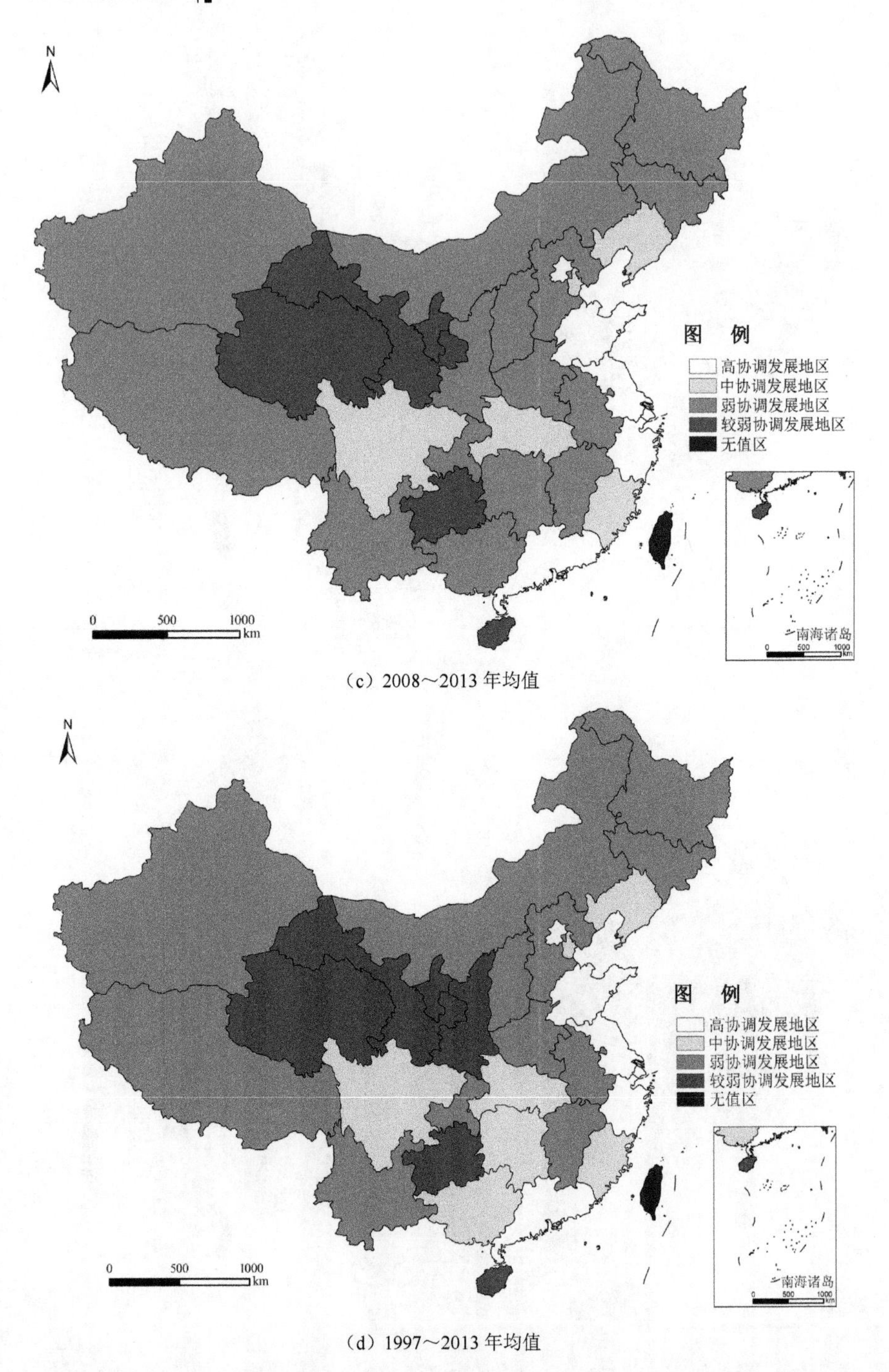

（c）2008～2013 年均值

（d）1997～2013 年均值

图 8-2　1997～2013 年中国城市水贫困与农村水贫困协调发展程度的时空变化趋势

（一）高协调发展地区

高协调发展地区包括北京、上海、江苏、浙江、山东、广东。

北京、上海地区经济增长迅速，城市与农村的基础设施建设在全国处于领先水平，先进的科学技术、充足的资金投入使得城市、农村水资源状况持续改善。同时，北京作为南水北调的终点以及上海地处长江入海口使得它们具有丰富的水资源，城市水贫困与农村水贫困的改善呈高度协调发展态势。

江苏、浙江、广东大部分为沿海湿润气候，高温多雨，毗邻大江大河，水资源较为丰富。同时，由于农业节水技术的持续推广，发达的教育提高了人民节水意识，在全国属于城市水贫困与农村水贫困的改善协调发展度较高的地区。

山东在 1997～2007 年一直处于中协调发展状态，在 2008 年后随着社会经济的不断发展，政府加大对科技支持力度，从自身实际资源条件出发提高农业用水效率和城市推广节水措施，使得城市、农村水贫困协调程度在全国范围处于前列。

（二）中协调发展地区

中协调发展地区包括天津、辽宁、福建、湖北、湖南、广西、四川。

天津处于中度协调发展状态，因为属于滨海城市，故水资源较为丰富，但是在开发过程中对地下水的过度开采，导致其水资源条件恶劣。借助南水北调弥补了其水资源短缺情况，以农产品生产结构调整和节水灌溉技术推广为特征的工农业用水量下降，均促成其用水效率上升。

辽宁在 2003～2007 年处于较弱的协调发展状态，其地处平原广阔，森林和水资源比较丰富，是中国农业和工业较发达的地区，但是政府财政自给率处于中下游水准，工业污染严重，协调发展度较弱。2008～2013 年发展至中协调度地区是因为限制耕地面积扩张速度、修复辽河上游生态环境及治理下游河道、长期治理水土流失等措施使工、农业生产环境得到改善。

福建位于中国东南地区，水资源丰富，但是时空分布不均，农业用水的经济效益缺乏比较优势，进而在城镇化过程中不断收缩，因此，在 2003～2007 年处于较弱的协调发展状态。2008～2013 年发展至中协调度地区是因为不断增长的科技投入和地方财政补助促成城市、农村用水协调，使得农村实际用水权利得到保障。

四川、湖北、湖南在大多数年份属于较弱协调发展状态，2008～2013 年转至中协调发展程度，其原因是利用丰富的水热资源，当地居民借助从事非农生产降低了环境波动对家庭收入的冲击，同时城市排水设施和污水治理投入等公共品供给投入加大，城市、农村水贫困协调发展明显改善。

广西位于中国西南地区，以亚热带湿润气候为主，高温多雨，且工业用水量较少，但受地形限制很难利用丰富的水资源，加上经济相对落后使得城市与农村供水、排水能力较弱。2003 年以后，政府利用依托东盟优势，积极扩大资金投入，使得城市、农村水贫困协调发展状况明显改善。

（三）弱协调发展地区

弱协调发展地区包括河北、山西、内蒙古、吉林、黑龙江、安徽、江西、河南、重庆、云南、西藏、新疆。

河北于 2003～2008 年处于弱协调发展状态，过度开采地下水、庞大的人口数量、城市化发展水平较高使得地方盲目发展经济而忽略对水资源的合理利用。同时，由于居民节水意识淡薄，大量水资源浪费及污染。河北作为民工输出大省，大量的留守老人、妇女以及儿童使得农村用水能力较低。

黑龙江地处广阔的平原，森林和水资源比较丰富，是中国人均粮食产量最多的地区，城市用水与农村用水明显不协调，政府财政自给率较低，工业污染严重，且农村妇女和留守儿童数量在全国处于中游水平，极大地限制了农村用水能力，城市、农村水贫困协调发展的程度一直较弱。

安徽位于中国南方地区，以亚热带湿润气候为主，降雨集中，农业基础设施发达，用水权利农村多于城市，且工业用水量较少，但受地形限制很难利用丰富的水资源，水土流失显现恶化趋势，加之洪涝灾害，城市水贫困与农村水贫困呈现较弱协调发展态势。

河南在 1997～2002 年处于中度协调发展状态，在 2003～2007 年和 2008～2013 年两个时间段持续恶化是因为河南作为中国的人口大省，近年来随着大量人员外出务工，较多的留守妇女、儿童降低了农村用水能力。同时，粗放型产业的乡镇企业有所发展，其污水排放量增加，导致当地环境恶化，从而表现为资源型缺水。

内蒙古、山西大部分处于半干旱地带，地面受风蚀造成沙漠化，长期环境污染较严重。而农村地区节水灌溉设施和排污设施薄弱，化肥农药施用强度和污染较高，但农业收入增长缓慢，难以补偿农业水污染损失。两地经济发展使得城市、农村水贫困的改善处于较弱协调发展状态。

江西位于中国南方地区，水资源较丰富但时空分布不均，由于自身所处地理位置与气候特征，加之不完善的灌溉设施和落后的水资源管理政策，使得城市、农村水贫困的改善处于较弱协调发展状况。

重庆地处四川盆地且以山区丘陵为主，存在严重的水土流失现象，作为西南地区的经济发展中心，城市化程度相对较高，因此城市水资源使用量较大，城市、农村水贫困的改善呈现较弱协调发展的态势。

云南水资源本底条件好，但因地形的影响，开发利用难度大，城市、农村水贫困的改善协调发展状况较弱。导致云南水贫困问题的主要因素在于经济发展水平低，因而用水普及率、科教投入、水污染处理能力和应对自然灾害能力也受到了制约。应在不损坏生态环境的前提下，加快经济发展和加大科教投入，寻求水资源可持续利用之路。

西藏在1997～2002年处于中协调发展阶段，在中期和后期持续恶化至较弱协调发展状态是因为属中国青藏高原地区，也是中国主要江河发源地，不适合发展农业规模经济，加上当地多年实际蒸散量呈上升趋势，水环境脆弱，以维持原貌为主，因此城市、农村水贫困的改善协调发展状况较弱。

新疆城市、农村水贫困协调发展呈现出较弱态势，原因是农村地区较严重的水土流失情况。近年来新疆利用较丰富的水资源，推广节水灌溉并适度抑制耗水农产品种植规模，借助当地地下水和内陆河适度提高了农村地区供水量，处于协调发展持续改善状态。

（四）较弱协调发展地区

较弱协调发展地区包括海南、贵州、青海、陕西、甘肃、宁夏。

海南位于中国华南地区，虽然气候炎热湿润，但由于其四面环海，淡水资源相对贫乏。同时，海南作为中国冬季蔬菜水果的生产省份，农业生产需要大量淡水资源作为支持，这种水资源的需求过度与供给不足，使得城市、农村水贫困的改善协调发展处于较弱态势。

青海位于青藏高原东北部，水资源丰富，但是受到地势、气候等恶劣的自然环境影响，很难利用大部分水资源。同时，由于该地是长江、黄河发源地所在，保护生态平衡的任务十分艰巨。

贵州地处中国西南地区，属于亚热带季风气候，雨量相对充沛，地貌以丘陵山地为主，因此水土流失比较严重。当地水资源开发利用难度渐增加剧了供水总量下滑，持续下降的地方财政自给率减弱污染治理能力和防灾减灾能力，进而使非农产业发展受阻和城市、农村水贫困脆弱性凸显。

2008～2013年，陕西在蓄水、排水设施方面进行长期投资，环境科技投入和污水治理投资得到强化，一方面促进农村地区总供水量增加和非农产业发展机会上升，另一方面抑制粗放型用水产业的发展，城市、农村水贫困协调发展状态从弱转变至较弱。

甘肃、宁夏位于中国西北地区，人均水资源占有量只有全国的17%，近几十年气候变化加上人为因素破坏，水资源严重短缺。地理环境持续恶化、经济发展落后、大批民工外出打工，导致城市、农村水贫困协调发展水平亟待改善。

第六节　讨　　论

水贫困指数作为评价水资源短缺程度的重要理论模型，能相对全面地、系统地、科学地评价一个地区的水资源情况。本章结合 WPI$^+$模型的相关特点对水贫困指数模型加以改进，分别构建了中国城市水贫困、农村水贫困评价指标体系。为能更加科学地反映城市、农村水贫困的实际情况，在指标选取上遵循相对应的原则，对指标进行显著性相关分析，验证了中国城市水贫困与农村水贫困的指标体系内部之间不存在冗余情况。通过借助体现各指标之间的相对重要性随着时间而不断变化的变权重法赋予权重，对 1997～2013 年中国 31 个省（自治区、直辖市）城市水贫困、农村地区的水贫困情况进行测度，与国内外学者对当前中国城市、农村水贫困的实际情况的研究成果基本符合[21-25]。

目前采用的中国水贫困评价指标体系，由于指标过多，系统之间存在非线性的关系，而且在各省水资源量既定的情况下，不仅没有把水资源的设施状况、权利分配以及用水能力放到一个重要的位置，而且现有的评价理论也着重于农村水贫困的测度，忽略了城市水贫困的改善与农村水贫困改善的内在联系，这也正是本章提出协调发展度的主要原因。中国城市、农村水贫困协调发展水平的分析表明，两者的发展应该是协调持续的发展，在确保城市水贫困状况持续改善的基础上，改善农村水贫困应作为今后的重点任务。因此，从协调发展的角度构建的中国水贫困评价指标体系，不仅能够有效地反映水贫困改善的状况，还能在一定程度上弥补现有水贫困评价体系中存在的不足。

本章考虑中国城市水贫困和农村水贫困在时空序列上的协调发展关系，基于分析结果得出以下政策建议：当考虑中国 31 个省（自治区、直辖市）城市、农村地区用水权利、用水能力以及经济发展等因素时，对城市、农村地区实施有针对性和可操作的相关政策，可以改善城市、农村水贫困的协调发展程度。当城市、农村地区水贫困处于较弱协调发展阶段时，国家应加大对地方的扶持力度，高度重视水资源的开发与保护，同时，地方可以因地制宜发展比较优势产业，减少耗水产业，大力发展非农经济。当城市、农村地区水贫困处于弱协调发展阶段时，可以通过增加地方政府财政自给率、加大水利基础设施的投资、提高农业种植效率和节水灌溉等科技投入以及提升居民的可支配收入以增强居民的用水能力来促进城市、农村水贫困协调发展程度的改善。当城市、农村地区水贫困处于中协调发展阶段时，应重视地方政策的稳定性和连贯性，降低城市用水对农村用水的挤压，同时提升用水效率，保护生态环境。当城市、农村地区水贫困处于高协调发展阶段时，用水政策应该更加倾向于农村生产生活污水处理的技术与设备投入，在水资源保护、节水灌溉、农业污水回用、饮水安全等环节加大投入，通过发展农村水资源治理项目和用水权交易反过来带动农村经济发展。

参考文献

[1] 孙才志, 王雪妮, 邹玮. 基于 WPI-LSE 模型的中国水贫困测度及空间驱动类型分析. 经济地理, 2012, 32(3): 9-15.

[2] Sullivan C A. The water poverty index: development and application at the community scale. Natural Resource Forum, 2003, 27(3): 189-199.

[3] Sullivan C A, Jemmali H. Toward understanding water conflicts in MENA region: a comparative analysis using water poverty index. The Economic Research Forum (ERF), 2014, 8: 1-24.

[4] Cohen A, Sullivan C A. Water and poverty in rural China: developing an instrument to assess the multiple dimensions of water and poverty. Ecological Economics, 2010, 69: 999-1009.

[5]Wilk J, Jonsson A C. From water poverty to water prosperity-a more participatory approach to studying local water resources management. Water Resour Manage, 2013, 27: 695-713.

[6] Harris L M. Water rich, resource poor: intersections of gender, poverty, and vulnerability in newly ir-rigated areas of Southeastern Turkey. World Development, 2012, 36(12): 2643-2662.

[7] Toure N M, Kane A, Noel J F, et al. Water-poverty relationships in the coastal town of Mbour (Senegal): relevance of GIS for decision support. International Journal of Applied Earth Observation and Geoinformation, 2012: 33-39.

[8] 何栋材, 徐中民, 王广玉. 水贫困测量及应用的国际研究进展. 干旱区地理, 2009, 32(2): 296-303.

[9] 曹建廷. 水匮乏指数及其在水资源开发利用中的应用. 中国水利, 2005, (9): 22-24.

[10] 孙才志, 王雪妮. 基于 WPI-ESDA 模型的中国水贫困评价及空间关联格局分析. 资源科学, 2011, 33(6): 1072-1082.

[11] 陈莉, 石培基, 魏伟, 等. 干旱区内陆河流域水贫困时空分异研究——以石羊河为例. 资源科学, 2013, 35(7): 1373-1379.

[12] 孙才志, 陈琳, 赵良仕, 等. 中国农村水贫困和经济贫困的时空耦合关系研究. 资源科学, 2013, 35(10): 1991-2002.

[13] Garriga R G, Foguet A P. Improved method to calculate a water poverty index at local scale. Journal of Environmental Engineering. 2010, 36(11): 1287-1298.

[14] Andrew W, Nicholas K, Conard J. Settlement patterns during the Eardier and middle stone age around Langebaan Lagoon, Western Cape (South Africa). Quaternary International, 2012, 270(23): 15-29.

[15] 孙才志, 汤玮佳, 邹玮. 中国农村水贫困与城市化、工业化进程的协调关系研究. 中国软科学, 2013(7): 86-100.

[16] Wilk J, Jonsson A C. Opening up the water poverty index—co-producing knowledge on the capacity for community water management using the water prosperity index. Society & Natural Resources, 2014, 2: 265-280.

[17] 左其亭, 张云. 人水和谐量化研究方法及应用. 北京: 中国水利水电出版社, 2009.

[18] 丁宁, 金晓斌, 汤小橹, 等. 生态位适宜度变权法在高速铁路临时用地复垦适宜性评价中的应用——以京沪高铁常州段典型制梁场为例. 资源科学, 2010, 32(12): 2349-2355.

[19] Sullivan C A. Calculating a water poverty index. World Development. 2002, 30(7): 1195-1211.

[20] 覃雄合, 孙才志, 王泽宇. 代谢循环视角下的环渤海地区海洋经济可持续发展测度. 资源科学, 2014, 36(12): 2647-2656.

[21] Heidecke C. Development and evaluation of a regional water poverty index for Benin. International Food Policy Research Institute, Environment and Production Technology Division, 2006: 35-36.

[22] Cho D I, Ogwang T, Opio C. Simplifying the water poverty index. Social Indicators Research, 2010, 97: 257-267.

[23] 王雪妮, 孙才志, 邹玮. 中国水贫困和经济贫困空间耦合关系研究. 中国软科学, 2011, (12): 180-192.

[24] 曹茜, 刘锐. 基于 WPI 模型的赣江流域水资源贫困评价. 资源科学, 2012, 34(7): 1306-1311.

[25] 邵薇薇, 杨大文. 水贫乏指数的概念及其在中国主要流域的初步应用. 水利学报, 2007, 38(7): 866-872.

第九章　基于主成分分析与灰色关联度的市区尺度应用实例研究

淡水资源是地球上最活跃的圈层——水圈的基本构成部分，是所有陆地生态系统不可缺少的自然资源，也是人类社会持续发展的重要物质基础。20 世纪中期以来，全球人口剧增，工业、农业快速发展，城市化进程急速跟进，人类对水资源的需求也愈演愈烈。为了保持社会经济的持续发展和满足不断提高的生活质量需求，人类对水资源进行大规模的开采，水资源消耗量也快速增长。然而，地球上的水资源是有限的，易于开采且可供人类使用的淡水少之又少。全球水资源的总蕴含量为 $1.39\times10^{18}m^3$，其中，97.5%的水资源都是无法直接利用的咸水，而 2.5%的淡水中有超过一半储存在南极和格陵兰的冰盖。因此，日益增长的水资源需求量和不断减少的可供使用量之间的矛盾日益突出。而且，一些国家或地区在水资源的开发利用过程中，因为水环境保护意识淡薄、取水系统工程设施不完善、用水效率低下、片面追求经济增长等原因，在开发水资源的同时，又导致水污染的问题，使得本来就紧张的水资源供需矛盾更加尖锐。这种水资源供需矛盾的存在，不仅使全球许多国家和地区面临不同程度的水资源危机，而且阻碍社会经济的可持续发展，甚至在一些极度缺水的地区已经威胁到了居民的生存条件。因此，如何缓解水资源危机，实现水资源的可持续利用，减少因水环境破坏带来的生态系统恶化和生物多样性破坏，减少水资源短缺带来的社会经济可持续发展的威胁，进而实现人口、经济、社会、环境相互协调发展，已成为全球急需面对的一项极其重要的战略任务。

第一节　研究的背景与意义

中国水资源总量为 28 000 亿 m^3，占世界第六位，但人均水资源量仅为世界人均的 1/4，位居世界 100 名之后，且时空分布不均，水资源与人口、耕地分布不相匹配，是全球较缺水的国家之一[1]。目前，水资源供需矛盾在中国很多城市和地区不同程度地存在着，据水利部 2014 年《中国水资源公报》统计，目前中国有多个省市（地区）水资源供需比例失衡，地下水资源处于超采状态。部分沿海省市用水效率提高，万元工、农业增加值用水量显著下降，但河流水质恶化严重，随着海水入侵面积的增加，部分湖泊水富营养化状态上升趋势明显。雪上加霜的是，近10年来，全国废水排放总量增加了233.8亿t，仅生活污水就上升了48.79%。2014年，虽然各地区城市污水处理率和工业用水重复利用率达到了85%以上，但一些省份的农村地区卫生厕所普及率还不到50%，且化肥和农药的使用量也在持续上升[2]。更严重的是，某些城乡交界区因工农业与生活用水管理的缺失导致工业废水、城市生活污水和化肥农药残渣等相互渗透使地下水环境恶化，这些问题不仅加剧了中国的水资源短缺，也给经济发展带来严重威胁。

近年来，随着社会经济的快速发展，人们在满足物质需求的同时，也在不断追寻精神需求。沿海地区伴随着适宜的气候、良好的就业机会和便利的交通设施等优势吸引了越来越多的人口在此区域聚集。在中国，特别是改革开放以来，沿海城市经济飞速发展，全国超过70%的大中城市和55%以上的国民经济生产值都集中在沿海地区。同时，大多数滨海地区是缺水地区，用水形势较为严峻，水资源环境脆弱，与内陆相比，除了地下水超采、水环境污染外，海水入侵面积规模的扩大，也在不断威胁着沿海地区的水资源可持续利用[3]。中国沿海11个省（自治区、直辖市）以全国约15%的土地，养活了全国约40%的人口，创造了全国60%以上的国内生产总值，在中国经济社会生活中占有极其重要的地位。但滨海地区的水资源总量仅占全国的1/4，人均水资源量为1266m^3，不足全国人均水资源量的60%；总供（用）水量$2282.11\times10^8m^3$，为全国的42.90%；工业、农业、生活用水量分别为$600.02\times10^8m^3$、$1336.04\times10^8m^3$和$306.13\times10^8m^3$，分别占全国的51.10%、38.91%和48.52%。全国人均综合用水量约为412m^3，而包括天津、河北、辽宁和山东在内的北方沿海4个省（自治区、直辖市）人均综合用水量约为269m^3，属资源型缺水，南方沿海7个省（自治区、直辖市）人均综合用水量约为560m^3，但部分地区存在水质型缺水和资源型缺水[4]，部分沿海城市地下水超采严重造成地面下沉、海水倒灌、生态环境恶化，水资源有进入恶性循环的危险，亟待有效保护和科学利用。面对不断加大的资源和环境压力，中国水环境的有效治理也已到了刻不容缓的地步，尤其是资源性短缺的北部沿海地区。

大连市是位于中国东北部的一座沿海城市，地处辽东半岛南端，三面环海，环境优美，是中国东部沿海重要的经济、贸易、港口、工业、旅游城市。大连市的水资源分布和使用现状的主要特点如下：①河网发育水平较高，河海相连，水环境优越；②水资源地区分布不均，水土资源不相匹配，例如，庄河市土地面积占大连市总面积的29.4%，但水资源量占总量的40%以上；③受地理位置、海陆分布及地形等因素的影响，降水地区分布不均，全市年降水量分布自东北向西南递减；④降水量年内、年际分布不均，丰枯水年份明显，降水量多集中在夏季；⑤境内多为季节性河流，且独流入海，水资源开发潜力不大，市内水资源使用多依赖于降水和碧流河、英那河、大伙房等水库输水；⑥境内海岸线漫长，海水入侵现状严重，根据2008年大连市水资源公报，大连地区海水入侵面积为867.8km^2（不包括长海、交流岛、长兴岛等沿海岛屿），占大连行政区域面积12 573.85 km^{2}的6.9%；⑦废污水排放量大、工业废水处理量低下等因素严重影响水质状况和水环境安全，据《中国海洋统计年鉴》显示，2014年大连市工业废水排放总量为40 150.3万t，占辽宁省工业废水排放量的44.30%，其中直排入海量是27 086.4万t，占大连市工业废水排放量的67.46%，然而，工业废水处理量仅为6503.2万t，占工业废水排放总量的16.20%。

长期以来，大连市在各级政府的正确领导下，一直坚持兴利除害和开源节流并重、防洪抗旱并就的方针，积极开展引水、调水工程等各项水务建设，如碧流河、英那河水库调水工程，大伙房输水入连工程，长海县跨海引水工程，海水淡化技术等，确保引水安全和各项城市建设工程的可持续发展。但是，沿海城市人口的增加、城乡经济的迅速发展、城市化进程加快及人民生活水平的提高等，必将推动工农业迅速发展，城市规模扩大，大连市的淡水资源供需矛盾将进一步加剧。合理和充分地开发水资源是实现环境与经济协调发展的基础，也是保障社会经济可持续发展的必要条件。而对水资源的科学有效评估是制定水资源有效开发和使用、加快实施水环境整治、实现水资源的持续利用和生态环境的良性循环的前提。

鉴于此，本章以北方沿海城市大连市作为案例，在密切结合大连市实际情况的前提下，运用集成的水贫困评价理论，建立大连市水贫困评价指标体系，对大连市的水资源现状进行评价。水贫困理论从一般的贫困理论出发，将水资源的开发、利用和管理以及人们利用水资源的能力和生计影响综合成为一个评价系统，从而以独特的角度透视研究区的水资源现状。将此理论用于水资源缺乏的大连市，是将与水资源相关的社会、经济、环境涵盖在一个综合的评价框架下，系统地分析水资源现状。这对大连市的水资源的综合利用、优化配置、有效管理、人水和谐都具有重要的理论和现实意义。同时，大连市的水贫困问题也在中国北方沿海地区城市中具有一定的代表性，因此，本章的研究对其他相关地区的同类研究与应用具有一定的参考价值。

第二节　研究区概况

一、大连市自然环境概况

大连市地处欧亚大陆东岸，位于辽东半岛最南端，地理坐标为东经 120°58′

至 123°31′，北纬 38°43′至 40°10′之间，西北濒临渤海，东南面向黄海，与山东半岛隔海相对，共扼渤海湾，素有“京津门户”之称，与日本、朝鲜、俄罗斯等国家相邻，是东北、华北、华东以及世界各地的海上枢纽（图 9-1）。大连市位于千山山脉西南延伸部分，三面环海，海岸线长 1906km，占辽宁省海岸线总长度的 73%，其中，陆地海岸线 1288km，海岛岸线 618km。该区地貌多山地丘陵，少平原低地，地势北高南低，滨海岩溶地貌形态较发达，形成复杂多样的海岸、海蚀地貌。沿海港址资源丰富，多种类型的港址资源为建立军港、商港、渔港、油港等港湾创造了良好的自然环境。

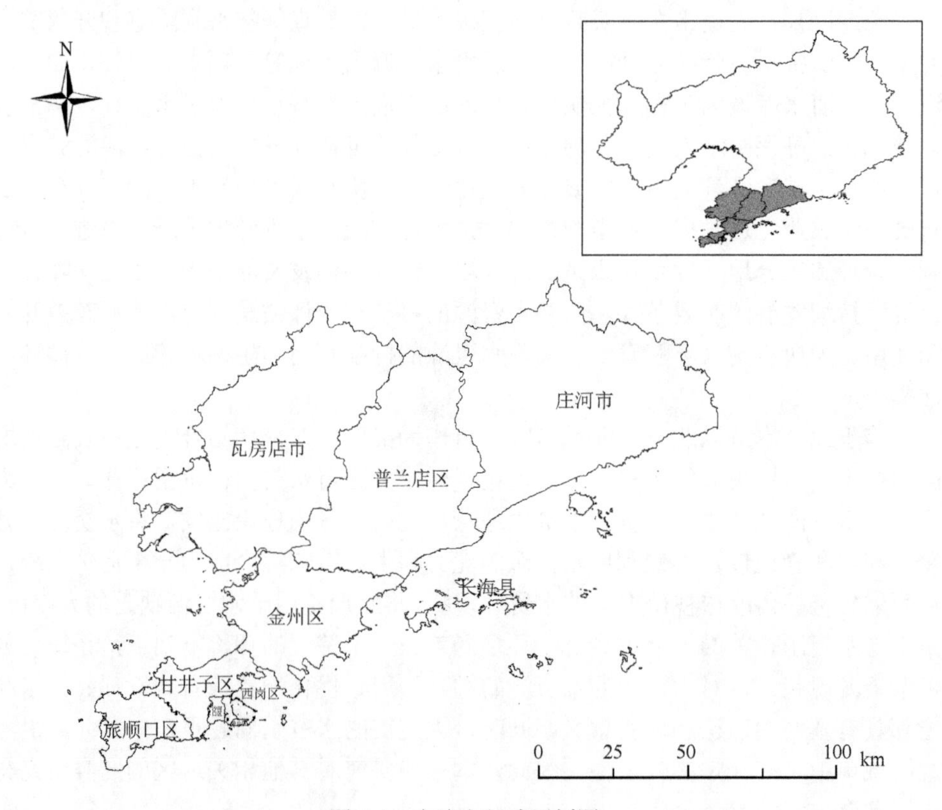

图 9-1　大连市行政区划图

大连市位于北半球的暖温带地区，亚欧大陆东岸，紧邻海洋，属暖温带半湿润大陆性季风气候，又具海洋性气候特点，冬无严寒，夏无酷暑，是东北地区最温暖的地方。全市年降水量 550～950mm，60%～70%的降水集中于夏季。2015 年全市平均降水量 579.0mm，比多年平均降水量减少 14.4%，比 2014 年增加 39.2%，降水过程主要集中在 5～9 月，占全年降水量 70.9%。大连市的河网发育水平较高，全区有碧流河、英那河、马栏河、庄河、复州河等200多条大小河流，其中，最大的河流为碧流河，是市区跨流域引水的水源河流。这些河流分属黄海流域和渤海流域两大水系，多属季节性河流，丰水期水量较大，枯水期水量较小，汛期对水资源总量有较大影响。大连市多年平均水资源总量31.09亿m^3，其中，地表水资源量为30.21亿m^3，地下水资源量为7.12亿m^3，人均水资源量只有604m^3，分别占全国和全球平均水平的25%和6.75%[5,6]。全市年平均气温10℃左右，其中，8月最热，平均气温24℃。日最高气温大于30℃的最长连续日数为10～12天，年极端最高气温35℃左右。1月最冷，平均气温南部-6.0～-4.5℃，北部-9.5～-7.0℃，年极端最低气温南部-21℃左右，北部-24℃左右。无霜期180～200天。根据《大连市统计年鉴》，2014年全市平均极端最高气温34℃，极端最低温-13℃，无霜期235天。

二、大连市社会环境概况

大连市属于辽宁省管辖，是中国东北部的一个沿海城市，也是中国重要的海上门户和东北亚地区经贸往来的重要货物集散地。全市包括中山区、西岗区、沙河口区、甘井子区、旅顺口区、金州区、瓦房店市、普兰店区、庄河市、长海县10个区（县），总面积为12 573.85km^2（图9-1）。根据大连市统计局公布的《大连市国民经济和社会发展统计公报》，2014年全市年末户籍人口594.3万人，其中，市区人口为304.3万人。在户籍人口中，出生人口6.6万人，净迁入人口0.9万人。人口出生率为11.09‰，死亡率为7.73‰，人口自然增长率为3.36‰。全年地区生产总值7655.6亿元，比上年增长5.8%。其中，第一产业增加值441.8亿元，增长2.9%；第二产业增加值3696.5亿元，增长5%；第三产业增加值3517.2亿元，增长7%。作为中国重要的旅游胜地和沿海港口城市，大连市拥有的旅游接待能力和高效能的现代化港口建设能力也在稳步增强，2014年大连市全年接待国内游客5619.8万人次，比上年增长7.4%；接待海外过夜游客96.6万人次，增长1.6%。旅游总收入993.6亿元，增长10.3%。全年运输企业客货换算周转量8417.8亿t·km，比上年增长2.5%；货物周转量8335.9亿t·km，增长2.5%；旅客周转量205.3亿人·km，增长8.2%。沿海港口货物吞吐量4.2亿t，比上年增长3.9%。大连市委、市政府团结带领全市人民，全面贯彻党的十八大和十八届三中、四中全会及习近平总书记系列重要讲话精神，积极应对错综复杂的经济形势和下行压力，坚持稳中求进的总基调，科学统筹稳增长、促改革、调结构、惠民生和防风险，全市经济社会在新常态下平稳运行。

根据《大连市国民经济和社会发展第十三个五年规划纲要》，大连市提出了“走新型工业化和城市化道路，高起点规划、高标准建设、高强度投入和高效能管理”的大连经济社会发展构想，作为全市“2020 年前，地区生产总值比 2010 年翻一番，城乡居民人均可支配收入比 2010 年翻一番以上”的区域整体发展规划理念。在以“创新创业、优化结构、深化改革”为主要任务，“拓展城市发展空间，扩大经济总体规模，提升城市综合功能，营造更好的城市环境”是主要内容，并突出创新发展和开放发展，体现大连特色和优势，协调推进绿色发展、共享发展和协调发展的正确的发展方式带动下，大连市将早日实现成为“国内外重要的经济中心城市”和“国际名城”的发展目标。

三、大连市水资源概况

大连市水资源的主要供应来源是天然降水、地下水和外来引水。2014 年全市平均降水量为 415.9mm。全市年降水量最大站点是红旗雨量站，年降水量为 570.2mm，为 2002 年以来最小值；最小站点是苏家屯雨量站，年降水量为 278.5mm，为 1974 年建站以来最小值。2014 年降水年内分配不均，1～4 月平均降水量占全年平均降水量 5.0%，5～9 月平均降水量占全年平均降水量 83.9%，10～12 月平均降水量占全年平均降水量 11.1%。2014 年大连市各行政区域降水量分布总体态势如下：庄河市最大，为 498.5mm，其余依次为普兰店市（现普兰店区）427.1mm、花园口经济区 401.7mm、高新园区 391.2mm、长兴岛临港工业区 389.3mm、瓦房店市 378.6mm、市内三区 367.2、旅顺口区 366.7mm、普湾区 364.4mm、长海县 361.1mm、甘井子区 351.0mm、金州区 346.4mm，保税区最小，为 333.4mm。另外，碧流河流域年平均降水量 443.6mm，折合水量 12.48 亿 m^3，碧流河水库以上流域平均降水量 452.1mm；英那河流域年平均降水量 517.3mm，折合水量 5.194 亿 m^3，英那河水库以上流域年平均降水量 512.9mm。

2014 年全市水资源总量为 10.97 亿 m^3。其中，地表水资源量 10.76 亿 m^3，地下水资源量 5.25 亿 m^3，地表水资源量和地下水资源量之间重复计算水量 5.04 亿 m^3。按 2014 年末户籍人口常住人口 594.3 万人计，人均水资源量为 181.05m^3，属严重缺水地区。2014 年全市供、用水量均为 16.02 亿 m^3，其中，地表水 11.29 亿 m^3，占供水总量的 70.5%；地下水 2.93 亿 m^3，占供水总量的 18.3%；中水回用、海水淡化供水量 1.80 亿 m^3，占供水总量的 11.2%；农业用水 5.35 亿 m^3，占 33.4%；城镇生活用水 4.49 亿 m^3，占 28.0%；工业用水 4.90 亿 m^3，占 30.6%；农村生活用水 1.29 亿 m^3，占 8.0%。

大连市境内虽河网发育水平较高，但多属季节性河流，汛期对流量有较大影响，且区域分布不均匀，境内可开发水资源难度大，因此，区域用水对蓄、引、提工程水资源依赖性较大。为解决市内居民生活和生产的需求，多年来，大连市政府已经在碧流河、英那河、庄河等主要大河流上建有碧流河、英那河、朱家隈子水库等多座大中型水库。根据《大连市水资源公报》，2010 年以来，大连市对 9 处重点饮用水水源地进行水质监测工作，监测范围包括碧流河水库、英那河水库、卧龙水库、松树水库、洼子店水库、北大河水库、大西山水库、鸽子塘水库、朱隈子水库。监测结果均表明，全市主要水源地水质 9 项常规监测指标中，除个别月份大西山水库高锰酸盐指数、朱隈子水库溶解氧超标外，均符合《地表水环境质量标准》（GB3838—2002）Ⅱ～Ⅲ类水质标准。限于版面原因，仅将大连市 2014 年 3 月重点饮用水水源地水质检测情况列在表 9-1 中。

表 9-1　2014 年 3 月大连市重点饮用水水源地水质检测表

类型	序号	检测项目及单位	限值	碧流河	英那河	卧龙	松树	洼子店	北大河	大西山	鸽子塘	朱隈子
常规监测项目	1	水温/℃	—	3.0	4.0	4.0	0.0	5.0	9.0	5.0	5.0	1.4
	2	pH	6.5～9	7.70	7.83	7.99	7.90	8.10	7.95	8.30	7.61	8.00
	3	电导率	—	153	131.1	534	—	522	308	366	493	116
	4	DO/（mg/L）	≥5	14.2	9.14	10.41	9.6	11.12	11.22	9.89	11.69	10.7
	5	高锰酸盐指数/（mg/L）	≤6	2.3	2.13	2.92	0.8	2.67	2.95	5.28	4.64	3.3
	6	五日生化需氧量/（mg/L）	≤4	1.8	0.22	1.07	1	0.77	1.34	1.48	2.95	2.9
	7	氨氮/（mg/L）	≤1.0	0.085	0.04	0.26	0.39	0.15	0.16	0.06	0.06	0.194
	8	氰化物/（mg/L）	≤0.2	＜0.04	＜0.002	＜0.002	＜0.002	＜0.002	＜0.002	＜0.002	＜0.002	＜0.004
	9	挥发酚/（mg/L）	≤0.005	＜0.0003	＜0.002	＜0.002	＜0.0002	＜0.002	＜0.002	＜0.002	＜0.002	＜0.0003
间测项目	10	总磷/（mg/L）	≤0.05									
	11	总氮/（mg/L）	≤1.0									
	12	铜/（mg/L）	≤1.0									
	13	锌/（mg/L）	≤1.0									
	14	氟化物/（mg/L）	≤1.0									
	15	砷/（mg/L）	≤0.05									
	16	汞/（mg/L）	≤0.0001									
	17	镉/（mg/L）	≤0.005									
	18	六价铬/（mg/L）	≤0.05									
	19	铅/（mg/L）	≤0.05									
	20	石油类/（mg/L）	≤0.05									

注：限值为《地表水环境质量标准》（GB 3838—2002）Ⅲ类水质标准限值；常规监测项目为每月进行 1 次或以上，间测项目为每年 5 月、8 月进行

第三节 市级水贫困评价指标体系的建立

一、水贫困评价指标体系理论

水贫困指数[7]是一组可以定量评价国家或地区相对缺水程度的综合性指标。该指标具体包括水资源状况、供水设施状况、利用能力、使用效率及环境状况 5 个组成部分，而这 5 部分的每个部分又包含一系列的变量，对应一系列指标。在不同的研究尺度上，各组成部分选取的变量和指标有所区别[8,9]。在较大的研究尺度上，常选取相对宏观的指标，分析研究区相对的水资源状况；在小的研究尺度上，选取微观的指标，更能详细真实地透视区域间的缺水程度。水贫困指数不但能反映研究区水资源的本底状况，还能反映当地水资源管理、经济和环境情况，在提供了水资源综合评价指标的同时，也给出了社会经济因素对水资源的影响，可以对水安全问题进行更加全面的透视，为分析和研究水资源短缺问题提供了新的研究思路和途径。

二、大连市水贫困评价指标体系的建立

本章以水贫困指数为框架构建大连市水贫困评价指标体系，对大连市不同地区的水安全状况进行评价和分析。本章密切结合大连市的具体情况，联系水贫困评价指标体系的水资源状况（R）、供水设施状况（A）、利用能力（C）、使用效率（U）及环境（E）5 个组成部分，选取适用区域尺度评价的 11 个指标和 19 个变量，组成大连市水贫困评价指标体系（表 9-2），指标和变量的具体分析如下。

表 9-2　大连市水贫困评价指标体系

组成部分	指标	变量	单位
资源（R）	R1 可利用性	x1 地表水供水量（正）	万 m^3
		x2 地下水供水量（正）	万 m^3
		x3 其他水源供水量（正）	万 m^3
	R2 变化性	x4 年降水量变化率（负）	%
设施（A）	A1 生活用水	x5 人均供水管道长度（正）	m
	A2 卫生	x6 公共厕所（正）	座
	A3 农业用水	x7 农业机械动力（正）	kW
能力（C）	C1 经济	x8 人均家庭收入（正）	元
	C2 社会	x9 年末从业人员比例（正）	%
		x10 教育投入（正）	元
		x11 医院床位（正）	床

续表

组成部分	指标	变量	单位
使用（U）	U1 工农业用水	x12 农业灌溉用水量（正）	万 m^3
		x13 工业用水量（正）	万 m^3
		x14 林牧渔畜用水量（正）	万 m^3
	U2 生活用水	x15 人均生活用水量（正）	m^3
环境（E）	E1 城市水环境污染	x16 年污水排放量（负）	万 m^3
		x17 平均农药和化肥使用量（负）	t
		x18 海水入侵面积（负）	km^2
	E2 城市植被环境	x19 建成区绿地覆盖率（正）	%

注：其他水资源供水量主要包括中水回收、雨水利用和海水淡化

（一）资源

资源组分（R）主要描述研究区中可以被利用的地表和地下水资源的可利用量以及水资源的可变性或可靠性等。本节从水资源的可利用性（R1）和变化性（R2）两个方面选取变量。其中，R1 由地表水供水量（x1）、地下水供水量（x2）和其他水源供水量（x3）组成。地表水和地下水供水量是衡量区域水资源供需关系紧张与否的重要指标，地表水和地下水供水量越充裕，越不水贫困，所以都是正向型指标。其他水资源供水量主要包括中水回收、雨水利用和海水淡化，是沿海地区缓解水贫困问题的重要途径，属于正向型指标。年降水量变化率（x4）是衡量区域降水的重要指标，降水量变化率越大，表示水安全风险越大，越水贫困，属于负向型指标。

（二）设施

设施组分（A）主要描述研究区内可利用的取水、用水、卫生等的设施状况，如自来水和灌溉的普及率等，反映了社会大众接近清洁水源的程度以及用水的安全性。可利用的设施越完备，表示人们的水资源使用越安全，越不水贫困，所以设施部分均是正向型指标。从供水设施状况层面上，本节选取生活用水（A1）和农业用水（A3）两个方面描述；从卫生设施层面，本节选取各个地区可使用的卫生（A2）为评价指标。

（三）能力

能力组分（C）主要描述研究区内人们开发和利用水资源的经济和社会能力，综合考虑基于教育、健康及财政情况等方面的水管理能力，反映了社会经济状况

对水行业的影响。在社会经济文化水平高的地区，往往也伴随着较高的就业率、科学文化水平、医疗设备等，这种社会适应能力能有效弥补水资源禀赋的不足，缓解水贫困问题。本节从经济（C1）和社会（C2）两个层面来选取指标。C1 选用人均家庭收入（x8）作为变量，越多的家庭收入，越能为安全水的使用带来保障，是正向型指标。C2 层面，本节从年末从业人员比例（x9）、教育投入（x10）和医院床位（x11）三个方面选取变量，均是正向型指标。

（四）使用

使用组分（U）主要描述区域中的人们水资源的使用情况，如生活用水、家畜用水、工业用水及农业用水等。水是人们生存的前提和进行各种生活、生产活动的保证，越多水资源的使用反映了越多的产出、增加的就业机会、稳定的收入满足人们的多样化需求等，所以是正向型指标。本节从工农业用水（U1）和生活用水（U2）两个方面选取指标。

（五）环境

环境组分（E）主要描述区域中的水环境状况可能受到的潜在压力、城市绿地覆盖和植被保护等方面的要素，反映了与水资源管理相关的环境情况。从城市水环境污染（E1）层面上，本节选取年污水排放量（x16）、平均农药和化肥使用量（x17）和海水入侵面积（x18）作为变量，污水排放量、农业化肥的使用和海水入侵面积越多，对水环境越不利，不利于水贫困问题的解决，是负向型指标。从城市植被环境（E2）层面上，建成区绿地覆盖率（x19）被选为变量，建成区绿地覆盖率是衡量区域内园林绿化发展水平的指标，越高的绿地覆盖率，越有助于缓解水贫困压力，属于正向型指标。

三、研究方法

（一）主成分分析

在实际研究中往往搜集尽可能多的相关变量数据，以期能对问题做比较全面、完整的把握和认识。但是，相关变量较多的时候也会增加所要分析的问题的复杂性，因为这些变量之间可能存在一定的相关性，从而导致多变量之间信息出现重叠现象。为了克服这种相关性、重叠性，通常采用较少的变量代替原来较多的变量，而这种代替可以反映原来多个变量的大部分信息，就是所谓的“降维”[10,11]。主成分分析旨在利用降维的思想，在损失较少信息的前提下，把多指标转化为少数几个综合指标（即主成分），其中每个主成分都是能够反映原始变量的大部分信息的线性组合，且所含信息互不重复。这种方法被应用在原始变量较多的研究中，比直接使用原始数据更具优越性。现行的关于主成分分析的应用研究大多集中于数据的简化处理或综合评价上[12,13]。具体计算过程如下。

第一步：原始数据标准化。

不同评价指标往往具有不同的量纲和量纲单位，这种情况会影响到数据分析的结果，为了避免这种影响，需要对数据进行标准化处理。在应用主成分分析法分析问题时，也需要对原始数据进行标准化处理[14]。往往会存在原始数据不同指标的量纲不同的情况，指标之间存在不可比性，主成分分析法一般对原始数据采用直线型 Z-score 法进行标准化处理。标准化后的指标是均值为 0、方差为 1 的标准指标，标准化的计算公式为

$$X_{ij}=\frac{x_{ij}-\overline{x}_j}{s_j}\quad (x=1,2,\cdots,n;j=1,2,\cdots,p) \tag{9-1}$$

式中，$\overline{x}=\frac{1}{n}\sum_{i=1}^{n}x_{ij}$ 是第 j 个指标的样本均值；$s_j=\sqrt{\frac{1}{n-1}\sum_{i=1}^{n}(x_{ij}-\overline{x}_j)^2}$ 是第 j 个指标的样本标准差。

第二步：计算相关系数矩阵。

根据已经标准化处理的数据矩阵，计算它们的相关系数矩阵 R：

$$R=\begin{bmatrix} r_{11} & r_{12} & \cdots & r_{1p} \\ r_{21} & r_{22} & \cdots & r_{2p} \\ \vdots & \vdots & & \vdots \\ r_{p1} & r_{p2} & \cdots & r_{pp} \end{bmatrix} \tag{9-2}$$

式中，$r_{ij}(i,j=1,2,\cdots,p)$ 是原始变量 x_i 和 x_j 的相关系数，且 $r_{ij}=r_{ji}$，其计算公式为

$$r_{ij}=\frac{\sum_{k=1}^{n}(x_{ki}-\overline{x}_i)(x_{kj}-\overline{x}_j)}{\sqrt{\sum_{k=1}^{n}\left(x_{ki}-\overline{x}_i\right)^2\sum_{k=1}^{n}\left(x_{kj}-\overline{x}_j\right)^2}} \tag{9-3}$$

原始变量之间是否具有较强的相关性是能否进行主成分分析的前提，对于原始变量能否进行主成分分析的判断方法如下。

（1）KMO（Kaiser-Meyer-Olkin）检验。KMO 检验的依据是指标变量之间的简单相关系数同偏相关系数的比较。KMO 统计量取值在 0 和 1 之间。当所有变量间的简单相关系数平方和远远大于偏相关系数平方和时，KMO 值接近 1。KMO 值越接近于 1，意味着变量间的相关性越强，原有变量越适合进行因子分析。当所有变量间的简单相关系数平方和接近 0 时，KMO 值接近 0。KMO 值越接近于 0，

意味着变量间的相关性越弱，原有变量越不适合进行因子分析。KMO 值越大，就越适合运用主成分分析；反之，KMO 值越小，越不适合做主成分分析。Kaiser 提供的判断标准如下：KMO＞0.9，非常适合；0.7＜KMO＜0.9，适合；0.6＜KMO＜0.7，基本适合；0.5＜KMO＜0.6，适合度较低；KMO＜0.5，不适合[14]。

（2）Bartlett's 球形检验。Bartlett's 球形检验统计量是根据相关系数矩阵的行列式得到的，如果该值较大，且其对应的相伴概率值小于用户心中的显著性水平，那么应该拒绝零假设，认为相关系数矩阵不可能是单位矩阵，即原始变量之间存在相关性，适合于进行主成分分析；相反，如果该统计量比较小，且其相对应的相伴概率大于显著性水平，则不能拒绝零假设，认为相关系数矩阵可能是单位矩阵，不宜于进行因子分析。一般要求 p 值小于 0.05[15,16]。

第三步：计算相关系数矩阵 R 的特征值和特征向量。

解相关系数矩阵 R 的特征方程 $|\lambda I - R| = 0$（其中，I 是 $p \times p$ 阶单位矩阵），求出 p 个特征值，并按从大到小的顺序排列：$\lambda_1 \geqslant \lambda_2 \geqslant \cdots \geqslant \lambda_p \geqslant 0$。然后分别求出对应每个特征值 $\lambda_i (i = 1, 2, \cdots, p)$ 的单位特征向量，即

$$\overline{\partial}_1 = \begin{pmatrix} a_{11} \\ a_{12} \\ \vdots \\ a_{1p} \end{pmatrix}, \overline{\partial}_2 = \begin{pmatrix} a_{21} \\ a_{22} \\ \vdots \\ a_{2p} \end{pmatrix}, \cdots, \overline{\partial}_p = \begin{pmatrix} a_{p1} \\ a_{p2} \\ \vdots \\ a_{pp} \end{pmatrix}$$

第四步：选取主成分，并计算综合得分。

（1）计算特征值 $\lambda_i = (i = 1, 2, \cdots, p)$ 的贡献率与累积贡献率，称

$$b_i = \frac{\lambda_i}{\sum_{j=1}^{p} \lambda_j} \quad (i = 1, 2, \cdots, p) \tag{9-4}$$

为第 i 个主成分 $F_i (i = 1, 2, \cdots, p)$ 的贡献率，称

$$a_k = \frac{\sum_{i=1}^{k} \lambda_i}{\sum_{j=1}^{p} \lambda_j} \quad (k = 1, 2, \cdots, p) \tag{9-5}$$

为前 k 个主成分的累计贡献率。

主成分的贡献率越大，说明该主成分综合指标 $X_1, X_2, \cdots, X_p$ 信息的能力就越强。如果前 k 个主成分的累计贡献率达到 80%以上，则表明所取前 k 个主成分基本上能够包含全部测量指标具备的信息，这样就选择前 k 个指标变量作为 k 个主成分来代替原来的 p 个指标变量，即

$$\begin{cases} F_1 = a_{11}x_{11} + a_{21}x_{12} + \cdots + a_{p1}x_{1p} \\ F_2 = a_{12}x_{21} + a_{22}x_{22} + \cdots + a_{p2}x_{2p} \\ \qquad \cdots\cdots \\ F_k = a_{1k}x_{k1} + a_{2k}x_{k2} + \cdots + a_{pk}x_{kp} \end{cases} \tag{9-6}$$

式中，$X_i = \begin{bmatrix} x_{1i} & x_{2i} & \cdots & x_{ni} \end{bmatrix}' \ (i = 1, 2, \cdots, p)$ 是标准化后的指标数据。

（2）计算综合得分，计算公式为

$$Z = \sum_{i=1}^{k} \frac{b_i}{a_k} F_i \tag{9-7}$$

式中，b_i 为第 i 个主成分的方差贡献率；a_k 为前 k 个主成分的累积贡献率，根据综合得分值可以对所研究的问题进行评价。

（二）灰色关联分析法

灰色关联分析的理论是由著名学者邓聚龙教授于 20 世纪 80 年代初提出的，它是一种对系统发展变化态势做定量描述和比较的方法。对于两个系统之间的因素，其随时间或不同对象而变化的关联性大小的量度，称为关联度[17,18]。在系统发展过程中，若两个因素变化的趋势具有一致性，即同步变化程度较高，可谓二者关联程度较高；反之，则较低。因此，灰色关联法是根据因素之间发展趋势的相似或相异程度，即灰色关联度，作为衡量因素间关联程度的一种方法[19-21]。

关联度的比较是建立在空间数学理论的基础上的，通过数据列在空间上的相似性或接近程度来判定其关联度大小，最后以关联度的大小排序的方式确定结果。灰色关联度分析法突破了传统精确数学绝不容许模棱两可的约束，具有原理简单、易于掌握、计算简便、排序明确、对数据分布类型及变量之间的相关类型无特殊要求等特点，故具有重要的实际应用价值。关联度又分为绝对关联度和相对关联度，采用初始点零化法进行初值化处理的是绝对关联度，如果分析的因素差异比较大，变量间的量纲不一致，会影响结果的合理性。相对关联度是用相对量进行分析，计算结果仅与序列相对于初始点的变化速率有关，与各观测数据大小没有关系，一定程度上更趋向于准确的结果[22,23]。

灰色关联分析的计算步骤如下。

第一步：确定分析数列。

参考数列：反映系统行为特征。

比较数列：影响系统行为的因素组成。

设参考数列为 $Y = \{y(k) | k = 1, 2, \cdots, n\}$；比较数列为 $X_i = \{x_i(k) | k = 1, 2, \cdots, n\}$，$i = 1, 2, \cdots, m$。

第二步：变量的标准化处理。

系统中各因素列中数据的量纲不同，对结果会有一定影响。为了消除原始变量指标量纲的影响，和主成分分析法时一样，在进行灰色关联度分析时，对原始数据采用直线型 Z-score 法进行标准化处理。

第三步：计算关联系数。

计算关联系数的公式如下：

$$\zeta_i(k)=\frac{\min_i\min_k\left|y(k)-x_i(k)\right|+\rho\max_i\max_k\left|y(k)-x_i(k)\right|}{\left|y(k)-x_i(k)\right|+\rho\max_i\max_k\left|Y(k)-x_i(k)\right|} \tag{9-8}$$

式中，$\zeta_i(k)$ 是 $y(k)$ 和 $x_i(k)$ 的关联系数，$\rho\in(0,\infty)$，称为分辨系数。ρ 越小，分辨力越大，一般 ρ 的取值区间是 $(0,1)$，具体取值可视情况而定，当 $\rho\leqslant 0.5463$ 时，分辨力最好，通常取 ρ=0.5。

第四步：计算关联度。

因为关联系数是比较数列与参考数列在各个时刻（即曲线中的各点）的关联程度值，所以它的数值不止一个，而信息过于分散不便于进行整体性比较。因此，有必要将各个时刻（即曲线中的各点）的关联系数集中为一个值，即求其平均值，作为比较数列与参考数列间关联程度的数量表示，关联度 r_i 公式如下：

$$r_i=\frac{1}{n}\sum_{k=1}^{n}\varepsilon_k\zeta_i(k)\quad(k=1,2,\cdots,n) \tag{9-9}$$

式中，ε_k 为 $\zeta_i(k)$ 的权重，$i=1,2,\cdots,m$。

第五步：关联度排序。

关联度按大小排序，若 $r_1<r_2$，则参考数列 y 与比较数列 x_2 更相似。

在计算出 $x_i(k)$ 序列和 $y(k)$ 序列的关联系数后，计算各类关联系数的平均值，平均值 r_i 就称为 $y(k)$ 和 $x_i(k)$ 的关联度。

（三）*k*–均值聚类

k–均值聚类也称快速聚类[24-27]，是由 Mac Queen 在 1967 年提出的，它以误差平方和作为聚类准则函数，以默认欧氏距离作为相似度测度，是一种基于划分的无监督自适应搜索的实时聚类算法。这种聚类方法将数据看成 k 维空间上的点，以距离作为测度个体亲疏程度的指标，并通过牺牲多个解为代价换得高的执行效率。快速样本聚类过程是为观测个数很多的数据集进行不相交聚类而设计的，其处理速度很快，它采用的算法是最小化与类均值间距离平方和的标准迭代算法，其结果是高效率地生成大数据文件的不相交的分类，因此，它也是一种寻找初始分类的有效方法。

快速聚类算法需要在最开始先设定 k 个初始聚类中心，以这 k 个聚类中心来

分别代表 k 个类，然后对所有的数据记录进行分类，接着再由每个聚类的平均值来调整聚类中心，如此往复，不停地进行以上几步迭代过程，直到分成的这些类中没有变化或达到规定的限制条件为止。其基本思想是对于有 n 个数据点组成的数据集 $X: X=\{X_1, X_2, \cdots, X_i, \cdots, X_n\}$，要划分为 k 类 $\{\{\omega_1\}, \{\omega_2\}, \cdots, \{\omega_j\}, \cdots, \{\omega_k\}\}$，其中，$2 \leqslant k \leqslant n$。首先要从数据集 X 中随机选择 k 个数据点作为 k 个中心或均值，对剩余的其他数据点，根据其与各个聚类中心的距离作为相似度，将它指派到最相似的类，然后计算每个类的新均值形成新的聚类中心，将各个数据点重新分类，不断迭代这个过程形成不同的聚类中心和分类，直到准则函数收敛使平方误差函数值最小。为了更加清晰地判断和分析大连市水贫困灰色关联度值的变化，在本章中 k 值取 5。准则函数定义如下：

$$D=\sum_{j=1}^{k} \sum_{X_i \in \{\omega_j\}} \left\| X_i - C_j \right\|^2 \tag{9-10}$$

式中，C_j 代表类 $\{\omega_j\}$ 的聚类中心或该类数据对象的均值。k–均值聚类算法易于实现，计算效率高，能实现类内对象相似度最高和类间对象相似度最低，且能达到局部最优，因此能更好地用于水贫困评价得分的聚类分析。

第四节　实证分析

一、数据来源和处理

本章的研究期是 2005～2014 年[①]，为了避免数据冗余和周期波动的影响，将研究期分为不同的研究时段，分别是 2005～2008 年、2009～2011 年和 2012～2014 年，数据计算和结果评估都采用不同研究时段的均值。根据大连市水贫困评价 16 个指标统计数据，原始数据分别来源于《辽宁省水资源公报》《大连市水资源公报》《中国城市统计年鉴》《辽宁省统计年鉴》和《大连市统计年鉴》（2006～2015 年），部分年份一些区（县）的指标数据来自当地政府统计官网的相关资料。另外，筛选出原始样本中每个指标数据的最大值形成最优样本，为后期的灰色关联度分析提供理想的数据列。经过数据收集和整理，得到原始数据列 $x_{ij}\ (i=1,2,\cdots,31; j=1,2,\cdots,19)$ 构成初始矩阵 X_0。利用式（9-1）对初始矩阵 X_0 中的正负指标进行标准化处理，以消除不同量纲的影响。本节涉及的负向指标一共有 3 个，分别是年降水量变化率（x4）、年污水排放量（x16）、平均农药和化肥使用量（x17）与海水入侵面积（x18）。这里对负向指标均采用求倒数方法进行正向

① 2015 年普兰店市撤销，改为普兰店区。本章研究期为 2005～2014 年，故本章数据中均为普兰店市。

化处理，将其倒数代替原指标，再进行标准化处理。原始数列经过标准化后产生新的数据数列 x'_{ij} $(i=1,2,\cdots,31; j=1,2,\cdots,19)$。

二、主成分分析

（一）适用性检验

运用 SPSS 软件对标准化的样本数据进行 KMO 和 Bartlett's 的检验，判断其是否适合运用主成分分析。由表 9-3 可知，KMO 测度值为 0.636，大于 0.5，说明大连市水贫困评价各指标变量之间具有较强的相关性；Bartlett's 球形检验的统计量为 705.307，显著性 Sig.是 0，表明相关系数矩阵与单位阵差异明显，指标的相关性显著，可以运用主成分分析。

表 9-3　KMO 和 Bartlett's 的检验

取样足够度的 KMO 检验	Bartlett's 的球形检验		
	近似卡方	df	Sig.
0.636	705.307	171	0

（二）提取主成分

利用 SPSS 软件，运用主成分分析法，计算每个子系统中各主成分的特征值、方差贡献率及方差的累积贡献率，结果如表 9-4 所示。前 4 个主成分的特征值都大于 1，且方差的累积贡献率达到 80%以上，选取前 4 个主成分代表原来水贫困评价指标体系中的 19 个原始指标，来进行下一步的计算和分析。

表 9-4　特征值和累积贡献率表

成分	初始特征值			提取平方和载入			旋转平方和载入		
	合计	方差贡献率/%	累积贡献率/%	合计	方差贡献率/%	累积贡献率/%	合计	方差贡献率/%	累积贡献率/%
1	6.898	36.304	36.304	6.898	36.304	36.304	6.245	32.868	32.868
2	4.689	24.678	60.982	4.689	24.678	60.982	4.532	23.854	56.722
3	2.226	11.716	72.698	2.226	11.716	72.698	2.433	12.803	69.525
4	1.646	8.664	81.362	1.646	8.664	81.362	2.249	11.836	81.362
5	0.977	5.141	86.503						
6	0.914	4.808	91.311						
7	0.443	2.332	93.644						
8	0.315	1.659	95.302						
9	0.238	1.252	96.554						
10	0.206	1.082	97.636						

续表

成分	初始特征值			提取平方和载入			旋转平方和载入		
	合计	方差贡献率/%	累积贡献率/%	合计	方差贡献率/%	累积贡献率/%	合计	方差贡献率/%	累积贡献率/%
11	0.135	0.708	98.344						
12	0.106	0.557	98.901						
13	0.063	0.329	99.231						
14	0.049	0.26	99.491						
15	0.033	0.174	99.665						
16	0.023	0.121	99.786						
17	0.021	0.11	99.896						
18	0.015	0.077	99.972						
19	0.005	0.028	100						

注：提取方法为主成分分析法

使用表 9-5 中主成分旋转载荷矩阵中的数据除以其对应的特征值开平方根便得到各主成分中每个指标对应的系数[28]。计算结果见表 9-6。

表 9-5 主成分的旋转成分矩阵

指标	主成分 1	主成分 2	主成分 3	主成分 4
x1	0.911	0.029	0.108	0.076
x2	0.901	−0.209	0.105	−0.095
x3	0.103	0.050	0.891	0.272
x4	0.689	0.187	0.038	0.351
x5	−0.069	0.960	0.031	0.036
x6	−0.106	0.946	−0.018	−0.008
x7	0.334	0.77	0.004	−0.393
x8	−0.086	0.555	0.382	0.197
x9	−0.345	0.539	0.268	0.125
x10	−0.174	0.834	0.271	−0.284
x11	0.276	0.643	0.543	−0.335
x12	0.915	−0.049	−0.016	0.139
x13	0.683	−0.002	0.608	−0.100
x14	0.798	0.018	0.276	0.024
x15	0.475	0.082	0.725	−0.244
x16	−0.189	0.915	−0.112	0.101
x17	0.111	−0.195	0.182	0.842
x18	−0.018	0.221	−0.102	0.902
x19	0.936	−0.254	0.025	−0.107

注：提取方法为主成分分析法；旋转法为具有 Kaiser 标准化的正交旋转法；旋转在 6 次迭代后收敛

表 9-6　主成分系数

指标	主成分 1	主成分 2	主成分 3	主成分 4
x1	0.347	0.013	0.072	0.059
x2	0.343	−0.097	0.070	−0.074
x3	0.039	0.023	0.597	0.212
x4	0.262	0.086	0.025	0.274
x5	−0.026	0.443	0.021	0.028
x6	−0.040	0.437	−0.012	−0.006
x7	0.127	0.356	0.003	−0.306
x8	−0.033	0.256	0.256	0.154
x9	−0.131	0.249	0.180	0.097
x10	0.318	−0.080	0.182	−0.221
x11	0.105	0.297	0.364	−0.261
x12	0.348	−0.023	−0.011	0.108
x13	0.260	−0.001	0.408	−0.078
x14	0.304	0.008	0.185	0.019
x15	0.181	0.038	0.486	−0.190
x16	−0.072	0.423	−0.075	0.079
x17	0.042	−0.090	0.122	0.656
x18	−0.007	0.102	−0.068	0.703
x19	0.356	−0.117	0.017	−0.083

（三）主成分和综合得分计算

根据表 9-6 中各主成分对应的指标系数并使用加权求和法，计算大连市不同地区水贫困评价的各主成分得分，如表 9-7 所示。其中，理想数列的 4 个主成分得分分别是 6.120、5.106、6.423 和 4.118。

表 9-7　大连市水贫困评价的主成分得分

地区	主成分 1			主成分 2			主成分 3			主成分 4		
	a	b	c	a	b	c	a	b	c	a	b	c
中山区	−1.670	−2.055	−1.855	1.154	2.285	2.959	−1.394	−0.619	0.108	−0.944	−0.530	−0.605
西岗区	−2.283	−2.343	−2.322	1.842	2.627	2.857	−1.968	−1.122	−0.743	−0.253	−0.017	0.258
沙河口区	−1.391	−1.616	−1.352	2.567	2.944	4.043	−1.049	−0.482	0.323	−1.279	−1.064	−1.269
甘井子区	0.395	−0.240	−0.240	−1.352	−0.419	−0.218	2.187	3.288	3.069	0.466	−0.428	0.171
旅顺口区	−1.949	−1.995	−2.039	−1.965	−1.414	−1.145	−2.204	−1.750	−1.341	0.723	0.154	−0.053
金州区	−0.086	−0.408	−0.166	−1.866	−0.935	−0.608	−0.481	0.047	0.764	−0.096	−0.617	−0.776
瓦房店市	2.090	3.455	3.577	−1.552	−1.210	−0.642	0.047	2.048	2.260	−1.613	−2.567	−2.201
普兰店市	1.011	3.306	1.539	−2.214	−1.409	−1.407	−1.046	−0.116	0.086	−0.748	−0.309	−1.700
庄河市	2.593	4.489	3.125	−2.128	−1.564	−1.688	−0.387	1.350	0.478	−0.165	−0.431	−0.631
长海县	−2.518	−2.571	−2.598	−1.950	−1.405	−1.292	−2.702	−2.671	−2.403	4.360	4.019	4.027

注：表中的 a 代表 2005～2008 年，b 代表 2009～2011 年，c 代表 2012～2014 年

以主成分特征值的方差贡献率为权重，得到基于主成分分析的大连市水贫困评价综合得分函数：

$$F = 0.446F_1 + 0.303F_2 + 0.144F_3 + 0.106F_4 \tag{9-11}$$

根据式（9-11）计算出大连市不同地区水贫困评价的综合得分，并从高到低排序（表 9-8）。

表 9-8　大连市水贫困评价的综合得分和排序

地区	a		b		c	
	得分	排序	得分	排序	得分	排序
中山区	−0.696	7	−0.369	6	0.021	6
西岗区	−0.770	8	−0.412	7	−0.249	8
沙河口区	−0.129	4	−0.011	5	0.534	3
甘井子区	0.131	3	0.193	4	0.287	4
旅顺口区	−1.706	10	−1.555	10	−1.456	9
金州区	−0.684	6	−0.524	8	−0.231	7
瓦房店市	0.297	2	1.196	2	1.492	1
普兰店市	−0.451	5	0.998	3	0.091	5
庄河市	0.438	1	1.677	1	0.884	2
长海县	−1.640	9	−1.530	9	−1.468	10

三、基于主成分的灰色关联度计算

（一）构建比较数列和参考数列

在主成分分析中，已经选取原始样本中每个指标数据的最大值组成最优样本，该样本经过主成分分析后提取 4 个主成分，本节选取这 4 个主成分的得分作为参考数列，为灰色关联度分析提供理想的比较标准。

设参考数列为 $y(k)$，则 $y(k) = [4.504 \quad 5.255 \quad 6.061 \quad 2.646]$，$k = 1,2,3,4$。

以表 9-7 中不同研究时段的大连市各地区水贫困评价的主成分得分为比较数列，设比较数列为 $x_i(k)$，其中，i 代表第 i 个样本，$i = 1,2,\cdots,30$；k 代表第 k 个主成分，$k = 1,2,3,4$。

（二）计算关联系数

关联系数表示各主成分上比较数列和参考数列之间的关联程度。根据灰色关联系数计算公式[式（9-8）]，计算比较数列 $x_i(k)$ 和参考数列 Y 在第 k 个主成分上的关联系数 $\zeta_i(k)$ $(i = 1,2,\cdots,30; k = 1,2,3,4)$。这里 ρ 取 0.5，有

$$\min_i \min_k |y(k) - x_i(k)| = 0.091$$

$$\max_i \max_k |y(k) - x_i(k)| = 9.125$$

具体的关联系数结果如表 9-9 所示。

表 9-9 关联系数表

地区	主成分 1			主成分 2			主成分 3			主成分 4		
	a	b	c	a	b	c	a	b	c	a	b	c
中山区	0.377	0.365	0.371	0.547	0.630	0.694	0.376	0.401	0.428	0.484	0.505	0.501
西岗区	0.359	0.357	0.358	0.595	0.661	0.683	0.359	0.384	0.397	0.521	0.535	0.553
沙河口区	0.385	0.378	0.387	0.655	0.692	0.827	0.387	0.406	0.436	0.467	0.478	0.468
甘井子区	0.452	0.426	0.426	0.422	0.461	0.471	0.529	0.605	0.588	0.567	0.511	0.547
旅顺口区	0.368	0.367	0.366	0.400	0.420	0.430	0.353	0.365	0.378	0.585	0.546	0.533
金州区	0.432	0.420	0.429	0.403	0.439	0.453	0.406	0.425	0.455	0.530	0.501	0.492
瓦房店市	0.542	0.644	0.655	0.415	0.428	0.451	0.425	0.521	0.533	0.452	0.414	0.428
普兰店市	0.481	0.631	0.509	0.392	0.420	0.420	0.387	0.419	0.427	0.494	0.518	0.448
庄河市	0.575	0.751	0.616	0.394	0.414	0.410	0.409	0.483	0.443	0.526	0.511	0.500
长海县	0.353	0.351	0.350	0.401	0.420	0.425	0.340	0.341	0.348	0.969	0.998	0.982

（三）计算关联度

根据式（9-9），计算比较数列 $x_i(k)$ 和参考数列 Y 在第 k 个主成分上的关联度 r_i，依照关联度判断参考样本和理想样本的接近程度，计算结果见表 9-10。这里同样以主成分特征值的方差贡献率为权重，$\omega_1 = 0.446$，$\omega_2 = 0.303$，$\omega_3 = 0.144$，$\omega_4 = 0.106$。

表 9-10 大连市水贫困评价的关联度和排序

地区	a		b		c	
	得分	排序	得分	排序	得分	排序
中山区	0.440	7	0.466	7	0.491	4
西岗区	0.448	5	0.472	5	0.483	5
沙河口区	0.476	3	0.488	4	0.536	2
甘井子区	0.466	4	0.471	6	0.476	6
旅顺口区	0.399	10	0.402	10	0.405	10
金州区	0.430	9	0.435	9	0.447	8
瓦房店市	0.477	2	0.536	2	0.551	1
普兰店市	0.442	6	0.524	3	0.464	7
庄河市	0.491	1	0.585	1	0.516	3
长海县	0.431	8	0.440	8	0.442	9

比较数列和参考数列的关联度值越大，表明原始样本越接近理想样本，该地区越不水贫困。从大连市水贫困评价的综合得分排序和关联度排序（表 9-8 和表 9-10）来看，基于主成分与灰色关联度的评价整体趋势变动不大，仅仅是个别区（县）的排序有小幅度调整，使用灰色主成分计算结果的离散程度更小，评价结果更精确一些。

第五节　实证结果分析

本章的研究采用主成分分析、灰色关联分析两种方法，而运用主成分分析计算的综合得分结果和灰色关联分析方法计算的关联度不能直接用于比较分析。为了更好地反映大连市各个区（县）的水贫困现状，对这两种方法计算的结果从排序上进行对比分析，从而达到互相验证的效果。

从总体上来看，虽然运用主成分分析法计算的结果相比灰色关联分析得出的结果离散程度较大，但是采用两种方法计算得到的大连市各区（县）的水贫困现状的排序仅存在微小差异，计算结果基本一致。2005～2008 年，中山区、旅顺口区、瓦房店市和庄河市的排序结果相同；沙河口区、甘井子区、普兰店市和长海县的排序结果变化了一位；西岗区和金州区的排序结果相差三位。2009～2011 年，旅顺口区、瓦房店市、普兰店市和庄河市的排序结果相同；中山区、沙河口区、金州区和长海县的排序结果变化了一位；西岗区和甘井子区的排序结果相差两位。2012～2014 年，瓦房店市两种计算方式排序结果相同；沙河口区、旅顺口区、金州区、庄河市和长海县的排序结果相差一位；中山区、甘井子区和普兰店市排序结果相差两位；西岗区的排序结果变化了三位。从排名的先后次序上来看，庄河市、沙河口区和瓦房店市排名靠前；中山区、西岗区、甘井子区和普兰店市排名居中；金州区、长海县和旅顺口区排名靠后。说明本章建立的大连市水贫困评价指标体系对于评估大连市的水贫困现状是有效的，两种分析方法的验证结果也基本反映大连市近 10 年的水贫困状况。

一、基于主成分分析的实证结果分析

为了对大连市水贫困的发展演变过程有整体的把握，本节应用基于主成分分析方法计算大连市水贫困评价的综合得分结果（表 9-8），借助 ArcGIS10.2 软件得出 2005～2008 年、2009～2011 年和 2012～2014 年水贫困综合得分的空间格局图（图 9-2）。

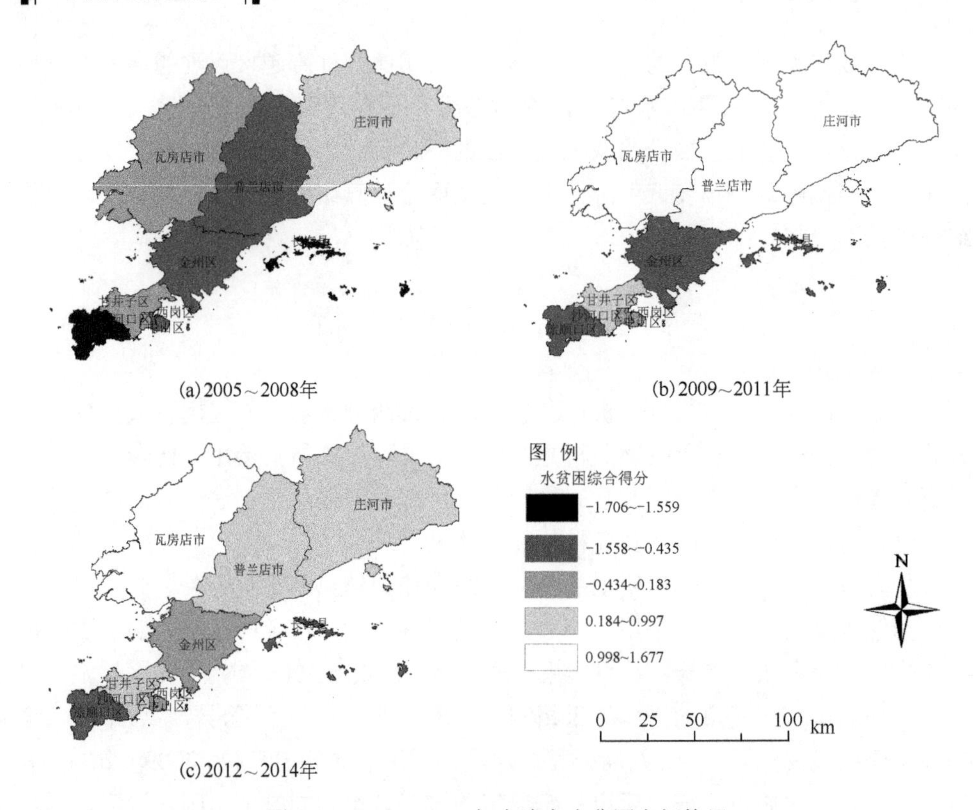

(a) 2005～2008年　(b) 2009～2011年　(c) 2012～2014年

图 9-2　2005～2014 年大连市水贫困空间格局

总体上来看，随着时间的变化除极少数地区水贫困得分有波动外，大多数地区的水贫困评价的综合得分呈现逐步上升趋势，表明大连市整体水贫困状况逐渐变好。在研究期内，大连市不同区（县）的综合得分增长速度不同，所以排序存在变化，但从表 9-8 中可以明显看到，除普兰店以外，大连市其他 9 个区（县）的综合得分都在持续上升。普兰店在 2005～2008 年、2009～2011 年和 2012～2014 年的综合得分分别是-0.451、0.998 和 0.091，波动幅度较大。其原因在于，普兰店在 2009～2011 年和 2012～2014 年的主成分 1 和主成分 4 上的得分的下降速度超过了在 2005～2008 年与 2009～2011 年的上升速度。从表 9-5 中可以看到，主成分 1 主要提取的是资源和使用组分的变量，主成分 4 主要提取的是环境组分的变量，表明普兰店在 2012～2014 年水资源的供应量减少，而水环境污染压力增大。

从空间分布的格局上来看，大连市水贫困综合得分的高值区多位于北部，其次是大连中南部的市中心区，综合得分的低值区位于西部和南部。坐落在大连市北部和东北部的庄河、瓦房店和普兰店是大连市地表水和地下水资源储存量最丰富的地区，全区较大的河流——碧流河、英那河和庄河等都流经此地，所以是全市最不水贫困的区域。沙河口区、西岗区、中山区和甘井子区的水贫困综合得分处于中间值区，主要原因是主成分 2 的得分比较高。从表 9-5 中可以看到，主成分 2 主要提取的是设施和能力组分的变量，反映了这四个区有较高水平的教育、健康、收入能力和取水能力，同时说明强大的社会适应能力有助于缓解水贫困压力。另外，甘井子区在主成分 3 上的得分高，主要得益于甘井子区其他水资源用水量高于其他地区，即甘井子区在中水处理、雨水利用和海水淡化上的供应量较高。金州区、长海县和旅顺口区的水贫困评价得分属于低值区，主要原因是不仅水资源量短缺，而且社会经济适应能力落后，此外，金州区的海水入侵面积大。2014 年大伙房水库输水入连工程和长海县跨海引水工程正式建成通水，大幅度提高了全市的用水质量，尤其是跨海引水工程，有效缓解了长海县的水贫困问题。

二、基于灰色关联度的实证结果分析

（一）空间维度分析

按照灰色关联分析的原理，比较数列与参考数列的关联度越大表明该值所代表的地区的水贫困程度越接近于理想水平，即水贫困程度越小，越不水贫困；关联度越小，表明水贫困越严重。为了更清晰地了解大连市各区（县）在空间区域分布上的变化，本节以 2005～2008 年、2009～2011 年和 2012～2014 年的关联度数据为变量，使用快速聚类分析，得出聚类中心。以此为基础，设计水贫困程度分级标准，将关联度划分为 5 个等级，并按照等级标准对 2005～2008 年、2009～2011 年和 2012～2014 年大连市各区（县）进行分类，具体情况如表 9-11 所示。

表 9-11　大连市水贫困状况等级分类

级别	关联度范围	2005～2008 年	2009～2011 年	2012～2014 年
Ⅴ	0.399～0.402	旅顺口区	—	—
Ⅳ	0.403～0.437	中山区、西岗区、金州区、长海县	旅顺口区、金州区、长海县	旅顺口区、长海县
Ⅲ	0.438～0.476	甘井子区、普兰店市	中山区、西岗区、甘井子区、普兰店市	金州区、普兰店市
Ⅱ	0.477～0.526	沙河口区、瓦房店市、庄河市	沙河口区、瓦房店市	中山区、西岗区、甘井子区、庄河市
Ⅰ	0.527～0.585	—	庄河市	沙河口区、瓦房店市

大连市水贫困现状的等级分类具有明显的空间分布特征。2005～2008 年，水贫困程度为Ⅱ类和Ⅲ类的 5 个地区分布在水资源量较为丰富的东北部和社会经济

水平较高的大连市中心区；Ⅳ类和Ⅴ类的6个地区分布在大连市的中部、南部和东部地区，这里地表水资源缺乏，海水入侵面积大，经济发展水平相对落后。2009～2011年，位于市中心经济发展水平较优越的中山区和西岗区从Ⅳ类变为Ⅲ类，旅顺口区由Ⅴ类转变为Ⅳ类，说明近年来大连市促进水资源有效利用的政策对缓解水资源短缺起到了重要作用，也表明高的社会适应能力能有效减少水贫困问题。2012～2014年，中山区、西岗区和甘井子区从Ⅲ类转变为Ⅱ类，金州区从Ⅳ转变为Ⅴ类，Ⅰ类和Ⅱ类分布的地区，从3个增加到6个，水贫困分类等级在Ⅰ～Ⅲ类的地区都位于大连市的北部和中部，而Ⅳ类的旅顺口区和长海县位于大连市南部和东部，表明大连市北部和中部地区的水贫困现状整体上优于南部和东部地区，优越的水资源自然条件和发达的社会经济发展水平能有效促进水贫困问题的解决。

（二）时间维度分析

从时间维度上看，这10年大连市水贫困的整体关联度值在逐步增加，说明水贫困问题正在得到解决。其中，2005～2008年与2009～2011年相比，Ⅰ～Ⅲ类分布的地区由5个（甘井子区、普兰店市、瓦房店市、庄河市和沙河口区）提升为7个（庄河市、普兰店市、瓦房店市、甘井子区、中山区、西岗区和沙河口区）；Ⅳ类和Ⅴ类地区的数量由5个（长海县、中山区、金州区、西岗区和旅顺口区）减少为3个（金州区、长海县、旅顺口区）。2009～2011年和2012～2014年相比，Ⅰ～Ⅲ类分布的地区由7个增加到8个（庄河市、普兰店市、瓦房店市、甘井子区、中山区、西岗区、沙河口区和金州区）；Ⅳ类和Ⅴ类地区的数量由3个减少到2个（旅顺口区和长海县）。综上所述，3个研究时期的关联度值在逐步增加，Ⅰ～Ⅲ类分布的地区的数量由5个增加到8个，表明水贫困现状有所好转。水贫困程度类别变化的方式可分为以下两种情况：

（1）稳步增长型。呈现稳步增长的地区有沙河口区、中山区、西岗区、甘井子区、瓦房店市、金州区和旅顺口区。中山区和西岗区在2005～2008年为Ⅳ类，2009～2011年是Ⅲ类，2012～2014年是Ⅱ类，关联度值的逐步上升率约为5.6%；沙河口区和瓦房店市在2005～2008年和2009～2011年为Ⅱ类，在2012～2014年属Ⅰ类，关联度值的上升率为14.5%和8.8%；甘井子区和金州区在2005～2008年和2009～2011年分别为Ⅲ类和Ⅳ类，在2012～2014年分别属Ⅱ类和Ⅲ类，关联度值的上升率分别为1.6%和3%；旅顺口区在2005～2008年为Ⅳ类，在2009～2011年，2012～2014年属Ⅴ类，关联度值的上升率为1.1%。总的来看，大连市的市中心3区和东北部的瓦房店市关联度值上升较快，中部的甘井子区、金州区和南部旅顺口区的关联度值上升较慢。

（2）波动型和不变型。庄河市位于大连市的最北部，碧流河、英那河等河流流经此地，地表水资源丰富，仅南部濒临海洋，海水入侵面积小，研究期内水贫困关联度值较高。庄河市在2005～2008年和2012～2014年属Ⅱ类，2009～2011年为Ⅰ类，水贫困的关联度值存在波动，上升率高于下降率7.3个百分点。水贫困状况的等级在研究区内没有变化的是普兰店市和长海县，分别属于Ⅲ类和Ⅳ类，这两个地区水贫困关联度值偏低，且随着时间的变化没有好转，说明水贫困状况的变化不明显。

第六节　结　论

本章选取北方沿海城市大连市为研究对象，通过主成分分析法和灰色关联度方法，对2005～2008年、2009～2011年和2012～2014年大连市水贫困状况进行了评价和分析。本章在认真学习和总结国内外水贫困评价理论的基础上，密切联系大连市实际情况建立了大连市水贫困评价指标体系。为了避免单一的评价方法出现不稳定性和结果的偏差，本章在使用主成分分析的基础上运用灰色关联度分析方法，并借助ArcGIS、MATLAB和SPSS软件针对大连市的水贫困情况进行了评价和分析。结论如下：

（1）在参考国内外有关水贫困评价研究文献的基础上，资源和环境组分分别选取带有沿海城市特点的海水淡化和海水入侵面积作为变量，构建包含资源、设施、能力、使用及环境5个组成部分，由11个指标和16个变量组成的大连市水贫困评价指标体系，为北方沿海城市水贫困评价研究提供借鉴。通过两种方法得到的大连市水贫困评价结果表明：使用主成分分析法计算的水贫困得分或使用灰色关联度方法得到的关联度的排序结果基本一致，反映了本章建立的水贫困评价指标体系对于评估大连市水贫困程度是有效的，通过比较分析更客观真实地呈现了大连市水贫困程度的评估过程和水贫困现状。

（2）使用主成分分析和灰色关联度方法得出的结果均表明，研究期内全市的水贫困状况整体在好转。另外，从空间分布来看，水资源量丰富或者社会经济发展水平高的北部和中部地区的水贫困状况明显优于南部和东部地区；从时间分布来看，水贫困程度类别变化可分为稳步增长型（沙河口、中山、西岗、甘井子、瓦房店、金州和旅顺口）、不变型（普兰店和长海）和波动型（庄河）。

（3）水资源的可持续利用对城市的发展具有重要的作用，水贫困问题若得不到有效解决必然会阻碍社会经济的发展。大连市作为水资源短缺的沿海城市，除了加强节水意识，建设蓄、引、提工程，规范中水回用工程管理外，还应当提高雨水利用和海水淡化能力，科学应对海水入侵问题。上述大连市水贫困程度的分布现状所呈现的规律性，可为全市水资源贫乏的管理和宏观政策制定提供理论参考依据，同时也为其他北方沿海城市评估水贫困现状提供研究方法上的借鉴。

参考文献

[1] Zuo T. Recycling economy and sustainable development of materials. 3th China Conference on Membrane Science and Technology, Beijing, 2007.

[2] 国家统计局环境保护部. 中国环境统计年鉴 2015. 北京: 国家统计出版社, 2015.

[3] 应玉飞, 郑铣鑫, 吴梁. 中国沿海地区水资源及生态环境持续利用战略. 环境科学进展, 1999, 7(3): 131-138.

[4] 赵喜富, 茅樵, 曹升乐, 等. 济南市五库联通工程水资源优化配置研究. 农村水利水电, 2015, (7): 47-49.

[5] 郎连和. 大连市水资源可持续利用的配置与评价方法研究. 大连: 大连理工大学, 2013.

[6] Chen, L, Xu L Y, Xu Q, et al. Optimization of urban industrial structure under the low-carbon goal and the water constraints: a case in Dalian, China. Journal of Cleaner Production, 2016, 114: 323-333.

[7] Sullivan C A. The water poverty index：development and application at the community scale. Natural Resources Forum, 2003, 27(3): 189-199.

[8] 曹建廷. 水匮乏指数及其在水资源开发利用中的应用. 中国水利, 2005, 15(9): 22-24.

[9] 何栋材, 徐中民, 王广玉. 水贫困测量及应用的国际研究进展. 干旱区地理, 2009, 32(2): 296-303.

[10] 王学民. 应用多元分析. 上海: 上海财经大学出版社, 2004.

[11] 时立文. SPSS19. 0 统计分析——从入门到精通. 北京: 清华大学出版社, 2002.

[12] 孙晓东, 田澎. 类加权主成分分析在企业物流绩效评价中的应用. 工业工程与管理, 2007, (1) : 57-63.

[13] 侯文. 对应用主成分法进行综合评价的探讨. 数理统计与管理, 2006, 25(2): 211-214.

[14] Field A. Discovering Statistics Using SPSS for Windows. London: Sage Publications, 2005.

[15] 黄润龙. 数据统计与分析技术: SPSS 统计实用教程. 北京: 高等教育出版社, 2004.

[16] 杨小平. 统计分析方法与 SPSS 应用教程. 北京: 清华大学出版社, 2008.

[17] 邓聚龙. 灰色控制系统. 华中科技大学学报(自然科学版), 1982, (3): 9-18.

[18] 邓聚龙. 灰色系统理论教程. 武汉: 华中理工大学出版社, 1992.

[19] 孙玉刚. 灰色关联分析极其应用研究. 南京: 南京航空航天大学, 2007.

[20] Pan L K, Wang C C, Wei S L. Optimizing multiple quality characteristics via Taguchi method-based Grey analysis. Journal of Materials Processing Technology, 2007, 182(26): 107-116.

[21] Nasiri F, Huang G. A fuzzy decision aid model for environmental performance assessment in waste recycling. Environmental Modeling & Software, 2008, 23: 677-689.

[22] 郑庆利, 三种视角的灰色关联度性质、建模与应用研究. 南京: 南京航空航天大学, 2012.

[23] 翁莉, 周颖, 赵晔辉. 基于主成分-灰色关联度的城市暴雨灾害应对能力评价: 以江苏省 13 个地级城市为例. 数学的实践与认识, 2016, 12: 53-62.

[24] Wang X J, Leeser M. *K*-means clustering for multispectral images using floating-point divide. Proceedings of the 15th Annual IEEE Symposium on Field-programmable Custom Computing Machines, Napa, 2007: 151-162.

[25] 王慧贤, 靳惠佳, 王娇龙, 等. *k* 均值聚类引导的遥感影像多尺度分割优化方法. 测绘学报, 2015, 05: 526-532.

[26] 刘杜钢. 基于聚类和类重叠分析的近邻分类. 计算机系统应用, 2015, 09: 1-8.

[27] 喻金平, 郑杰, 梅宏标. 基于改进人工蜂群算法的 *k* 均值聚类算法. 计算机应用, 2014, 04: 1065-1069, 1088.

[28] 金小琴, 杜受祜. 西部地区低碳竞争力评价. 生态学报, 2013, 33(4): 1260-1267.

第十章　基于 WPI-LSE 的流域尺度应用实例研究

水和贫困之间的联系一直很密切，水在贫困缓解中扮演了突出的角色。水贫困的发生部分原因是人们缺乏可靠的水资源或使用它们的能力。很多人仍然无法在合理的距离内的取得安全可靠的饮用水来源，尤其是穷人可能要花费很大一部分时间、收入和其他资源保护水资源来满足他们的基本需求[1-3]。提供一个可靠的、持续的和安全的水供应是全世界人民都集中关注的一个目标。展望全球，缺水主要与农业相关，因为农业是水资源使用大户。粮食产量的增加带来了更大的水资源消费量；为使食品产出使用更少的水资源，应提高农业用水效率。在此情况下，缺乏基础设施和操作造成的水的短缺更多是政策失败的问题。因此，解决水的危机关键在于管理，其中包括制定可持续发展、公平分配和有效利用的水管理政策。适当的资源管理的一个关键工作原理是分权，即权力下放与中央政府提供政策支持和监管相结合。这种方法的重点在于流域，流域是领土的自然单位，是水资源规划和管理的重要单位。

水是生命之源，生存之本。随着社会经济的快速发展、人口急剧增长、环境污染的加剧及水资源管理的不完善，中国水资源严重缺乏、水污染愈演愈烈、水资源的可持续发展利用受到严重威胁。流域是珍贵的淡水资源，在保障居民生活用水、保护地质环境和维持生态平衡方面发挥着不可替代的作用。随着人口的快速增长，城市规模不断扩大，水资源开采量不断增加，人类活动造成的流域水问题也日益严重。流域系统内部结构不均，外部环境复杂，当受到外界不确定因素的干扰时，会加剧流域水系统的不稳定性，增大地下水资源开发利用的风险，严重制约地下水功能的正常发挥[4,5]。因此，开展流域水贫困研究，对于流域水环境的保护与水资源的可持续开发利用极为重要。

以流域为单元对水资源贫困水平进行评价，可以为流域的可持续发展提供决策依据。分析水贫困的主要目的是解决三个问题：①如何设定一个更好的目标来缓解供水不足；②确定为何缺水会导致贫困；③制定何种水资源管理调控政策来减轻水贫困。因此，需要一个政策框架，基于一个跨学科的方法，以探求水资源和贫困之间的关系，进而有针对性地采取干预措施。然而，水资源和人类的关系是动态的，不是简单线性的。因此，需要一个概念模型，在此模型下分析各种水问题以及产生的影响。

第一节 辽河流域基本概况

辽河，中国东北地区南部河流。汉代以前称句骊河，汉代称大辽河，五代以后称辽河。辽河发源于河北省平泉县七老图山脉的光头山，流经河北、内蒙古、吉林、辽宁四省（自治区），全长1345km，注入渤海，流域面积21.9万km^2，是中国七大河流之一[6]。由于受气候影响，辽河流域内洪水频繁，平均每隔七八年发生一次较大的洪水，一般的洪水平均两三年发生一次。辽河流域是中国水资源贫乏地区之一，特别是中下游地区，水资源短缺更为严重。受人为因素的影响，辽河已成为中国江河中污染最重的河流之一，辽河水无法存活生物，无法用于灌溉，更无法供人畜饮用。1993年，整治辽河工程启动，各级政府依法严厉打击未达标准的排污单位，并取得了一定成效。辽河流域开发较晚，1949年后建设了一些水利工程，全流域较大蓄水发电工程有红山水库、二龙山大型水库等。

一、自然地理概况

辽河有两源，东源称东辽河，西源称西辽河，两源在辽宁省昌图县福德店汇合，始称辽河[7,8]。一般以西辽河为正源，而西辽河又有两源，南源老哈河，北源西拉木伦河。两源于翁牛特旗与奈曼旗交界处汇合，为西辽河干流，自西南向东北，流经河北省的平泉县和内蒙古自治区的宁城县、翁牛特旗、奈曼旗、开鲁县，在内蒙古通辽市、吉林省双辽市至科尔沁左翼中旗白音他拉纳右侧支流教来河继续东流，从小瓦房汇入北来的乌力吉木伦河后转为东北—西南向，进入辽宁省，到昌图县汇合东辽河。东源东辽河，出吉林省东南部吉林哈达岭西北麓，北流经辽源市，穿行二龙山水库，在辽宁省昌图县福德店与西源西辽河汇合。西辽河与东辽河流至辽宁省铁岭市昌图县福德店水文站上游汇合后始称辽河。辽河干流继续南流，经昌图县、康平县、法库县、开原市、铁岭市、沈阳市、新民市、辽中县、台安县、盘锦市、盘山县、大洼县等县市，分别纳入左侧支流招苏台河、清河、柴河、泛河和右侧的秀水河、养息牧河、柳河等支流后，曾在盘山县六间房水文站附近分成两股。

辽河流域总面积21.9万km^2，其中山地占35.7%，丘陵占23.5%，平原占34.5%，沙丘占6.3%[9,10]。西部为大兴安岭、七老图山和努鲁儿虎山，高程500～1500m，东部为吉林哈达岭、龙岗山和千山，高程500～2000m，流域地势大体是自北向南、自东西两侧向中间倾斜，中下游形成辽河平原，高程200m以下。根据河口控制站1956～1979年资料推算，辽河多年平均流量约400m^3/s，多年平均径流量126

亿 m^3，多年平均输沙量 2098 万 t，干流自然落差 1200m。图 10-1 为下辽河平原地理位置图。

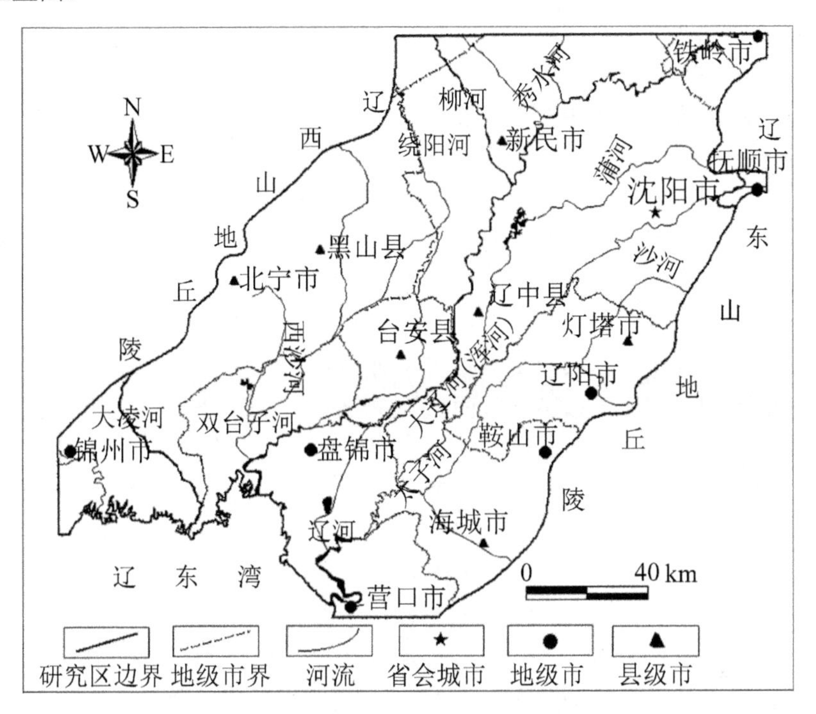

图 10-1　下辽河平原地理位置图

二、气候以及水文特征

辽河流域大部分地区属温带半湿润半干旱季风气候[11]。辽河年径流的地区分布不均，西辽河面积占全流域的 64%，水量仅占 21.6%，下游沿海一带面积占 31%，而水量占 73%。辽河干流以东的太子河上游山地离黄海较近，多年平均年降水量为 900mm 左右。往西北因受长白山脉西南延续部分千山山脉的阻隔，年降水量逐渐减少。到本溪、抚顺一带年降水量为 800mm 左右，到沈阳、铁岭一带为 700mm 左右，中部法库、新民和盘山一带减少至 600mm 左右，多风沙的西辽河上游年降水量减少到 350～400mm。可见辽河流域年降水量区域变率很大，东部约为西部的 2.5 倍，比东北其他流域大得多。从年降水量地区分布来看，辽河流域的供水条件最差。

辽河流域气温的分布，平原较高，山地较低，年平均在 4～9℃，自南向北递减，每一纬度约差 0.8℃。全年气温 1 月份最低，在−9～−18℃，绝对最低温度各地都在−30℃以下；7 月份温度最高，在 21～28℃，绝对最高温度在 37～43℃。

辽河流域的暴雨主要由西方或北方移来的冷空气和东南方来的太平洋湿暖空气交替作用产生，暴雨占全年降水量比例很大，暴雨在流域内分布与年降水量一致，自东南向西北减少。一次暴雨延续时间以三四天为多，但较强集中降水历时在6～12h，有时则集中在12～18h或18～24h。

辽河流域的降雨多集中在7月和8月，往往又集中在几次暴雨中降落，故辽河流域洪水主要由暴雨产生。冬季虽冷，但一般降雪不多，融雪洪水很小，且在融雪季节降水甚少。根据多年记载，尚没有因为融雪造成较大洪水灾害的事例。在福德店以上，在西辽河干流、新开河、教来河下游及乌尔吉木伦河一带的平原地区内，绝大部分为风蚀砂土区，渗漏性大，降水量也较少，因此西辽河的洪水主要来源是老哈河及西拉木伦河。同时，由于两河的洪水流经沙性大的平原地区后，至双辽（郑家屯）洪峰已减小很多，对福德店以下地区影响已不显著。辽河中游东侧的面积占郑家屯以下地区面积的65.5%，其中大部为山区，坡度大，而且雨量多。西侧地区大部为丘陵地带，雨量较少，因此东侧山区为该地区洪水的主要来源地区，其中，清河洪水对辽河干流的中游影响最大。辽河流域内洪水频繁，近100年来辽河流域曾发生大洪涝灾害50余次，其中1888年、1918年、1929年、1930年、1935年以及新中国成立以来的1949年、1951年、1953年、1975年、1985年、1986年、1994年等年份洪水较大。西辽河地区几乎每年都有旱灾，特别是春旱很严重。辽河干流右侧干流的上中游地区，大面积旱灾平均三四年一次。而大辽河下游的洪水，绝大部分来自浑河及太子河。

辽河流域上游山丘区多为黄白土和风沙土，水土流失严重，植被差，覆盖度在30%以下，是中国东北地区风沙干旱严重的地区。流域内含沙量以柳河为最大，其次为西辽河地区各河流，福德店以下东侧支流含沙量最少。辽河西部老哈河上游和柳河上游，多年平均实测最大含沙量在300～700kg/m^3，比东部含沙量大150倍以上。铁岭断面处辽河干流的平均含沙量为3.6kg/m^3，年输沙量2098万t。

辽河流域属温带季风气候。年降水量为350～1000mm，年径流量为89亿m^3，山地多于平原，从东南向西北递减。流域年降水量的65%集中于每年的4～9月。二龙山、大伙房、参窝连线以东流域，年径流深150～400mm，占总径流量的25%左右；西辽河沙丘草原区，年径流深在50mm以下，仅占总径流量的10%。辽河流域夏季多暴雨，强度大、频率高、集流快，常使水位陡涨猛落，造成下游地区洪涝。此外，辽河的含沙量较高，仅次于黄河、海河，为中国第三位，年输沙量达2098万t。

辽宁多年平均流量179.0m^3/s。平均径流量95.27亿m^3。径流深58mm。干流自然落差1200m。水能理论蕴藏量309 400kW，可能开发装机容量17 700kW，装机容量6700kW。流域地势东北部高，西部低，海拔2～2039m。河道弯曲，呈不规则河型，水系发育，大小支流 70 余条，中下游河道宽浅，河道宽 1000～2000m。水流缓慢，泥沙淤积，河床质为沙壤土，洪水期易遭灾害，年结冰期约 4 个月，三江口以下可通航，主要支流有饶阳河、柳河、养息牧河、秀水河等[12,13]。

三、经济社会概况

据 2000 年统计，辽河全流域有地、市、盟 20 个，总人口 3404 万，耕地面积 476 万 hm^2，国内生产总值 3063 亿元，是中国重要的钢铁、机械、建材、化工基地，以及粮食生产基地和畜牧业基地。辽河中下游地区是东北乃至全国工业经济较发达的地区之一。随着水利事业发展，水库大量兴建，河川渔业受水利设施和工业污染影响而急剧败落，渔获量明显下降。辽河水系的大多数河川都建有水库，除东部山区支流和辽河下游外，一年大部分时间河道水很浅，有的濒于干涸，历史上的主要渔区河段，如大辽河、双台子河等又遭严重污染，所以河川渔业日渐衰败。辽河流域在各省、区的面积，以辽宁省的流域面积最大，而且处于辽河中下游地区，河流附属水体多，给小水面养鱼发展创造了有利的条件。辽河流域淡水渔业的发展应以小水面养鱼为重点，以水库、湖泊渔业为主体，积极保护恢复河川渔业，因地制宜地发展渔业的综合利用，多种经营，辽河下游近年污染状况有所缓和，银鱼、鲚鱼资源有所回升[14,15]。

由于大量人为因素，辽河已成为中国江河中污染较重的河流之一，辽河水无法存活生物，无法用于灌溉，更无法供人畜饮用。这种情况已引起各级政府部门的普遍重视，自 1993 年起开始了整治辽河工程，依法严厉打击未达标准的排污单位，并取得了一定成效。

四、防洪蓄水工程

辽河流域开发较晚，水利工程很少，到 1949 年前，全流域只有一座二龙山大型水库、一座三台子中型水库和柳河上游的闹德海大型拦沙堰。在东辽河、辽河干流和浑太河下游两岸有断面瘦小、防洪能力很低的民堤；在东辽河二龙山水库下游的梨树和辽河干流下游的盘山、营口一带，有少量的水田灌溉工程。由于流域内水利基础薄弱，历史上水旱灾害频繁。1886～1985 年，流域内共发生洪涝灾害 50 余次，平均两三年就有一次。西辽河地区几乎年年都有旱灾，特别是春旱严重，辽河干流右侧支流的上中游地区，大面积的旱灾平均三四年一次。

截止到 1989 年，全流域已建成大中小型水库 689 座，总库容 138 亿 m^3。其中，大型水库 16 座，控制流域面积 57 289m^3，占全流域面积的 26.08%，总库容 109.97 亿 m^3，可以用于调洪的库容为 67.6 亿 m^3，这些大型水库对控制和调节全流域各地区的洪水，以及辽河流域的防洪起到了重要作用，主要大型水库有红山水库（总库容 25.6 亿 m^3）、二龙山水库（总库容 17.62 亿 m^3）、大伙房水库（总库容 20.1 亿 m^3）、莫力庙水库（总库容 1.5 亿 m^3）、他拉干水库（总库容 1.35 亿 m^3）、吐尔吉水库（总库容 1.2 亿 m^3）、孟家段水库（总库容 1.2 亿 m^3）、舍力虎水库（总库容 1.18 亿 m^3）、打虎石水库（总库容 1.2 亿 m^3）；中型水库 69 座，总控制面积 17 493km^2，占流域总面积的 7.57%，总库容 20.23 亿 m^3；小型水库 603 座，总库容 7.79 亿 m^3。

截止到 1988 年，全流域堤防总长 8108km，其中主要江河堤防 4991km，保护重要城镇 18 座，保护耕地 144 万 hm^2，保护人口 937.0 万。辽河流域是中国水资源贫乏地区之一，特别是中下游地区，水资源短缺更为严重。辽河已建工程的供水能力已占水资源量的 50%以上，中下游开发程度更高。根据分析，一般年份供需可接近平衡，遇枯水年或连续枯水年，必须削减农业用水才能维持工业生产。有些工程，如太子河的汤河水库原以农业用水为主，由于工业用水不断增加，已不得不改为向工业供水为主[16,17]。

在辽河流域规划中根据不同水平年工农业发展情况预测全流域水量供需平衡的结果，1980 年、1990 年和 2000 年全流域分别缺水 9.544 亿 m^3、10.31 亿 m^3 和 36.4 亿 m^3。东北诸河的缺水主要集中在辽河流域，尤其是辽河中下游地区。解决的基本对策如下：在各缺水区进一步采用开源和节流措施的同时，应实现北水南调工程，即从嫩江和第二松花江调水到辽河，如果北水南调工程在满足沿途用水要求后，能供给辽河中下游地区 34 亿 m^3 水量，东北诸河 2000 年水资源供需关系可以达到基本平衡。

北水南调工程，是综合开发利用水资源的一项工程，除解决辽河中下游用水紧张外，对东北内河航运发展，也是十分必要的和非常迫切的。可使封闭型的松花江航运转为开放型，使辽河复航变为可能。北水南调是一项与社会经济发展相协调的重大战略措施。北水南调工程计划在第二松花江修建哈达山水库，在嫩江上修建布西水库，在辽河上兴建石佛寺反调节水库以及长 400km 的引水渠道。引水渠自哈达山水库与嫩江上的大赉渠首取水，两条输水渠道汇合后，在太平川附近穿越松辽分水岭，在双辽附近注入辽河。为尽量引调松花江洪水期水量，最大调水流量拟定为 400～500m^3/s。渠道全部为土方工程，穿越分水岭处最大开挖深度约 26m。设想在实现调水后，再建成松辽运河。为使黑龙江、松花江、松辽运河和辽河成为南北贯通的内河航线并可与海运相连接，远景还可考虑从双辽起大体平行辽河开挖运河到营口，全长约 264km[18,19]。

第二节　指标体系的建立与权重的确定

水贫困的程度，拟采用水贫困指数来衡量。水贫困指数有单因素指数和多因素指数之分，它的合成和测量方法也有多种，水贫困指数是可以定量评价国家或地区甚至社区相对缺水程度的一组综合性指标。该指标不但能反映区域水资源的本底状况，还能反映水工程、水管理以及当地的经济与环境情况。它提供了对水资源综合评价的指标，同时也给出了社会因素对水资源的影响。在不同的研究尺度上，各组成要素采用的变量有所区别。例如，在社区尺度上，选择的变量主要基于对家庭水平的统计；在流域尺度上，可以分析地区间或小流域间相对缺水程度；在国家尺度上，常通过宏观资料分析各个国家间水资源的相对状况。本节中，指标数据的来源是基于辽宁省的流域区小尺度的县市，同时建立符合地区实际情况的指标体系。

借鉴水贫困的相关研究，遵循科学性、系统性、可操作性、可比性及层次性的原则，本章从数据可获取性和便于量化的角度出发，建立了包括 5 个目标层、13 个准则层、29 个具体指标在内的水贫困评价指标体系。采用层次分析法[20-22]和熵值法[23,24]对各指标赋权。由此所得的指标体系见表 10-1。

表 10-1　下辽河流域水贫困评价指标体系及指标权重

目标层	准则层	评价指标及单位	主观权重	客观权重	综合权重
资源	资源禀赋	人均水资源量/m^3	0.5	0.474	0.278
		地表径流深/mm	0.5	0.526	0.552
设施	农业	节水灌溉率/%	0.333	0.454	0.48
	工业	工业污染处理达标率/%	0.333	0.053	0.13
	城市生活	城市用水普及率/%	0.167	0.039	0.081
		人均排水管道长度/m	0.167	0.454	0.31
能力	政府调控	财政自给率/%	0.083	0.036	0.037
		政府消费支出占 GDP 比例/%	0.083	0.119	0.118
	教育	文盲率/%	0.063	0.007	0.021
		万人拥有在校大学生数/人	0.063	0.137	0.074
	科技	科技事业费、科技三费占财政支出比例/%	0.075	0.063	0.065
	人民生活	恩格尔系数/%	0.12	0.018	0.04
		基尼系数/%	0.12	0.02	0.043
		人均 GDP/元	0.12	0.15	0.117
	经济水平	经济增长率/%	0.12	0.079	0.069
使用	压力	农业用水比例/%	0.12	0.012	0.037
		万元 GDP 用水量/m^3	0.12	0.038	0.047
		人均日生活用水量/m^3	0.133	0.11	0.206
	提高效率	万元 GDP 用水降低率/%	0.133	0.147	0.109
		万元工业增加值废水排放降低率/%	0.134	0.598	0.458
		工业用水重复利用率/%	0.083	0.014	0.035

续表

目标层	准则层	评价指标及单位	主观权重	客观权重	综合权重
环境	污染	水旱灾面积比例/%	0.083	0.023	0.04
		化肥施用强度/kg	0.083	0.021	0.037
		农药使用强度/kg	0.056	0.002	0.021
		单位径流量化学需氧量/g	0.056	0.003	0.022
		单位径流量氨氮量/g	0.111	0.154	0.136
	治理保护	保护区面积比例/%	0.111	0.006	0.055
		水土流失治理增长速度/%	0.111	0.467	0.407
		城市园林绿化面积比例/%	0.111	0.467	0.408

第三节　结果与分析

一、水贫困时序变化

本节用水贫困时序变化特征分析求取 8 个市各指标的平均值作为下辽河流域的相应指标值，计算 2002～2011 年 5 个子系统的水贫困值，进一步求得综合的水贫困指数值。表 10-2 显示，研究期内，下辽河流域的水贫困指数值不断增长，说明研究区的水贫困状况在不断改善。

表 10-2　水贫困指数

地区	2002 年	2005 年	2008 年	2011 年	均值
营口市	0.203 535	0.229 045	0.270 385	0.321 765	0.256 182
盘锦市	0.188 664	0.181 945	0.210 433	0.247 459	0.207 125
锦州市	0.196 603	0.211 399	0.236 961	0.271 293	0.229 064
鞍山市	0.136 824	0.157 653	0.174 914	0.205 032	0.168 605
辽阳市	0.135 916	0.151 766	0.178 431	0.227 726	0.173 459
抚顺市	0.192 92	0.203 628	0.229 925	0.274 35	0.225 205
铁岭市	0.142 043	0.160 008	0.181 999	0.208 035	0.173 021
沈阳市	0.251 195	0.293 186	0.324 55	0.348 962	0.304 473

从整体上看，各市的水贫困评价得分都是逐年上升的，这说明在社会适应性能力的作用下，通过提高经济和社会实力，优化产业结构，加大水资源基础设施建设和科研投入，人们适应水资源稀缺的能力逐渐增强，体现了社会发展与水资源利用逐步走向协调的良性态势。从局部来看，水贫困最严重的地区依次是辽阳市、鞍山市、铁岭市；水贫困情况较轻的地区有沈阳市与营口市。通过分别考察

各地区的资源、设施、能力、使用和环境 5 个方面的得分情况（图 10-2），可以清楚排名结果产生的原因，从而为政府制定水管理政策提供依据。

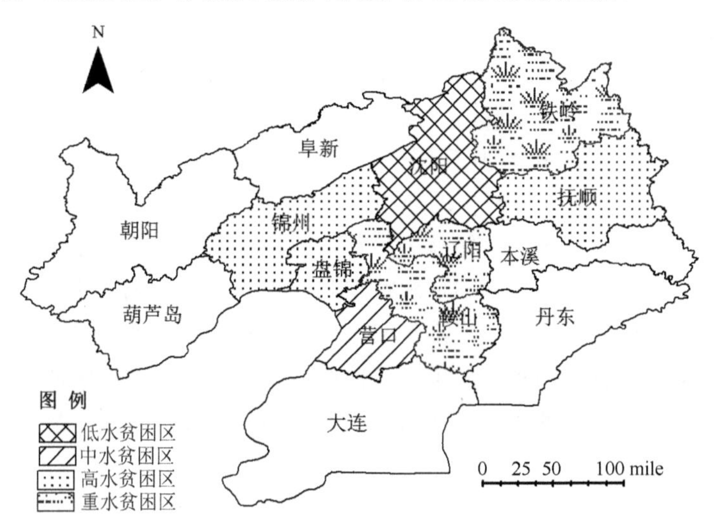

图 10-2　下辽河地区水贫困分布图（1mile=1.609 344km）

（1）资源子系统。下辽河流域水资源空间分布很不均匀。占全省人口 80%的下辽河地区水资源量只占全省总量的 43.2%，人均水资源量仅 1500m^3，平均地表径流深 90mm，在人口压力和生态压力方面都属于轻度缺水区域。同时，水资源空间分布的不均衡还体现在与其他资源的组合错位上，资源组合错位加剧了水资源供求矛盾。从资源子系统来看，将得分按升序排列，居后位的是锦州、铁岭，承受的人口压力和资源组合压力较大；排在前位的是营口，位于沿海地区。

（2）设施子系统。2002～2011 年，下辽河地区灌溉面积增加了 100 万 m^3，工业废水处理达标率提高 33.3%，供水、排水管道长度分别增加了 67.6%和 83.2%。水设施子系统得分以升序排的地区依次为沈阳、营口、铁岭，其中沈阳和营口属于经济发达地区。设施得分排名靠后的分别是盘锦、抚顺、辽阳，经济社会发展水平较低。抚顺和辽阳的节水灌溉率和城市用水普及率过低是造成设施水平较差的主要原因，需要得到水管理部门更多关注。

（3）能力子系统。2002～2011 年，下辽河流域地区经济水平迅速提高，人均 GDP 增长 2.73 倍，政府管理能力上升，政府消费支出占 GDP 比例增加了 56.2%，科教水平显著提高，技术市场成交额占 GDP 比例提高 78.4%，人民生活水平越来越好，恩格尔系数降低了 18.7%，但基尼系数上升，收入差距逐渐拉大。能力子系统得分以升序排列的是沈阳、营口、锦州、铁岭、鞍山、抚顺、盘锦、辽阳，其中前 3 个城市在用水能力方面占有优势。而其他地区共同的特点是经济较落后、科学技术水平较低，政府管理能力指标得分较低，财政自给率都低于 50%，文盲率较高，这些地区的教育水平亟待提高。

（4）使用子系统。2002～2011 年，下辽河地区 GDP 增长率提高 43.6%，水资源开发利用强度增加 6.84%，这些都增加了用水压力。另外，万元增加值用水量降低 65.0%，农业用水比例降低 23.2%，城市人均生活用水量减少 20.5%，重复利用率提高 155.3%，这些都使下辽河地区水资源使用效率得到提高，用水压力得到缓解。使用子系统的评价得分以升序排名后十位的有营口、锦州、沈阳、抚顺、铁岭、盘锦、鞍山、辽阳，这些地区除营口外，自然水资源都较为贫乏，经济发展和人口压力迫使这些地区提高节水意识和用水效率。盘锦、鞍山、辽阳的用水效率接近，而人们的使用相对于丰富的自然资源对水资源造成的压力较小，所以排名靠后。其中，营口的水资源丰富，使用压力较小，人均日生活用水量过高，没有足够重视提高用水效率，农业用水比例过高且亩均灌溉用水量很大，导致区域抗逆能力较差。

（5）环境子系统。2002～2011 年，中国的生态环境情况稍有恶化，农业面源和城市点源污染得到一定程度的控制，治理程度有所加强，但污径比和水土流失情况日益严重。沈阳和营口经济发展水平较高，政府有更多精力和实力来维护生态环境，治理污染。辽阳开发程度较低，生态环境没有受到严重破坏，较好地维护了当地的生态环境。而铁岭、盘锦、锦州这些地区经济发展水平较低，有限的资金多用于经济建设，较少用于环境建设，而政府在以发展经济为根本的目标下，从思想和发展战略上忽略了城市环境的控制和保护。

二、水贫困空间变化

水贫困总体差异以 8 市 2002～2005 年和 2006～2011 年为考察对象，计算两阶段各市水贫困年均降低率，以此判断下辽河流域水贫困水平降低的总体变化。结果表明，水贫困程度减弱速度前慢后快，从两个阶段来看，各市的年平均降低速度都是前期较慢，后期较快。资源是 8 市水贫困的共同驱动因素，除营口外，其余 7 个市资源子系统对水贫困的贡献率均保持在 30%以上，说明下辽河流域水贫困受水资源条件限制较为明显。

空间驱动类型分析根据各市资源、设施、能力、使用、环境 5 方面的 LSE 测算结果，对现状年（均值）水贫困原因进行分析，如图 10-3 所示。流域水贫困空间驱动主要以 4 因素协同驱动为主，根据 4 因素组合不同，可细分为以下 4 种类型。

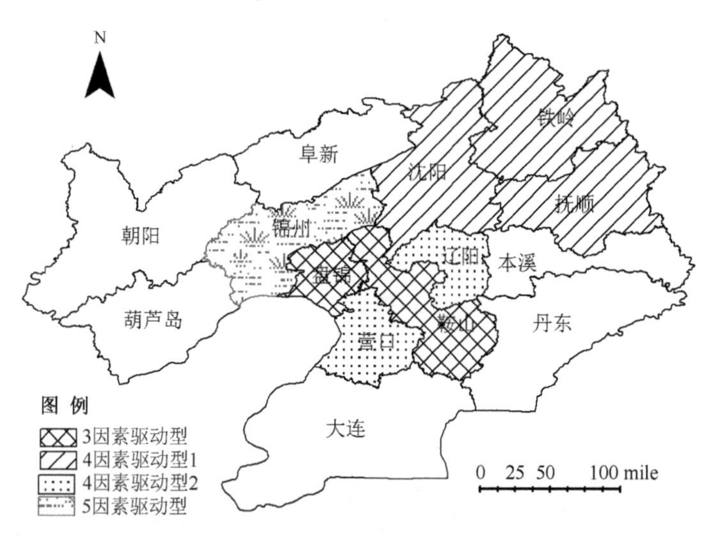

图 10-3　下辽河地区水贫困驱动图

（1）3 因素协同型是以资源、能力、使用驱动为主的盘锦与鞍山。盘锦以资源和能力贡献最大，贡献率分别为 39.6%和 25.1%。盘锦自然条件较好，位于辽宁省西南部，辽河三角洲中心地带，由于人口不断增长，经济迅速发展，过量开采地下水，导致地下水位急剧下降。鞍山则是以使用与能力因素为主要驱动因素，二者的贡献率分别为 30.43%和 28.35%，3 因素的累计贡献率达到 80.02%。在水资源本底条件相对较弱的基础上，鞍山的水贫困主要是由于水资源利用效率低下，利用结构不尽合理，水资源开发利用及水贫困问题治理方面的能力（或潜在能力）不高，不合理的开发利用与用水能力较低形成恶性循环，促使水贫困的发生与发展。

（2）4 因素协同型 1 是以资源、设施、能力和环境为主要驱动因素的沈阳、抚顺、铁岭，其中，前三个因素的累计贡献率为 89.43%。抚顺用水结构以农业为主，用水效率低，且提高趋势不明显。污水处理和节水灌溉等设施水平也不高。沈阳由于经济条件较好，地位突出，设施和能力较突出。同时，由于环境质量进一步提高，城市饮用水水质达标率继续保持在 100%，城市绿化覆盖率达到 26%以上。

（3）4 因素协同型 2 是以资源、设施、能力和环境驱动为主的营口和辽阳。资源对该区水贫困的贡献率以 34.73%位居第一，设施子系统则以 26.41%的贡献率居于第二位。辽阳的自然条件恶劣，水资源匮乏，经济发展水平有限，教育科技水平低，工业污水排放达标率低，排水设施有待进一步完善与提高。因此，需要努力提升自身社会适应性能力以缓解水贫困。营口本地资源较好，地处沿海区域，经济条件较好，水贫困问题相对较轻。

（4）5 因素协同型是以资源、设施、能力、使用和环境为主要驱动因素的锦州。锦州地处欧亚大陆东部，属暖温带半湿润气候，大气环流以西风带和副热带系统为主，为大陆性季风区。春季温和多风，夏季高温多雨，秋季温凉晴朗，冬季寒冷干燥，四季分明，降水集中、季风明显、风力较大。自然降水分布呈东北少西南多，由东北向西南递增，平原区少，山区多，水资源严重短缺。另外，水资源粗放利用，水利设施工程老化、利用率低，生态环境和农业基础条件脆弱，生态系统退化，灌溉水有效利用率较低。

第四节　结　　论

本章在总结国内外水贫困理论发展的基础上，构建了基于流域尺度的水贫困评价指标体系，并以下辽河为例，从水资源状况、供水设施状况、利用能力、使用效率和环境状况 5 个子系统 29 个具体指标的指标体系，运用水贫困指数法与最小方差法，对 2002～2012 年下辽河流域 8 市的水贫困程度进行计算与时空分析。结果表明，下辽河的自然水资源基础良好，水资源利用能力也逐渐加强，但该流域要实现对水资源的有效管理或利用仍然面临着以下问题：需进一步完善生活供水设施、亟待修整破旧渠道、居民的生活和生产导致的低效用水、正在恶化的水环境等。由此可见，综合考虑经济、社会等因素影响下的中国北方农村地区依然存在不同程度的水贫困现象。

为改善流域整体水贫困现状与生态环境，需加强水贫困治理，主要应从以下几个方面着手：第一，顺应节水型社会的建设，不断优化产业结构和用水结构，大力倡导节约用水，提高水资源利用效率。急需将粗放、外延式的生产方式转为集约、内涵式的生产模式，将促进节水与加强减污作为提高水资源承载力的重要手段。第二，建立有序的水秩序，即进行合理的水量分配。基于自然水循环的时间分配模式已逐渐为人工模式所替代，因此，需建立新的水循环条件下的水量分配制度，营造良好的水资源利用秩序，为人与自然和谐相处、经济社会协调发展和构建和谐社会奠定良好的基础。为提高用水能力，在保证社会经济稳步快速发展的同时，加强用水管理，通过制订水的长期供求计划，水量的宏观调配及水的有偿使用制度等措施，协调各部门、各单位以及个人用水的矛盾，缓解工业用水、农业用水、城乡居民生活用水等间的相互“争夺”现象。第三，在水资源使用效率低下的情况下，流域应加强“节水、保水、护水”等的宣传或教育，并适当监督村民的用水行为，在水贫困较严重的地区还可实行梯度水价等制度来提高农户的用水效率。此外，应极力引进和推广先进的节水技术，以提高水资源使用效率。

并且，因用水不当及水利配套设施陈旧、老化造成的水资源利用率不高及水资源污染现象，也需引起高度重视。

参 考 文 献

[1] Cullis J, O'Regan D. Targeting the water: poor through water poverty mapping. Water Policy, 2004, 6(5), 397-411.

[2] 王雪妮, 孙才志, 邹玮. 中国水贫困和经济贫困空间耦合关系研究. 中国软科学, 2011(12): 180-192.

[3] Masoumeh F, Ezatollah K. Agricultural water poverty index and sustainability. Agronomy for Sustainable Development, 2011, 31(2): 415-431.

[4] 曹茜, 刘锐. 基于 WPI 模型的赣江流域水资源贫困评价. 资源科学, 2012, 34(7): 1306-1311.

[5] 陈莉, 石培基, 魏伟, 等. 干旱区内陆河流域水贫困时空分异研究——以石羊河为例. 资源科学, 2013, 35(7): 1373-1379.

[6] 曲富国. 辽河流域生态补偿管理机制与保障政策研究. 长春: 吉林大学, 2014.

[7] 王金龙. 辽河流域水生态功能三级区水生态服务功能评价. 沈阳: 辽宁大学, 2013.

[8] 王雪蕾, 蔡明勇, 钟部卿, 等. 辽河流域非点源污染空间特征遥感解析. 环境科学, 2013, (10): 3788-3796.

[9] 张楠, 孟伟, 张远, 等. 辽河流域河流生态系统健康的多指标评价方法. 环境科学研究, 2009, (02): 162-170.

[10] 徐志璐. 辽河流域水污染状况及对策研究. 长春: 吉林大学, 2014.

[11] 郭芬. 辽河流域水生态与水环境因子时空变化特征研究. 北京: 中国环境科学研究院, 2009.

[12] 孟伟, 张远, 郑丙辉. 辽河流域水生态分区研究. 环境科学学报, 2007, (06): 911-918.

[13] 王琳. 辽河流域水安全评价研究. 大连: 大连理工大学, 2005.

[14] 辽宁省水利厅. 辽宁省水资源. 沈阳: 辽宁科学技术出版社, 2006.

[15] 辽宁省统计局. 辽宁省统计年鉴. 北京: 中国统计出版社, 1996-2006.

[16] 张正浩, 张强, 肖名忠, 等. 辽河流域丰枯遭遇下水库调度. 生态学报, 2016, (07): 2024-2033.

[17] 张琦. 面向生态的辽河流域水库群与引水工程联合调度研究. 大连: 大连理工大学, 2015.

[18] 苏艳霞. 吉林省辽河流域典型植被类型林地水源涵养功能研究. 长春: 吉林大学, 2014.

[19] 马铁民, 曾容, 徐菲. 辽河流域典型水库生态效应评价. 东北水利水电, 2008, (10): 37-40，72.

[20] 王以彭, 李结松, 刘立元. 层次分析法在确定评价指标权重系数中的应用. 第一军医大学学报, 1999, 19(4): 377-379.

[21] 彭国甫, 李树承, 盛明科. 应用层次分析法确定政府绩效评估指标权重研究. 中国软科学, 2004, (6): 136-139.

[22] 常建娥, 蒋太立. 层次分析法确定权重的研究. 武汉理工大学学报(信息与管理工程版), 2007, 29(1): 153-156.

[23] 王富喜, 毛爱华, 李赫龙, 等. 基于熵值法的山东省城镇化质量测度及空间差异分析. 地理科学, 2013, (11): 1323-1329.

[24] 王媛, 程曦, 殷培红, 等. 影响中国碳排放绩效的区域特征研究——基于熵值法的聚类分析. 自然资源学报, 2013, (07): 1106-1116.

第十一章　基于 DPSIR-PLS 的全国尺度应用实例研究

水资源作为经济活动重要的投入要素之一，其短缺会直接制约社会经济的发展[1]。我国是全球较缺水的国家之一[2]。雪上加霜的是，近 10 年来，全国废水排放总量增加了 233.8 亿 t，仅生活污水就上升了 48.79%，2014 年，虽然各地区城市污水处理率和工业用水重复利用率达到了 85%以上，但一些省份的农村地区卫生厕所普及率还不到 50%，且化肥和农药的使用量也在持续上升[3]，更严重的是，某些城乡交界区因工农业与生活用水管理的缺失导致工业废水、城市生活污水和化肥农药残渣等相互渗透使地下水环境恶化，这些问题不仅加剧了中国的水资源短缺，也给经济发展带来严重威胁。因此，解决水资源短缺问题逐渐引起人们的重视。

水贫困理论从一般贫困理论出发，结合水资源开发、使用和管理及用水者能力、权力，将如何解决水资源短缺问题从水文工程领域扩展到社会经济领域，对水资源短缺问题进行了较为综合、全面的诠释，不仅为集成的水资源管理提供依据，也为缓解水资源不足问题的研究提供了全新视角[4]。水贫困理论得到普遍认可和广泛运用始于 Sullivan 提出的水贫困指数[5]，能够定量地评价不同尺度范围内的相对缺水状态，为水贫困研究提供更有效的测量依据。其后，水资源财富指数[6]和气候脆弱性指数[7]又相继被人提出，从增加粮食、健康、生产力状况等因素的角度扩充水贫困理论；Adkins 和 Dyck 在水贫困指标体系的基础上对部分子系统和指标进行调整和细化，建立了 CWSI[8]，使水贫困理论在社区尺度得到应用；Garriga 等[9]将贝叶斯理论引入水贫困指数体系尝试运用网络方法进行数据分析。在中国，曹建廷[10]、何栋材等[11]对水贫困概念、历史演变过程及不同尺度的水贫困评价方法进行了详细介绍，邵薇薇和杨大文[4]、靳春玲和贡力[12]分别利用水贫困指数指标体系，对中国主要流域和兰州水安全情况进行实证研究；曹茜和刘锐[13]在水贫困指数理论基础上，对中国赣江流域水贫困进行评估；孙才志等[14,15]综合水资源管理和反映社会适应性能力的指标对中国的水贫困情况进行评价，并运用水贫困指数分别与探索性空间分析（exploratory spatial data analysis，ESDA）和

LSE模型相结合，对中国省际水贫困的空间关联格局和驱动类型进行实证分析。综合来看，国内外学者多是在水贫困指数体系基础上构建评价不同尺度范围内的水贫困指标体系，用AHP、熵值法或主成分分析等方法确定指标权重，计算综合得分，进而展开评价或是进行驱动机理分析。但是，有两个方面的问题没有很好地解决：一是水贫困指数仅对水资源的自然属性和经济属性进行了概括分析，资源、设施、能力、效率、环境五系统之间的动态发生次序与彼此之间的关联性没有明确说明；二是依照水贫困指数选取的指标体系鲜有检验，继而权重确定和综合得分的评估也就缺失准确性和科学性。

鉴于此，本章在借鉴传统的水贫困指数指标体系基础上，引入既能综合概括与水相关的自然和社会属性信息，又能体现因果关系的DPSIR模型。借助结构方程软件，在检验指标体系和模型合理性的基础上，测度中国水贫困状态。运用核密度估计等方法，对各省区水贫困问题的演化进行分析，以期弥补现有方法的不足，更加真实地反映中国水贫困现状，为各省域制定水资源管理政策提供理论借鉴。

第一节　研究方法与数据来源

一、DPSIR框架模型

DPSIR模型由驱动力（driver force）、压力（pressure）、状态（state）、影响（impact）和响应（response）五部分组成，是欧洲环境署于20世纪末在总结前人提出的PSR（压力、状态、响应）、DSR（驱动力、状态、响应）、PSIR（压力、状态、影响、响应）模型优点的基础上提出的用于系统评估环境情况和可持续发展的框架模型[16-19]。它基于因果关系且覆盖经济、社会、资源和环境四大要素，是一组从系统分析角度描述和解决环境问题及其社会发展关系的综合性模型。根据研究需要，可将模型每个部分分为若干指标，在展现社会、经济发展和人类行为对环境的影响的同时，也表明人类行为及其作用下的环境状态对社会的反馈。

其中，驱动力是造成环境和生态变化的潜在因素；压力是指在驱动力影响下直接作用于环境并促使其发生变化的直接原因；状态是描述自然及社会环境在驱动力和压力作用下表现出的现状；影响揭示状态变化给环境、社会和人类健康带来的最终后果；响应反映人类对上述自然环境和社会状态的变化制定的积极政策和采取的应对措施。DPSIR模型五部分之间的关系如图11-1所示[20]。

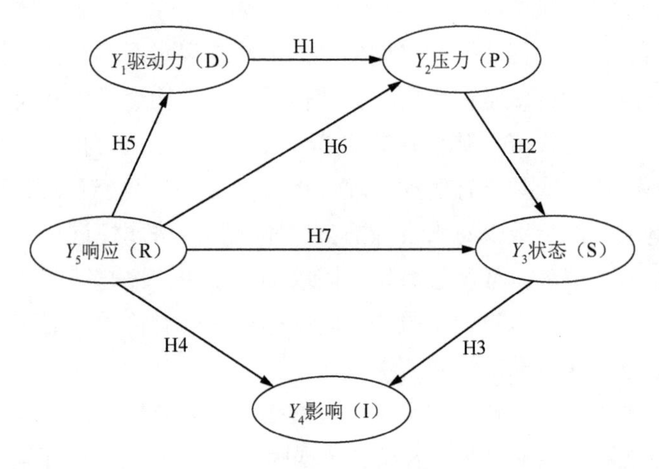

图 11-1 DPSIR 模型示意图

二、PLS 结构方程

PLS 结构方程模型由 Herman Wold[21-23]提出，是在 PLS 回归基础上利用线性回归进行迭代求解的一种建模方式。与基于极大似然估计的协方差技术“硬建模”相对，PLS 建模方法被称为“软建模”，不仅对数据正态性、模型识别条件和样本容量要求较宽松，而且在进行模型验证的同时又能兼顾数据量化。该模型主要由两组子模型构成，具体如下。

（一）测量模型

测量模型，又称为外部模型，描述模型中潜变量和显变量之间的对应关系。假设一结构方程模型有 J 组显变量，每组含有 p_i 个变量，则每组显变量可以表示为 $X_j=\left(x_{j1},x_{j2},\cdots,x_{jh}\right)\left(j=1,2,\cdots,J\right)$，通常假设显变量 $x_{jh}\left(j=1,2,\cdots,J;h=1,2,\cdots,p_i\right)$ 都是基于 n 个共同观测点，且每个变量均是中心化的。显变量组 X_j 所对应的潜变量为 $\zeta\left(j=1,2,\cdots,J\right)$，$\zeta$ 由 X_j 中的显变量 X_{jh} 的线性组合进行估计，并假设，每组显变量 X_j 与对应的潜变量 ζ 之间构成测量模型。每组显变量都与唯一的隐变量相关联，可以通过一个线性回归方程式表示，即 $x_{jh}=\lambda_{jh}\zeta+\varepsilon_{jh}$。其中，$\varepsilon_{jh}$ 为随机误差项，均值为 0，且与潜变量 ζ 不相关。因每组显变量所反映的潜变量是唯一的，所以，显变量组需要做唯一度检验。常用来检验显变量唯一度的方法有主成分分析、科隆巴奇系数 α 和迪依高德斯丹系数 ρ。当显变量不满足唯一度要求时，可通过对显变量进行删除或拆分来满足。

（二）结构模型

结构模型又称为内部模型，描述模型中各个潜变量之间的关系。不同潜变量 ζ 之间构成结构模型。可以用

$$\zeta = \sum_{h=j} \beta_{jh} \zeta + \varsigma \tag{11-1}$$

表示。式中，ς 为随机误差项，均值为 0，且不与 ζ 相关。

（三）模型估计

上述模型中的显变量估计可以从两个方面进行：一是潜变量 ζ 可由显变量 $x_{jh}\left(j=1,2,\cdots,J;h=1,2,\cdots,p_i\right)$ 的线性组合来估计，又称为外部估计。该估计记为 Y_j，即

$$Y_j = \left(\sum_{h=1}^{jh} \omega_{jh} x_{jh}\right)^* = \left(X_j \omega_j\right)^* \tag{11-2}$$

式中，ω_j 为权数向量，星号表示对估计量进行标准化处理。二是通过潜变量之间的关联关系进行计算，记为 Z_j，有

$$Z_j = \left(\sum_{?} e_{ji} Y_i\right)^* \tag{11-3}$$

式中，e_{ji} 为内部权数。e_{ji} 的计算方法为

$$e_{ji} = \operatorname{sgn}\left(r\left(Y_j, Y_i\right)\right) = \begin{cases} 1, r\left(Y_j, Y_i\right) > 0 \\ -1, r\left(Y_j, Y_i\right) < 0 \\ 0, r\left(Y_j, Y_i\right) = 0 \end{cases} \tag{11-4}$$

式中，sgn 为符号函数；$r\left(Y_j, Y_i\right)$ 表示外部估计量 Y_j 与 Y_i 的相关系数。权重向量 ω_j 可通过以下公式估计：

$$\omega_j = \frac{1}{n} X_j^{\mathrm{T}} Z_j \tag{11-5}$$

此时，权重向量 ω_j 是变量 X_j 和 Z_j 的相关系数或方差。对于标准化的向量，实际上 ω_j 是 Z_j 对 X_j 做偏最小二乘的第一主成分的权数，即偏最小二乘回归的第一个轴向量。

综上，PLS 结构方程利用迭代法来计算潜变量，最后根据潜变量的估计值计算测量模型和结构模型，具体操作步骤如下：

（1）令向量 Y_j 的初始值等于 x_{j1}；

（2）根据式（11-3）计算 Z_j 的估计值；

（3）根据 Z_j 的估计值，通过式（11-5），计算向量权重 ω_j；

（4）根据计算得到的 ω_j，利用式（11-2）计算新的 Y_j，直到计算收敛为止，以最终得到的 Y_j 作为对潜变量 ζ 的估计值 $\overline{\xi}$；

（5）根据得到的 $\overline{\xi}$，利用一元线性回归模型的普通最小二乘法估计测量模型和结构模型中的参数 λ_{jh} 和 β_{ji}。

三、马尔可夫链

马尔可夫链[24]是一种随机时间序列方法，研究“无后效性”条件下状态的随机转移情况。在本节中，先将各省区水贫困程度离散为 k 种类型，然后计算相应类型的概率分布及其年际变化，以此得到转移概率矩阵，从而判断区域水贫困的发展状况。如将 t 年份水贫困类型的概率分布表示为一个 $1\times k$ 的状态概率向量 a_1，记为 $a(t)=\left(a_1(t),a_2(t),\cdots,a_n(t)\right)$，那么，不同年份的水贫困类型转移可以用一个 $k\times k$ 的马尔可夫转移概率矩阵表示（表 11-1）。

表 11-1　马尔可夫转移概率矩阵（k=4）

类型	严重水贫困	较重水贫困	中度水贫困	微水贫困
严重水贫困	m_{11}	m_{12}	m_{13}	m_{14}
较重水贫困	m_{21}	m_{22}	m_{23}	m_{24}
中度水贫困	m_{31}	m_{32}	m_{33}	m_{34}
微水贫困	m_{41}	m_{42}	m_{43}	m_{44}

表 11-1 中，m_{ij} 表示 t 年份属于类型 i 的区域在下一年份转移到 j 类型的转移概率。计算公式为 $m_{ij}=\dfrac{n_{ij}}{n_i}$，式中，$n_{ij}$ 表示在整个研究期间内，由初始年份属于 i 类型的地区在下一年后转移为 j 类型的地区数量之和；n_i 是所有年份中属于类型 i 的地区数量之和。若某个地区的水贫困类型在初始年份属于类型 i，在下一年份仍保持不变，则该地区的类型转移是平稳的。若水贫困类型转移到比初始年份更好的类型，则该地区表现为向上转移，反之为向下转移。

四、核密度

（一）核密度研究背景

密度估计[25]是指在给定样本后，对其总体密度函数的估计。它是统计研究的一个关键问题。对密度的估计可以分为参数估计和非参数估计两种类型。前者是密度函数结构已知而只有其中某些参数未知，此时的密度估计就是传统的参数估计问题。后者是密度函数未知，仅从现有的样本数据出发得出密度函数的表达式，这就是非参数密度估计。非参数密度估计始于直方图法，后来发展为最近邻法、核估计法等，其中理论发展最完善的是核密度估计法。

（二）核密度估计法

首先介绍一下非参数密度估计最简单的形态——直方图。直方图是一个被广泛用来描述数据分布形状的工具，它可以很直观地将一个随机变量的密度特征表现出来，例如这个函数是否对称，是否存在偏态。如果随机变量 x 的密度函数为 $f(x)$，在点 x 处可用公式

$$\hat{f}(x)=\frac{1}{nh}\sum_{i=1}^{n}I\left(-\frac{h}{2}<x-x_i<\frac{h}{2}\right) \tag{11-6}$$

来描述直方图密度估计。式中，$(x_1,\cdots,x_n)$ 为离散的随机样本；$I(\bullet)$ 为指示函数，用来描述该数据 x_i 是否落入 x_i 的 $\frac{h}{2}$ 邻域区间 $\left[x_i-\frac{h}{2},x_i+\frac{h}{2}\right]$；$h$ 为窗宽；n 为样本容量。

通过式（11-6）可以看出，用直方图作为密度函数估计有三个明显的缺陷：

（1）离中心越远的点对估计应该产生较小的影响，但在这个估计中对每个落入区间 $\left[x_i-\frac{h}{2},x_i+\frac{h}{2}\right]$ 的数据赋予相同的权重，在这个区间较大时，就明显会影响估计精度。

（2）这个估计结果明显不是一个光滑估计，同时区间与区间结果互不重叠，估计结果为一个间接函数，因此，这个函数的分析性质就会很差。

（3）估计结果对区间宽度的选择有很强的依赖，同时对区间中心的位置也有较强的依赖。

一种新的密度估计方法——非参数核密度估计首先将直方图中的盒子指示函数换为光滑的核密度函数；其次，将估计区间中心定为样本观察值。

设 $(x_1,\cdots,x_n)$ 为离散的随机样本，则单变量核密度估计定义如下：

$$\hat{f}(x)=\frac{1}{nh}\sum_{i=1}^{n}k\left(\frac{x-x_i}{h}\right) \tag{11-7}$$

式中，$\hat{f}(x)$ 为总体位置函数密度 $f(x)$ 的一个核密度估计；$k(\bullet)$ 为核函数；h 为窗

宽；n 为样本容量。可以看出，核函数是一种权函数。该函数利用数据点 x_i 到 x 的距离 $(x-x_i)$ 来决定 x_i 在估计 x 的密度时所起的作用。如果核函数选择标准正态密度函数 $\phi(\bullet)$，则离 x 点越近的样本点，加的权就越大，影响也越大。

估计量 $\hat{f}(x)$ 的优良性的评价标准包括偏差、方差、均方误差、积分均方误差等标准，具体内容如下：

（1）偏差是指得到的估计密度函数的期望值与真实分布差异的大小，其定义为

$$\text{BIAS} = Ef(x) - f''(x) \approx \frac{h^2}{2} f(x) \int x^2 k(x) \mathrm{d}x \tag{11-8}$$

其绝对值越小，说明估计的偏差越小，拟合效果越好。

（2）方差是指密度估计函数估计结果的波动大小，其定义为

$$\text{VAR} = E(\hat{f}(x) - E\hat{f}(x))^2 \approx \frac{1}{nh} f(x) \int k^2(x) \mathrm{d}x \tag{11-9}$$

其值越小越好，说明估计结果波动小，在 BIAS=0 时使用。

（3）均方误差用来反映估计函数与真实分布整体估计拟合效果，其定义为

$$\text{MSE} = E\left(\hat{f}(x) - f(x)\right)^2 \tag{11-10}$$

均方误差越小，说明估计偏差越小，其拟合程度越好，在 BIAS≠0 时使用。

（4）积分均方误差是在均方误差的基础上，将所有偏差平方进行积分累加后得到的结果，其定义为

$$\text{MISE} = E\int (\hat{f}(x) - f(x))^2 \mathrm{d}x \tag{11-11}$$

通常积分均方误差也称 L2 误差，该标准是评价一个密度估计优劣的主要指标。

（三）核函数和窗宽的选择

从核估计的定义来看，在其中有两个部分需要确定，第一部分就是确定核函数 $k(\bullet)$ 的具体表达式，另一部分就是确定合适的窗宽 h。下面就这两个问题展开讨论。

1. 核函数选择

一般核函数属于对称的密度函数族 P，即核函数 $k(\bullet)$ 满足如下条件：

$$k(-x) = k(x), \qquad k(x) > 0, \qquad \int k(x) \mathrm{d}x = 1$$

常见的对称密度函数都可以作为核函数引入密度估计中。常用的密度函数见表 11-2。

表 11-2　常用密度函数

核函数名	核函数 $k(u)$
均匀	$\frac{1}{2}I(\lvert u\rvert \leqslant 1)$
指数	$\frac{1}{2}\lambda e^{-\lambda\lvert u\rvert}$
柯西	$1/\pi(1+u^2)$
EV1 核	$\frac{3}{4}(1-u^2)I(\lvert u\rvert \leqslant 1)$
三角	$(1-\lvert u\rvert)I(\lvert u\rvert \leqslant 1)$
四次	$\frac{15}{16}(1-u^2)I(\lvert u\rvert \leqslant 1)$
余弦	$\frac{3}{4}\cos\left(\frac{\pi}{2}u\right)I(\lvert u\rvert \leqslant 1)$
三权	$\frac{35}{32}(1-u^2)^3 I(\lvert u\rvert \leqslant 1)$
正态	$\frac{1}{\sqrt{2\pi}}e^{\left(-\frac{u^2}{2}\right)}$

2. 最优窗宽的确定

为了从样本数据建立非参数密度估计函数，还必须选择一个合适的值作为窗宽 h 的取值。这个参数是整个模型中唯一的参数，同时该参数对整个估计效果有直接的影响（由于该参数主要影响估计曲线的光滑性，有时也叫做光滑参数）。下面就如何选取合适的窗宽的不同方法加以论述。

（1）最优理论窗宽。当核函数是普通密度函数时，一维核密度估计量 $\hat{f}(x)$ 的积分均方误差近似为

$$\text{MISE} \approx \frac{1}{4}h^4\left(\int f''(x)\mathrm{d}x\int x^2k(x)\mathrm{d}x\right)^2 + \frac{1}{nh}(x)\mathrm{d}x \tag{11-12}$$

从而可以得到这种定义下的最优窗宽表达式：

$$h_{\text{opt}} = n^{-\frac{1}{5}}\left(\int x^2k(x)\mathrm{d}x\right)^{-\frac{2}{5}}\left(\int k^2(x)\mathrm{d}x\right)^{\frac{1}{5}}\left(\int\left[f''(x)\right]^2\mathrm{d}x\right)^{-\frac{1}{5}} \tag{11-13}$$

观察表达式可以看出：最优窗宽应随样本的增大而不断减小且减小速度为 $o(n^{-\frac{1}{5}})$； $f''(x)$ 反映密度函数的震动速率，剧烈震动的密度函数应对应较小的最优窗宽；表达式中含有未知量 $f''(x)$，因此无法得到具体的窗宽数值。由于在表达式中涉及未知参数，最优带宽估计式在实际应用中并不能直接使用。

（2）特殊分布下的最优窗宽。当被估计分布函数服从正态分布且其标准差

为σ时，则通过式（11-13）可以很容易的推出最优窗宽值为

$$h_{\mathrm{opt}}=\left(8\sqrt{\pi}/3\right)n^{-\frac{1}{5}}\left(\int k^2(x)\mathrm{d}x\Big/\int x^2k(x)\mathrm{d}x\right)^{\frac{1}{5}}\sigma \tag{11-14}$$

如果将样本方差s作为未知正态分布方差σ的估计值带入式（11-15），同时计算出常数$\left(\int k^2(x)\mathrm{d}x\Big/\int x^2k(x)\mathrm{d}x\right)^{\frac{1}{5}}$，则得到正态最优窗宽：

$$h_{\mathrm{opt}}=1.06sn^{-\frac{1}{5}} \tag{11-15}$$

（四）非参数核密度研究意义

（1）无论选择什么样的核函数，都能将样本所具有的分布特征体现出来。拟合密度函数与真实密度函数偏差小。这就避免了传统参数检验对数据分布族假设错误的风险。

（2）核函数的光滑性会传导给估计得到的密度函数，所以选择光滑的核函数对最终估计出的密度函数的分析性质有一定的改善。

（3）非参数密度估计技术是一种非常有效的点样本分析和建模手段，它的应用还处于起步和发展阶段。如何进一步完善该理论在各项研究中的应用并不断拓宽其应用领域，值得人们在今后的研究中做认真的思考。

五、数据来源

本章以中国31个省（自治区、直辖市）为研究对象，根据表11-1建立的中国水贫困评价指标体系中的指标进行数据搜集和整理，数据来源于2004～2015年《中国环境统计年鉴》《中国统计年鉴》《中国环境统计年报》和《中国水资源公报》。

第二节 实证研究

一、指标体系构建和模型设定与检验

（一）DPSIR模型的中国水贫困评价指标体系构建

水贫困评价涉及水资源禀赋、用水者能力、取水设施、水资源管理等多个方面，是一个极为复杂的问题。DPSIR框架模型不仅将水资源自然状况、开发利用水平和经济社会发展水平等整合为一个整体，而且能根据因果关系组织和分析五个组成部分间的信息。本章遵循指标体系构建的科学性、完整性、可操作性等原则，在参考国内外水贫困相关指标体系，梳理DPSIR模型高频、权威指标的基础

上，从驱动力、压力、状态、影响、响应五个维度选取指标构建中国水贫困评价指标体系，见表 11-3。

表 11-3 中国水贫困评价指标体系及唯一度检验

潜变量		初选显变量	保留显变量	第一主成分	第二主成分
Y_1 驱动力（D）	Y_{11} 经济	D_1 人均 GDP/元 D_2 GDP 增长率/% D_3 城镇居民年人均可支配收入/元 D_4 第三产业增加值占 GDP 比例/%	D_1，D_3，D_4	2.347	0.488
	Y_{12} 人口	D_5 人口密度/（人/km^2） D_6 人口自然增长率/%	D_5，D_6	1.604	0.396
Y_2 压力（P）	Y_{21} 使用	P_1 农业用水比例/% P_2 工业用水比例/% P_3 生活用水比例/% P_4 万元 GDP 用水/m^3 P_5 人均用水量/m^3	P_1，P_2，P_3，P_4，P_5	3.459	0.994
	Y_{22} 污水排放	P_6 生活污水排放比例/% P_7 工业废水排放比例/%	P_6，P_7	1.392	0.608
	Y_{23} 污染	P_8 化肥施用量强度/kg P_9 农药使用量强度/kg	P_8，P_9	1.738	0.262
Y_3 状态（S）	Y_{31} 资源	S_1 人均水资源量/m^3 S_2 单位面积水资源量/m^3	S_1，S_2	1.739	0.261
	Y_{32} 水质	S_3 Ⅲ类以上水质标准河段所占比例/% S_4 COD 排放降低率/%	S_3，S_4	1.620	0.407
	Y_{33} 利用	S_5 城市用水普及率/% S_6 人均排水管道长度/m S_7 农村自来水受益人口比例/%	S_5，S_6，S_7	1.841	0.865
Y_4 影响（I）	Y_{41} 生态破坏	I_1 旱涝灾害面积比例/% I_2 沙化面积比例/% I_3 水土流失面积比例/%	I_1，I_3	1.104	0.896
	Y_{42} 灾害损失	I_4 自然灾害受灾人口比例/% I_5 自然灾害直接经济损失占 GDP 比例/%	I_4，I_5	1.107	0.863
Y_5 响应（R）	Y_{51} 节水	R_1 节水灌溉率/% R_2 工业用水重复利用率/%	R_1，R_2	1.799	0.673
	Y_{52} 治理	R_3 废水治理资金占 GDP 比例/% R_4 城市污水处理率/% R_5 工业废水处理达标率/% R_6 新增水土流失治理率/%	R_3，R_4，R_5，R_6	2.086	0.738

续表

潜变量		初选显变量	保留显变量	第一主成分	第二主成分
Y_5 响应（R）	Y_{53} 科教	R_7 万人拥有在校大学生/人 R_8 人均教育经费/元 R_9 科技市场成交额占 GDP 比例/%	R_7，R_8，R_9	2.286	0.994
	Y_{54} 生态环境	R_{10} 城市人均园林绿化面积比例/% R_{11} 建成区绿化覆盖率/%	R_{10}，R_{11}	1.626	0.374

（1）驱动力分析。水贫困评价驱动力是指引起水贫困问题产生的内在原因，即水资源开发利用潜在的最原始又关键的因素，主要包括人口增长和社会经济发展两个方面。本节选取人均 GDP、人口等指标描述驱动力部分。

（2）压力分析。水贫困评价压力是指在驱动力的作用下，直接施加在水资源系统上的促使其发生变化的因素。相对驱动力来说，压力作用是外在的，包括水资源使用、污水排放和污染压力。本节选取工农业用水、生活用水、污水排放量等指标表征水贫困压力。

（3）状态分析。水贫困评价状态是指在驱动力和压力的作用下，水资源系统的现状或特征，包括水资源开发利用水平和水质改变。状态部分本节主要选用人均水资源量、城市用水普及率、农村自来水受益人口比例和III类以上水质标准河段所占比例等指标。

（4）影响分析。水贫困评价影响是指在上述状态的改变之下产生的最终结果，即对水资源安全以及经济社会带来的负面影响。本节主要从生态破坏和灾害损失两方面测度，选取旱涝灾害面积比例、水土流失面积比例和自然灾害直接经济损失占 GDP 比例等指标。

（5）响应分析。水贫困评价响应是指针对水贫困问题人们做出的直接或间接的能动反映，包括节水、污水治理、科教投入和生态环境。响应部分选取节水灌溉率、工业废水处理达标率、废水治理资金占 GDP 比例、人均教育经费和建成区绿化覆盖率等指标。

在水贫困评价的 DPSIR 模型中，人类社会经济发展驱动力（D）导致水资源使用量、废水排放量增加，由此产生压力（P）迫使水资源状态发生变化，状态（S）的改变又对社会和水资源本身产生影响（I）。为了社会经济的可持续发展，人类针对水贫困问题直接或间接地做出响应（R），缓解水贫困问题的相应措施反作用于“驱动力”“压力”“状态”和“影响”，以此维持各因子之间的稳定平衡和经济社会的持续发展。

（二）基于 DPSIR-PLS 模型的中国水贫困评价模型设定

为测得水贫困各子系统和综合发展水平，将 DPSIR 模型和 PLS 结构方程模型相结合，构建潜变量及其对应的显变量组。DPSIR 模型五个子系统的发展水平是无法直接观察出来的。因此，把这种无法直接观测的变量叫做潜变量，而子系统所对应的指标叫做显变量组。

如表 11-3 所示，Y_i 表示第 i 子系统的发展水平，i 分别指驱动力、压力、状态、影响和响应子系统；Y_{ij} 表示第 i 个子系统 j 维潜变量，其中，j 分别表示维度中的经济、人口、使用和污染等。各子系统协调发展水平及其子系统各维度均可由一组显变量组来表示，其中 D_i、P_i、S_i、I_i 和 R_i 分别表示驱动力、压力、状态、影响和响应子系统第 i 个指标。

根据 PLS 结构方程模型的要求，水贫困评价模型的潜变量和显变量之间采用反映式，并对各显变量组做主成分分析进行唯一度检验。经过对各部分显变量指标进行拆分和删除，各组显变量已符合要求（表 11-3）。由表 11-3 潜变量及对应修正后的显变量组，构建 DPSIR 模型各子系统的 PLS 结构方程路径模型，如图 11-2 所示。图 11-2 中，模型的左边是拆分后的潜变量的显变量组，右边是反映整个子系统的显变量组。用此方式提取的子系统潜变量既能包含各拆分后潜变量包含的信息，又能体现与所有显变量之间的相关性。

（三）研究假设

本章根据国内外学者对 DPSIR 模型的相关研究成果，结合上述 DPSIR-PLS 水贫困评价模型，提出如下假设，并建立中国水贫困评价假设框架图（图 11-3）。

H1：中国水贫困评价体系驱动力对压力产生正向影响关系。

H2：中国水贫困评价体系压力对状态产生负向影响关系。

H3：中国水贫困评价体系状态对影响产生负向影响关系。

H4：中国水贫困评价体系响应对影响产生负向影响关系。

H5: 中国水贫困评价体系响应对驱动力产生正向影响关系。

H6: 中国水贫困评价体系响应对压力产生负向影响关系。

H7：中国水贫困评价体系响应对状态产生正向影响关系。

（四）信度和效度检验

PLS 结构方程模型对指标的信度检验主要包括内部一致性信度和合成信度检验。内部一致性信度通常采用科隆巴奇系数 α 作为衡量指标，α 的数值需大于 0.6；

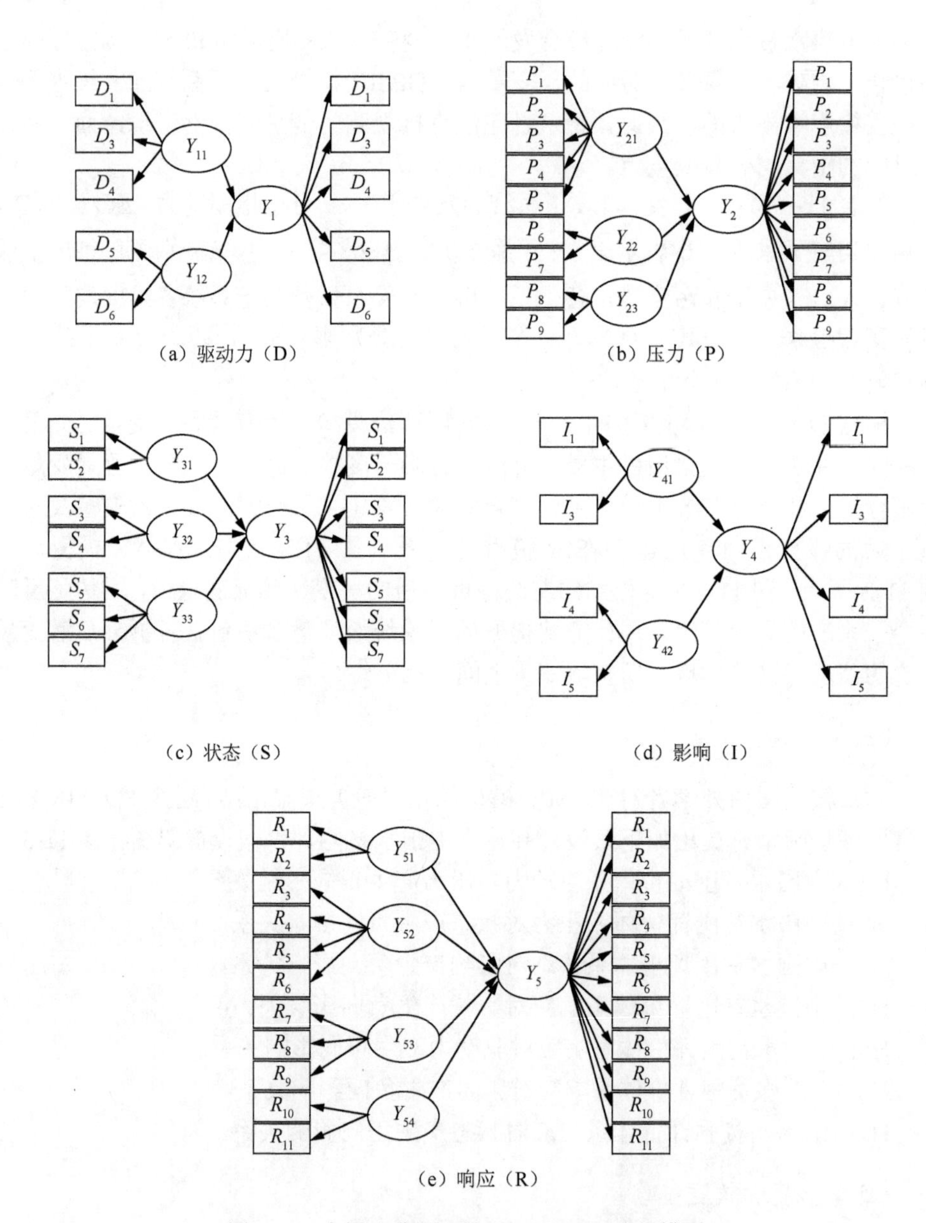

图 11-2　中国水贫困评价 DPSIR-PLS 路径模型

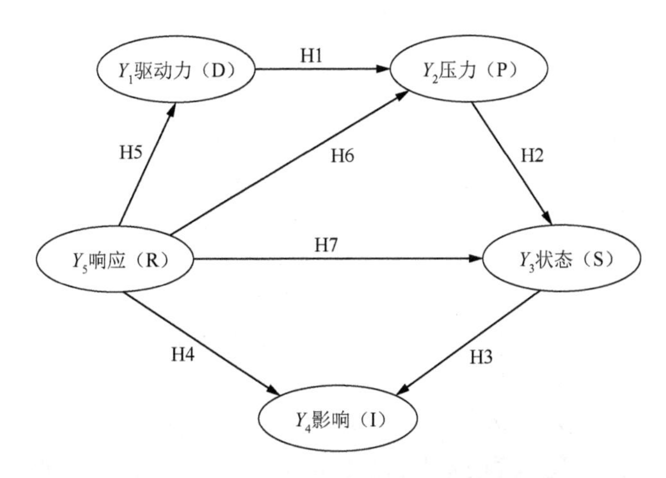

图 11-3　中国水贫困评价研究假设框架

合成信度采用 CR（composite reliability）作为衡量指标，一般要求大于 0.7。效度分析包括内敛效度分析和判别效度分析，内敛效度检验要求每个因子的平均提取方差（average variance extracted，AVE）值的临界值大于 0.5，表示 50%之上的指标方差得到了利用，数值越大，效果越好。判别效度用来判断一个概念和另一个概念的差异程度，对于它的检验，Fornell 和 Larcker[26]指出，当潜在变量 AVE 值大于 0.5 且 AVE 值的平方根均大于对角线该变量与其他变量之间的相关系数时，则表明指标概念间有较好的判别效度。本节各潜变量和显变量的信度、效度检验都符合要求，如表 11-4 和表 11-5 所示。

表 11-4　科隆巴奇系数 α 、CR 和 AVE 检验

指标	D	I	P	R	S
科隆巴奇系数 α	0.883	0.781	0.755	0.904	0.744
CR	0.909	0.859	0.863	0.925	0.836
AVE	0.714	0.607	0.683	0.674	0.573

表 11-5　判别效度检验

项目	D	I	P	R	S
D	0.845				
I	0.272	0.779			
P	0.706	0.154	0.827		
R	0.621	0.263	0.799	0.821	
S	0.681	0.423	0.267	0.456	0.757

注：对角线是 AVE 平方根值，对角线以下是相关系数

（五）模型及假设检验

基于上述模型和显变量具体数据，本节采用 SmartPLS 软件进行模型检验和数据的计算。该软件通过决定系数 R^2 来测度结构模型对因子的解释能力，根据 Hair 等[27]，Henseler 等[28]的研究结论，R^2 值达到 0.67、0.33 和 0.19 分别代表极高、较高和较弱的解释力度。中国水贫困评价模型中驱动力、压力、影响和状态的 R^2 值分别是 0.385、0.485、0.732 和 0.530，表明中国水贫困评价模型潜变量对显变量的解释和概括程度都很好。运用 Bootstrapping 算法进行研究假设检验时，模型假设路径参数估计的 t 统计量值在 5%的显著性水平上超过 1.96 临界值即表示模型假设通过检验。如表 11-6 所示，中国水贫困 DPSIR 模型五个子系统之间的七组研究假设均通过检验，表明本节依据驱动力、压力、状态、影响、响应五个维度建立的中国水贫困评价指标体系是合理有效的，DPSIR 模型能够用于中国水贫困的研究。

表 11-6　中国水贫困评价研究假设检验结果

因果关系假设	路径系数	t 值	假设检验结果
H1：中国水贫困评价体系驱动力对压力产生正向影响关系	0.466	2.709	接受
H2：中国水贫困评价体系压力对状态产生负向影响关系	−0.501	3.102	接受
H3：中国水贫困评价体系状态对影响产生负向影响关系	−0.515	3.414	接受
H4：中国水贫困评价体系响应对影响产生负向影响关系	−0.405	2.847	接受
H5：中国水贫困评价体系响应对驱动力产生正向影响关系	0.360	1.976	接受
H6：中国水贫困评价体系响应对压力产生负向影响关系	−0.376	2.921	接受
H7：中国水贫困评价体系响应对状态产生正向影响关系	0.725	4.360	接受

二、DPSIR-PLS 模型的水贫困评价测度

利用 PLS 算法计算中国水贫困评价模型中各子系统显变量的外部权重和相应潜变量的相关系数，见表 11-7。其中，相关系数表示潜变量对显变量的概括程度，一般要求在 0.5 以上，值越高说明潜变量包含显变量的信息越多，指标体系合理性越好，外部权重表示各显变量对隐变量的具体影响程度。从表 11-7 中可以看出，85%以上的相关系数均远大于 0.5，表明模型中潜变量很好地概括了显变量的信息。因此，采用 PLS 结构方程模型得出的外部权重计算 2003～2014 年中国水贫困评价各子系统和综合水平得分（数据归一化处理后的标准值越趋向于 0 对评价值贡献越小[11]），见表 11-8 和表 11-9。

表 11-7　显变量外部权重及其与潜变量的相关系数

显变量组 1	相关系数	外部权重	显变量组 2	相关系数	外部权重
Y_1	0.936	0.257	Y_{11}	0.929	0.403
	0.908	0.255		0.935	0.391
	0.758	0.186		0.797	0.326
	0.847	0.241	Y_{12}	0.894	0.554
	0.861	0.213		0.897	0.563
Y_2	0.882	0.213	Y_{21}	0.921	0.272
	0.772	0.179		0.747	0.238
	0.663	0.164		0.779	0.204
	0.857	0.211		0.895	0.264
	0.716	0.151		0.803	0.221
	0.620	0.142	Y_{22}	0.976	0.169
	0.530	0.119		0.812	0.238
	0.680	0.196	Y_{23}	0.930	0.526
	0.705	0.201		0.935	0.546
Y_3	0.831	0.292	Y_{31}	0.930	0.526
	0.864	0.272		0.935	0.547
	0.601	0.193	Y_{32}	0.905	0.790
	0.674	0.150		0.646	0.441
	0.661	0.196	Y_{33}	0.891	0.452
	0.647	0.152		0.817	0.416
	0.843	0.255		0.933	0.576
Y_4	0.725	0.495	Y_{41}	0.801	0.378
	0.592	0.361		0.679	0.602
	0.517	0.292	Y_{42}	0.603	0.689
	0.602	0.460		0.729	0.208
Y_5	0.758	0.059	Y_{51}	0.890	0.302
	0.845	0.346		0.623	0.241
	0.853	0.190	Y_{52}	0.857	0.493
	0.812	0.206		0.891	0.465
	0.901	0.227		0.963	0.516
	0.843	0.183		0.704	0.220
	0.808	0.182	Y_{53}	0.964	0.534
	0.735	0.160		0.958	0.463
	0.629	0.122		0.716	0.201
	0.677	0.153	Y_{54}	0.758	0.502
	0.826	0.187		0.907	0.621

表 11-8 中国水贫困评价子系统得分

地区	驱动力			压力			状态			影响			响应		
	2003年	2009年	2014年	2003年	2009年	2014年	2003年	2009年	2014年	2003年	2009年	2014年	2003年	2009年	2014年
北京	0.897	1.047	1.420	2.119	2.161	2.220	1.713	1.636	1.705	1.171	1.188	1.046	2.410	2.665	2.942
天津	0.812	0.841	1.137	1.893	1.802	1.871	1.308	1.218	1.264	1.203	1.215	1.181	2.248	2.224	2.325
河北	0.803	0.906	1.009	1.718	1.718	1.753	1.375	1.388	1.385	0.760	0.612	0.504	2.237	2.780	2.930
山西	0.836	0.951	1.077	1.999	1.975	1.971	0.936	1.011	1.191	0.805	0.712	0.536	1.770	2.269	2.608
内蒙古	0.889	1.039	1.223	1.762	1.865	1.864	0.846	1.032	1.383	0.549	0.414	0.390	1.605	2.112	2.804
辽宁	0.902	0.984	1.191	1.902	1.895	1.883	1.035	1.106	1.318	0.860	0.699	0.307	2.110	2.497	2.642
吉林	0.884	0.982	1.100	1.889	1.884	1.814	1.145	1.269	1.561	0.941	0.778	0.860	1.605	2.175	2.453
黑龙江	0.885	0.987	1.134	1.859	1.810	1.725	1.017	1.194	1.506	0.885	0.719	0.923	1.760	2.360	2.434
上海	0.497	0.728	1.010	1.906	2.022	1.635	1.167	1.280	1.422	1.227	1.225	1.227	2.066	1.889	2.402
江苏	0.781	0.973	1.225	1.534	1.561	1.636	1.265	1.402	1.515	1.086	1.064	0.906	2.594	3.062	3.177
浙江	0.839	1.017	1.261	1.911	1.953	2.012	1.582	1.568	1.831	0.845	0.976	0.899	2.087	2.588	2.788
安徽	0.783	0.910	0.964	1.739	1.700	1.732	1.073	1.272	1.449	0.997	0.763	0.814	1.915	2.647	2.988
福建	0.865	1.001	1.139	1.873	1.926	1.971	1.601	1.720	1.805	1.012	1.113	0.998	1.952	2.385	2.773
江西	0.803	0.885	1.017	1.859	1.826	1.850	1.523	1.611	1.838	0.857	0.702	0.749	1.604	2.532	2.863
山东	0.779	0.925	1.115	1.565	1.531	1.566	0.779	1.364	1.405	0.880	0.720	0.734	2.261	2.937	3.217
河南	0.753	0.827	0.991	1.651	1.542	1.516	1.010	0.984	1.259	0.864	0.769	0.392	2.080	2.550	2.865
湖北	0.864	0.960	1.096	1.833	1.795	1.807	1.274	1.591	1.654	0.892	0.726	0.605	2.015	2.592	2.752
湖南	0.842	0.955	1.063	1.827	1.859	1.857	1.446	1.584	1.909	0.893	0.836	0.677	1.837	2.744	2.806
广东	0.834	0.945	1.168	1.909	1.920	1.917	1.527	1.700	1.831	1.105	1.112	0.908	2.085	2.871	3.157
广西	0.839	0.910	1.016	1.740	1.820	1.810	1.540	1.516	1.901	0.819	0.835	0.765	1.583	2.415	2.549
海南	0.839	0.941	1.111	1.700	1.656	1.694	1.591	1.691	1.848	1.056	0.987	0.383	2.001	2.834	2.245
重庆	0.887	0.924	1.108	2.126	2.157	2.126	1.407	1.768	1.878	0.813	0.920	0.807	2.002	2.271	2.585
四川	0.928	0.921	1.047	1.991	2.017	1.993	1.799	1.650	1.809	0.737	0.706	0.621	1.981	2.435	2.866
贵州	0.804	1.072	1.054	1.993	2.052	2.044	1.436	1.338	1.687	0.874	0.854	0.502	1.455	1.735	2.772
云南	0.835	0.945	1.050	1.872	1.938	1.936	1.550	1.621	1.775	0.768	0.701	0.580	1.741	2.362	2.526
西藏	0.895	1.013	1.064	1.646	1.727	1.779	2.255	1.993	2.050	1.093	1.907	1.154	0.317	0.558	1.494
陕西	0.857	0.964	1.082	1.921	1.904	1.905	0.989	1.150	1.370	0.609	0.485	0.512	1.690	2.338	2.827
甘肃	0.882	0.958	1.060	1.810	1.862	1.854	1.284	1.235	1.419	0.453	0.352	0.435	1.615	1.950	2.292
青海	0.869	0.950	1.047	1.893	1.913	1.909	1.513	1.735	1.847	0.946	0.928	1.033	1.217	1.601	1.919
宁夏	0.832	0.951	1.070	1.517	1.638	1.696	0.489	0.850	1.065	0.819	1.001	0.636	1.840	2.246	2.264
新疆	0.835	0.913	1.048	1.374	1.489	1.541	1.622	1.689	1.860	1.160	1.104	0.984	1.667	1.778	2.176

注：限于篇幅，仅列出部分年份子系统得分

表11-9 中国水贫困评价综合水平得分

地区	2003年	2004年	2005年	2006年	2007年	2008年	2009年	2010年	2011年	2012年	2013年	2014年
北京	1.448	1.512	1.433	1.635	1.683	1.710	1.802	1.677	1.760	1.782	1.909	1.936
天津	1.097	1.102	1.098	1.125	1.009	1.119	1.297	1.332	1.493	1.095	1.487	1.497
河北	0.706	0.731	0.793	0.759	0.763	0.923	0.913	0.806	0.862	0.882	0.996	0.948
山西	0.657	0.684	0.728	0.668	0.685	0.770	0.780	0.713	0.698	0.848	0.677	0.833
内蒙古	0.324	0.363	0.438	0.532	0.533	0.671	0.617	0.640	0.711	0.709	0.799	0.796
辽宁	0.834	0.867	0.898	0.895	0.903	0.991	0.932	0.938	1.040	1.088	1.163	0.846
吉林	0.797	0.776	0.846	0.841	0.857	0.942	0.895	0.859	0.940	0.882	0.976	1.034
黑龙江	0.667	0.677	0.683	0.666	0.700	0.821	0.794	0.746	0.786	0.725	0.803	0.973
上海	1.548	1.537	1.567	1.670	1.763	1.665	1.724	1.865	1.766	1.820	1.811	2.182
江苏	1.181	1.208	1.294	1.342	1.359	1.404	1.424	1.319	1.221	1.345	1.496	1.526
浙江	0.940	0.949	0.969	1.182	1.105	1.139	1.286	1.364	1.274	1.326	1.016	1.463
安徽	1.054	1.071	1.031	1.131	1.201	1.195	1.207	0.907	0.995	1.103	0.986	1.343
福建	1.005	1.004	1.133	1.169	1.199	1.138	1.300	1.223	1.364	1.448	1.361	1.440
江西	0.827	0.851	0.777	0.912	0.885	0.968	1.046	0.803	0.967	1.185	1.037	1.213
山东	1.000	1.026	1.117	1.064	1.133	1.193	1.155	0.782	0.904	1.018	1.180	1.314
河南	0.954	0.984	0.997	1.072	1.111	1.207	1.191	1.022	1.065	1.145	1.221	1.144
湖北	1.085	1.123	0.975	1.117	1.112	1.103	1.171	0.837	0.817	1.015	0.892	1.190
湖南	0.928	0.973	0.789	1.025	1.060	1.073	1.214	0.911	0.878	1.278	0.912	1.287
广东	1.238	1.234	1.303	1.497	1.469	1.559	1.584	1.627	1.576	1.715	1.579	1.656
广西	0.729	0.749	0.617	0.850	0.978	1.063	1.063	0.762	0.984	1.239	1.211	1.174
海南	0.892	0.932	0.777	1.066	1.000	0.892	1.179	0.801	0.627	1.149	1.042	0.831
重庆	1.107	1.128	1.107	1.007	1.157	1.194	1.354	1.147	1.050	1.279	1.287	1.430
四川	0.842	0.859	0.942	0.930	1.048	1.204	1.199	0.981	1.051	1.181	1.084	1.250
贵州	0.725	0.748	0.546	0.744	0.873	0.922	0.887	0.557	0.423	1.025	0.727	1.032
云南	0.777	0.791	0.746	0.889	0.888	0.910	0.982	0.812	0.941	1.018	0.951	1.003
西藏	0.858	0.916	0.803	1.123	1.008	1.047	1.390	1.060	1.119	1.239	1.044	1.358
陕西	0.556	0.584	0.656	0.653	0.938	0.772	0.775	0.699	0.869	1.001	1.033	1.128
甘肃	0.279	0.332	0.404	0.429	0.484	0.573	0.482	0.299	0.481	0.588	0.540	0.624
青海	0.614	0.636	0.680	0.625	0.670	0.603	0.667	0.678	0.755	0.791	0.823	0.879
宁夏	0.322	0.340	0.424	0.428	0.441	0.601	0.589	0.584	0.467	0.651	0.605	0.566
新疆	0.413	0.399	0.442	0.496	0.517	0.625	0.568	0.550	0.633	0.607	0.711	0.700

（一）水贫困空间驱动类型分析

为了分析中国各地区水贫困的形成原因和驱动类型，利用ISODATA聚类方法对2003～2014年各地区水贫困各子系统测度结果进行聚类（图11-4），可将其分为以下3种情况。

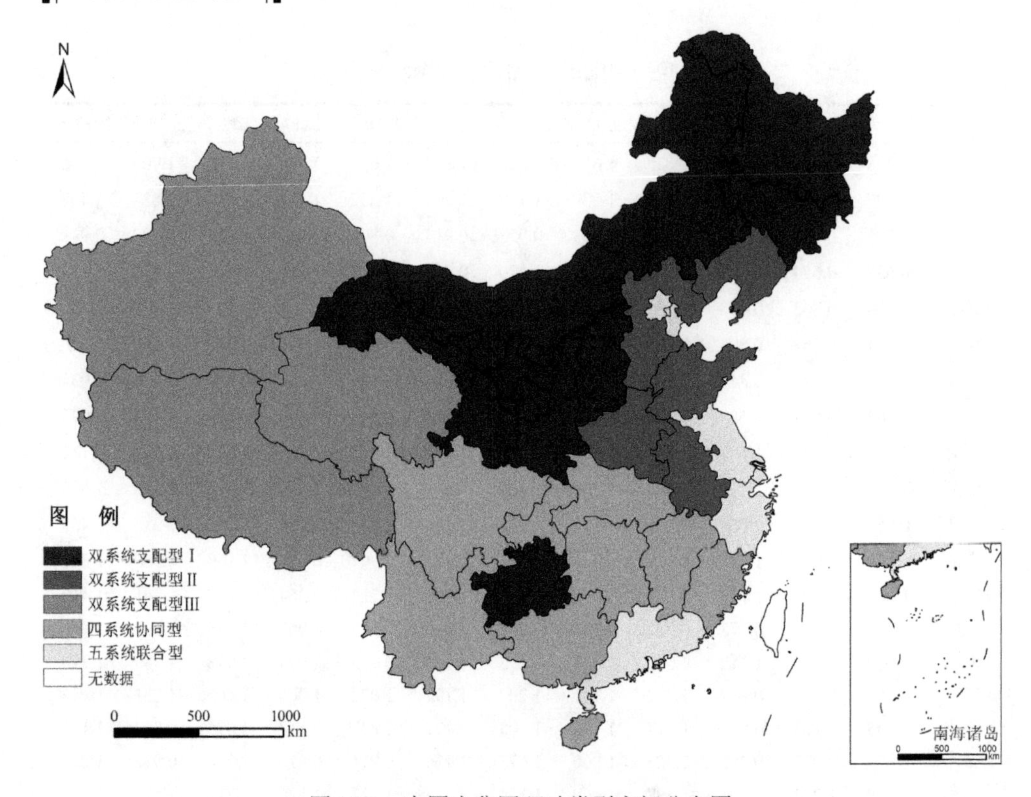

图 11-4 中国水贫困驱动类型空间分布图

（1）双系统支配型。双系统支配型水贫困具体可分为三类。

其中，双系统支配型Ⅰ地区以驱动力和压力系统驱动为主，包括山西、内蒙古、吉林、黑龙江、贵州、陕西、甘肃和宁夏。这 8 个地区水资源本底条件较差，经济发展和人口增长对水环境影响大。该区未来应在不损坏生态环境的前提下，加快经济发展、加大科教投入、增强用水适应能力。同时还应提高节水意识，探求节水灌溉新技术、新方法，提高用水重复率和污水处理率。

双系统支配型Ⅱ地区的水贫困以影响和响应驱动效应为主，包括河北、辽宁、安徽、山东和河南 5 省。此类省份均是农业用水比例偏高，协调产业间用水比例能在一定程度上缓解水贫困压力，另外，仍需加大科技和教育的投入，提高节水灌溉率和应对洪涝灾害的能力。

双系统支配型Ⅲ地区的水贫困以状态和影响驱动效应为主，包括西藏、青海和新疆 3 个地区。青海和西藏是中国主要河流的发源地，水资源储量丰富，但受水资源分布不均、地理位置偏僻、生态环境高脆弱性、气候和交通等因素的制约，水资源开发利用成本高。新疆位于中国干旱内陆区，降水稀少、蒸发能力强，属资源型缺水。该类地区未来需在保护生态环境的前提下，加快经济发展速度，提升自身社会适应能力以应对水贫困问题。

（2）四系统协同型。水贫困四系统协同型地区包括福建、江西、湖北、湖南、广西、海南、重庆、四川和云南 9 个地区，为驱动力、压力、状态和响应系统协同驱动。此类地区均位于中国热带、亚热带地区，降水丰富，河流水系发达，水资源自然状态好。今后，应在提高水资源使用效率、提升应对自然灾害能力和加强污水治理方面改善水贫困状况。

（3）五系统联合型。驱动力、压力、状态、影响和响应 5 个系统对水贫困共同产生驱动效应的地区包括北京、天津、上海、江苏、浙江和广东 6 个地区。这 6 个地区的经济和社会发展水平高，科技实力雄厚，水资源利用效率高。但北京、天津和上海人口密度大，人均水资源量低；江苏、浙江和广东废水排放量（尤其是广东的城镇生活污水排放量）较大，水环境负荷重。未来该区在提高用水效率的同时，还应加大水污染治理设施的投入，加强对水污染的管理。

（二）核密度分析

根据中国各地区水贫困评价综合水平得分，应用核密度估计绘制出 2003～2014 年中国 31 个省（自治区、直辖市）水贫困评价测度分布图（图 11-5），横轴表示水贫困评价综合水平得分，纵轴是核密度。图 11-5 给出 2003 年、2009 年和 2014 年的核密度图，这 3 年的核密度图大致解释了 31 个省（自治区、直辖市）水贫困状况的演进状况。中国水贫困发展分布演进具有以下几个特征。

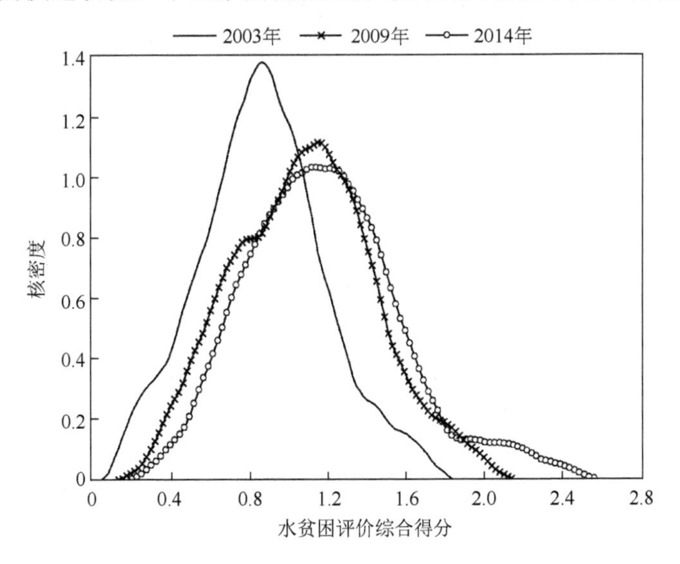

图 11-5　中国水贫困评价的核密度分布图

（1）从形状上看，中国水贫困状况发展呈偏态分布，图形非严格单峰形状。2003 年大致呈双峰分布，第一个波峰对应的核密度较大，第二个波峰对应的核密度较小，说明中国水贫困状况分布出现两极分化的特征，严重水贫困地区所占的比例大于微水贫困地区，说明水贫困问题相对严重。随着时间的推移，到 2009 年向单峰转化趋势明显，这表明中国水贫困状况的两极分化的情况得到缓解。在 2014 年，各地区水贫困评价得分的分布趋于分散，呈现出一定程度的“俱乐部收敛”态势。主要是因为随着社会经济的发展，取水、用水和保护水的能力得到增强，越来越多的地区的水贫困问题得以缓解，最终将出现微水贫困的地区比例增大，严重水贫困地区比例缩小的局面。

（2）从位置上看，2003～2014 年，密度分布曲线整体向右偏移，波峰对应的水贫困得分逐渐上升，严重水贫困对应的核密度在下降，反映了中国大多数地区水贫困状况均好转。

（3）从峰度上看，中国水贫困评价测度分布在 2003～2014 年出现了尖峰型向宽峰型发展的变化趋势。随着时间的推移，水贫困评价得分的密度分布曲线的峰度趋于平缓，波峰高度明显下降，右拖尾变长，水贫困评价得分较高的地区逐渐增多。这说明在研究期中国水贫困问题在不断得到解决，水贫困状况逐步改善。

（三）马尔可夫链分析

本节应用马尔可夫模型考察中国各地区水贫困程度的空间分布和动态演进情况。首先，采用分位数的方法，将中国水贫困离散化分为 4 种状态类型。具体划分方法如下：数值位于样本四分之一以下的地区为严重水贫困地区；位于四分之一到二分之一间的地区为较重水贫困地区；二分之一到四分之三间的地区为中度水贫困地区；位于四分之三以上的地区为微水贫困地区。同时，为了观察不同时期中国水贫困类型演进情况，将研究期划分为两个子时间段，即 2003～2009 年和 2009～2014 年，分别计算子时期和整体时期中国水贫困类型的马尔可夫转移矩阵。表 11-10 为 2003～2014 年中国水贫困类型的空间转移矩阵，图 11-6 是 2003 年、2009 年和 2014 年中国水贫困评价类型的空间分布图。表 11-10 中对角线上的转移概率表示地区水贫困程度在不同时期内保持不变的概率，非对角线上的概率为地区水贫困程度水平向上或向下转移的概率。

表 11-10 中国水贫困类型演变的马尔可夫转移矩阵

时段	类型	严重水贫困	较重水贫困	中度水贫困	微水贫困
2003～2009 年	严重水贫困	**0.7143**	0.2857	0	0
	较重水贫困	0.1250	**0.7500**	0.1250	0
	中度水贫困	0.1250	0	**0.7500**	0.1250
	微水贫困	0	0	0.1250	**0.8750**
2009～2014 年	严重水贫困	**0.7143**	0.2857	0	0
	较重水贫困	0.2500	**0.5000**	0.1250	0.1250
	中度水贫困	0	0.2500	**0.6250**	0.1250
	微水贫困	0	0	0.2500	**0.7500**
2003～2014 年	严重水贫困	**0.7143**	0.2857	0	0
	较重水贫困	0.2500	**0.5000**	0.1250	0.1250
	中度水贫困	0	0.2500	**0.5000**	0.2500
	微水贫困	0	0	0.3750	**0.6250**

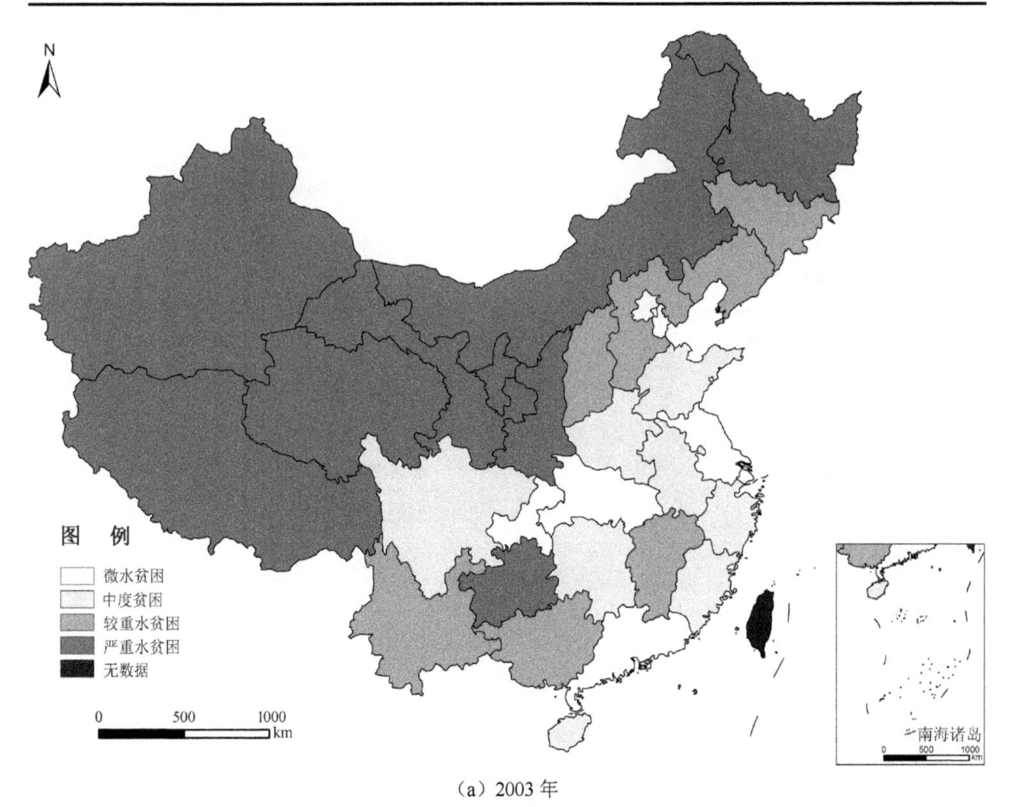

（a）2003 年

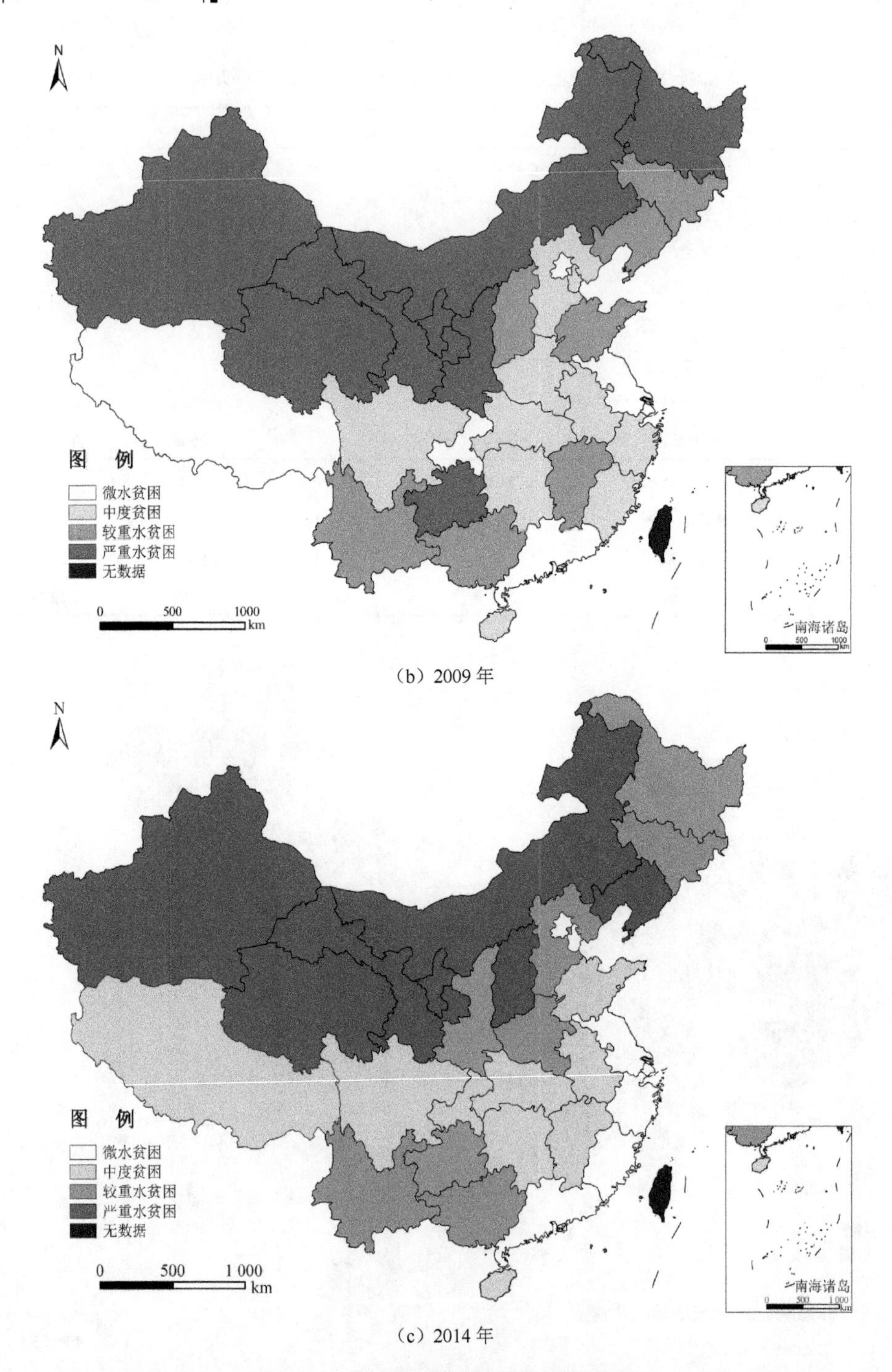

图 11-6　中国水贫困类型空间分布格局

中国水贫困类型的马尔可夫转移矩阵和空间分布图显示：

第一，中国水贫困程度类型的流动性较低。通过表 11-10 可以发现，分时期和整体研究时期，水贫困程度的马尔可夫转移矩阵中对角线上的元素值要高于非对角线上的元素值。表明在研究期内，中国水贫困程度趋于维持现状，向其他类型转移的概率较小。数据显示，在初期到随后年份，一个区域转移水贫困类型的可能性最高为 87.5%，最低为 50%。

第二，中国水贫困程度类型在各时期的变动均出现了跨越式发展。2003～2009 年，中度水贫困跨越较重水贫困向严重水贫困转移的概率均为 12.5%；2009～2014 年和 2003～2014 年，较重水贫困跨越中度水贫困向微水贫困转移的概率也为 12.5%。同时，在不同时期滞留在严重水贫困和向上转移的概率均相同，反映在中国水贫困评价空间分布图中，新疆、宁夏、青海、甘肃和内蒙古等几个地区出现了稳定的严重水贫困集聚现象。

第三，中国水贫困类型存在不同程度的集聚现象。从整个研究期（2003～2014 年）来看，初期属于微水贫困的地区，在随后年份中仍维持微水贫困的概率为 62.5%，向下转移的概率为 37.5%；在初期为严重水贫困的地区，在随后年份向上转移的概率为 28.57%，仍停留在严重水贫困的概率为 71.43%；期初属于较重和中度水贫困的地区，在随后年份中维持较重和中度水贫困的概率均为 50%。因此，中国水贫困类型存在着一定程度的集聚。从中国水贫困评价空间分布图（图 11-6）可以发现，随着时间的推移，中国不同程度水贫困的空间分布相对稳定，出现严重水贫困、较重水贫困、中度水贫困和微水贫困集聚的现象。

第三节　结　　论

第一，考虑到既能涵盖经济、社会、资源和环境四大要素全面透视水贫困现状，又能体现模型各部分之间的关联性，本章在认真研究和总结国内外有关 DPSIR 模型的基础上，结合水贫困相关理论，构建基于因果关系的 DPSIR 模型的中国水贫困评价指标体系。该体系涉及社会经济发展水平、人口、水资源使用和污染现状、河流水质、污水处理及生态环境保护等多个方面，比较系统地概括了与水贫困相关的各方面要素。

第二，为了对评价指标体系做出有效的判断，将 DPSIR 模型与 PLS 结构方程相结合，借助结构方程软件，对指标体系和 PLS 结构模型进行检验。结果显示，所有假设关系均得到了验证，说明中国水贫困评价指标体系的构建是合理的，DPSIR 模型能够应用于中国水贫困评价的研究。因此，本章结合 PLS 算法求得的权重，计算2003～2014年全国水平上水贫困各子系统和综合水平得分。

第三，ISOQATA聚类结果表明，因驱动力、压力、状态、影响、响应5个系统发展水平不同，中国各地区水贫困的形成原因存在差异。综合来看，在确保生态环境安全的前提下，缓解水贫困问题的重点在于提高用水能力和优化相应措施。

第四，中国水贫困演变的核密度估计函数和马尔可夫链分析表明，中国水贫困状况逐渐向“俱乐部收敛”转化，水贫困状况整体呈现良好的发展态势；水贫困类型的变动出现跨越式发展，但流动性还较低，随着时间推移，逐步形成严重水贫困、较重水贫困、中度水贫困和微水贫困集聚的格局。

第五，本章采用偏最小二乘法，在检验指标体系的基础上进行评价和分析，更加全面合理地反映了中国水贫困的现状，对各地区采取有效措施应对水贫困问题具有一定的指导价值。但还存在一些不足，如结构方程模型潜变量对显变量的选取有一定局限性，一些相关性不是很密切的显变量会被筛选掉，可能会导致指标体系细化不够，这是以后研究的重点。此外，本章选取全国31个省（自治区、直辖市）作为研究对象，得出全国水平上水贫困问题发展态势，但没有分区研究，这也是未来需探讨的方向。

参考文献

[1] 刘卫东, 陆大道. 水资源短缺对区域经济发展的影响[J]. 地理科学, 1993, 01: 9-16, 95.

[2] Zuo T. Recycling economy and sustainable development of materials. 3th China Conference on Membrane Science and Technology, Beijing, 2007.

[3] 国家统计局环境保护部. 中国环境统计年鉴2015. 北京: 国家统计出版社, 2015.

[4] 邵薇薇, 杨大文. 水贫乏指数的概念及其在中国主要流域的初步应用. 水利学报, 2007, 38(7): 866-872.

[5] Sullivan C A. The water poverty index: development and application at the community scale. Natural Resource Forum, 2003, 27(3): 189-199.

[6] Sullivan C A, Charles J, Eric C, et al. Mapping the links between water, poverty and food security. Wallingford, 2005, 23-24.

[7] Kragelund C, Nielsen J L, Thomsen T R, et al. Ecophysiology of the filamentous alphaproteobacterium meganema perideroedes in activated sludge. FEMS Microbiology Ecology, 2005, (1): 111-122.

[8] Adkins P, Dyck L. Canadian water sustainability index. Project Report, 2007: 1-27.

[9] Garriga R G, Foguet A P, Molina J L, et al. Application of Bayesian networks to assess water poverty. International Conference on Sustainability Measurement and Modeling, Barcelona, 2009.

[10] 曹建廷. 水匮乏指数及其在水资源开发利用中的应用. 中国水利, 2005, 9: 22-24.

[11] 何栋材, 徐中民, 王广玉. 水贫困测量及应用的国际研究进展. 干旱区地理, 2009, 32(2): 296-303.

[12] 靳春玲, 贡力. 水贫困指数在兰州市水安全评价中的应用研究. 人民黄河, 2010, 32(2): 70-71.

[13] 曹茜, 刘锐. 基于WPI模型的赣江流域水资源评价贫困评价. 资源科学, 2012, 34(7): 1306-1311.

[14] 孙才志, 王雪妮. 基于 WPI-ESDA 模型的中国水贫困评价及空间关联格局分析. 资源科学, 2011, (6): 1072-1082.

[15] 孙才志, 王雪妮, 邹玮. 基于 WPI-LSE 模型的中国水贫困测度及空间驱动类型分析. 经济地理, 2012, 32(3): 9-15.

[16] Organization of Economic Co-operation and Development. OECD core set of indicators for environmental performance reviews. OECD, Paris, 1993.

[17] 张丽君. 可持续发展指标体系建设的国际进展. 国土资源情报, 2004, (4): 7-15.

[18] Smeets E, Weterings R. Environmental indicators: typology and overview. Copenhagen: European Environment Agency, 1999.

[19] 曹红军. 浅评 DPSIR 模型. 环境科学与技术, 2005, 28(6): 110-111.

[20] Shah R. International frame works of environmental statistics and indicators. Inception Workshop on the Institutional Strengthening and collection of Environment Statistics, 2002, (4): 6.

[21] Wold S. Modeling data tables by principal components and PLS: class pattern and quantitative predictive relations. Analusis, 1984, 12(10): 477-485.

[22] Wold H. Partial least squares. Encyclopedia of Statistical Sciences, 1985, (6): 581-591.

[23] 王惠文, 吴载斌, 孟洁. 偏最小二乘回归的线性与非线性方法. 北京: 国防工业出版社, 2006.

[24] 覃成林, 唐永. 河南区域经济增长俱乐部趋同研究. 地理研究, 2007, 26(3): 548-555.

[25] 高铁梅. 计量经济分析方法与建模: Eviews 应用与实例. 北京: 清华大学出版社, 2006.

[26] Fornell C A, Larcker D F. Evaluating structural equation models with unobservable variables and measurement error. Journal of Marketing Research, 1981, 18(1): 39-50.

[27] Hair J F, Ringle M, Sarstedt M. PLS-SEM: indeed a silver bullet. Journal of Marketing Theory and Practice, 2011, 19:139-151.

[28] Henseler J, Ringle C M, Sinkovics R R. The use of partial least squares path modeling in international marketing. Advances in International Marketing, 2009, 20:277-320.

第十二章　中国农村水资源贫困援助战略研究

农村水资源短缺是制约中国粮食安全的瓶颈问题。水贫困作为水资源制度发展长期滞后于水资源需求变革的累积产物，针对该问题开展的农村水资源援助战略应得到更加广泛的关注。本章在对农村水资源援助战略进行概念界定的条件下，从农村水资源供需矛盾、生态环境恶化、水利基建落后和农村水资源组织管理体系 4 方面分析中国推行农村水资源援助战略的必要性。基于突出用水效率，坚持用水公平，以水资源的可持续利用为最终目标，力求援助战略的科学性、前瞻性和战略性为构建原则。构建农村水资源援助战略体系，主要涵盖农村水利工程援助体系、农村水资源统一管理体系、农田水利基建资金供给体系、农村水资源经济补偿援助体系、农村水资源配置管理体系、农村水资源法律保障体系 6 部分内容。并在此基础上，对今后农村水资源援助战略的实施，提出有效的对策建议，以保障农村水资源的长久可持续利用。

第一节　中国农村水资源战略实施的可行性和制度性障碍

一、农村水资源援助的概念界定

水贫困被定义为人类获得水资源能力的缺乏或利用水权力的缺乏。水贫困理论[1-3]研究容纳了水资源的开发、利用和管理以及人们利用水资源的能力、权力和生计影响等多方面因素，从多个角度对水资源状况进行了综合考量。而农业水资源的自然、社会、经济属性和准公共物品属性、公共池塘资源属性以及资源的外部性等多属性特征导致了农村水资源管理的无序性和低效性，更加剧了农村水贫困问题的持续贫困化发展。水贫困作为水资源制度长期滞后于水资源需求变革的累积产物，相较于资源贫困，其更多表现为制度性贫困。目前，关于农村水贫困问题的解决更多体现为简单的对策性论述，并且相对集中于农村水利工程及技术手段的运用方面，并没有全面触及农村水贫困的社会、经济和制度属性，忽视了社会结构变化、农村经济激励和制度变化等经济社会资源的运用，综合研讨的层次不够深。中国农村水资源援助战略拟从制度安排、公共政策及经济社会调节等方式入手，结合资源产权、经济、技术、行政与法律等多个方面内容对农村水贫困地区展开援助的基本策略，并对中国农村水贫困问题的解决从制度上进行探讨。

作者在基于贫困经济学、水资源综合管理以及社会适应性等理论基础上，考虑到水贫困研究中所包含的资源、设施、能力、使用和环境5个研究系统，将农村水资源援助具体划分为两方面内容：一是农村自然水资源援助，即传统意义上增加农村水资源供给，提高农村水资源配置效率；二是农村社会经济援助，即将治理农村水贫困和扶持农村经济相结合，通过利用经济及社会能力，设计优化农村用水项目，在改善农村用水状况的同时积极引导农村经济贫困状况的改良，有效避免农村地区陷入水贫困—生态贫困—经济贫困的恶性循环中。自然水资源援助与社会经济援助相互补充，相互促进，共同构成了农村水资源援助的主体，充分体现了人类在水资源利用中的主观能动性。

截至目前，国内外关于农村水资源援助战略的研究仍处于空白阶段，鉴于此，为保障农村水资源安全，本章在对中国农村水资源状况进行深度剖析的基础上，初步构建中国农村水资源援助战略制度体系框架，并提出对应的战略实施建议，力求能有效填补中国农村水资源制度的缺陷，对缓解局部农村地区水资源短缺问题提供科学依据及政策性指示。

二、中国农村水资源战略实施的可行性

当前中国农村扶贫工作已进入瓶颈期和攻坚期，以减贫率和返贫率双高为特征的农村贫困脆弱性始终存在，中国农村贫困人口主要集中在中西部地区的山区、荒漠区和高原区，水资源是制约这些贫困地区的关键因素。另外，中国老少边穷贫困地区和贫困人口在国家财政直投的整村推进、以工代赈、易地搬迁和强化技能转移就业等长期传统扶贫改良过程中已具备进一步提高扶贫质量的基础。农村水短缺和水污染凸显，已成为当前中国农村经济不容回避的基础问题和难点问题，实施农村水资源援助战略可以通过提高当地水资源利用能力和改善其水生态环境，逐步满足以农村水资源减贫带动农村经济减贫的实际需求。

三、中国农村水资源战略实施的制度性障碍

目前，中国实施农村水资源战略会面临的制度性障碍，不仅成为农村水资源战略实施的重要制约因素，而且加剧了农村水贫困和经济贫困恶化。

（一）保障中国农村水资源的法律体系缺失

中国水资源法律体系是中国资源法律体系的薄弱环节，中国农村水资源相关法律体系更属空白领域。在强调水资源开发利用的长期政策背景下，中国水资源法律条款也相应关注在开发利用过程中产生的权利与义务关系，却忽视了此法律体系对水资源应有的保护作用，这不仅割裂了水资源利用和保护之间相辅相成的

密切关联，还使得区域水资源保护处于相对弱势的地位。

农村地区一方面是中国城市化与工业化重要的廉价水资源供给者，另一方面其在水资源开发利用过程中的基本用水权益难以获得足够的法律保障，农村水环境恶化与饮水不安全等问题缺乏翔实的法律条款支持补偿和调解。农村水资源与经济社会可持续发展的理念在法理上缺乏明确依据，使得可持续性在农村水资源的规划和管理等执行环节常被忽略。因此，农村水资源开发利用权益和农村地区水资源保护是中国水资源法律体系的两大盲点。

中国水权制度缺失是中国农村用水权益难有保障的关键因素。在《水法》《环境保护法》《水污染防治法》《国家地表水环境质量标准》《生活饮用水卫生标准》《渔业水质标准》《农田灌溉水质标准》《污水综合排放标准》《国务院关于印发全国生态保护纲要的通知》等一系列与水资源相关的现有法律法规中，中国水资源权利中仅有所有权和取水权，行政部门管理权被明确认定。同时，城乡居民和工农业经济用水权益边界、水资源保护义务的边界与履行均没有得到清晰定义，在水资源管理过程中也缺乏成熟且协调的流程与惯例。因此，农村居民在保护正当用水权益时会面临无据可依和无人可管的尴尬困境。

（二）中国农村水资源论证制度缺失

由于中国农村水资源论证制度缺失，农村地区无法对当地水资源开发利用的程度与方式加以规范和限制，也无法按照水资源承载力对农村水源进行长期可持续的科学规划。中国的水资源论证制度在适用范围和制度执行两方面均存在同一问题：法律依据不充分导致论证制度可持续性差。以自来水和中水为例，由于这些水源均不在《取水许可和水资源费征收管理条例》的管理范畴内，城镇企业直接采用即可避开水资源论证环节和相应的行政管制，但自来水与中水需求上升会激励供水企业加大从城镇周边的农村地区开发廉价水源供给，同时城镇污水管制趋于严格导致工业废水排放的直接接收者是农村地区。而农村地区一直处于相对弱势和被动的地位，农村地区缺乏足够的法律依据去主动采取措施论证供水企业取水对当地水环境的影响，也难以将自身合理的水生态保护诉求和长期资源开发的规划需求嵌入对城镇供水过程中。

目前在农村地区进行的水资源论证多以建设项目的可行性论证为主，它们大多属于在微观经济范围内以促成短期经济利益实现为目标的执行流程，这会与农村经济社会的长期用水需求脱节。同时，由于中国尚未完善分行业和分流域的特定论证技术标准，农村地区无法根据自身的实际情况获得可供参照的技术标准，对具体的建设项目用水标准的指导能力非常有限，无法从根本上解决农村水资源承载力阈值被突破的问题。

（三）农村水资源管理制度严重缺失

中国七大流域对农村地区经济社会产生广泛而深刻的影响，而流域管理和水资源综合规划也一直是中国《水法》重点关注的内容，但以水资源功能区差异为基础的农村水资源多样化管理制度需求并未得到满足。中国有相对完整的流域管理机构，却没有系统的流域管理法律法规和解决流程。中国没有专门的流域立法和流域管理程序，流域管理和省域管理的关系不甚明确。当前中国各地区用水定额和用水权分配归省域管理，水生态保护和治污归流域管理，区域内水资源开发利用的利益和义务归属不统一，从而很难根据流域特征设置适合农村地区的管理模式，切实管理上中下游的水资源分配和利用，而且使得农村地区流域水资源监控系统难以发挥指导作用。

此外，在水资源的省域管理体系中长期存在“政出多门”和“多龙管水”局面带来的管理重叠和权力真空。在中国农村地区水权流转机制缺失的前提下，运用行政方式管理取水权，计划手段配置用水量，使得城镇用水和工农业用水成本极低。同时，农村居民无法从中获得补偿，导致城镇工业取水需求远大于实际用水需求，造成水资源极大浪费与农村水资源短缺并存，激化城乡用水矛盾和工农业用水矛盾。

第二节　中国农村水资源援助战略推行的必要性

（一）农村水资源供需突出，用水效率低下

中国农村人口占全国总人口的70%以上，农业作为中国国民经济的主要组成部分，农村用水也在水资源分配中占据重要比例。随着人口膨胀和工业化、城镇化脚步的不断推进，人们对于水资源的需求量激增，水资源供需矛盾日益加剧。为保证二、三产业的发展，以牺牲农业用水和生态用水为代价的用水配置结构，使农业用水缺口不断扩大。非农产业用水对农业用水份额的挤占，使得农村用水被无偿压缩，用水局面更加紧迫。2012年，中国城镇人均生活用水量为171.8L，农村地区人均生活用水量不足城镇人均生活用水的一半，用水权力遭到了严重的抑制。农业用水是中国用水比例最高的产业，而其中农田灌溉用水量又占据了农业用水的主体部分，灌溉方式落后，“土渠输水，大水漫灌”的传统灌溉方式由于蒸发和渗漏原因，水损失严重，用水效率低下，节水灌溉工程发展缓慢。目前，中国的节水灌溉工程仍主要以管道的输水灌溉和防渗漏渠道为主，高效的喷灌、滴灌等节水技术推广过程迟缓，普及率较低。加之部分区域节水工程配套设施不完善，灌溉设备老化，使用运行困难，造成了农业用水短缺与浪费并存的矛盾局面。

（二）农村生态环境恶化，1.1 亿居民饮水安全待解决

中国农村生态环境面临的严重问题之一是农村水环境污染。在“传统型水环境影响因素”尚未得到有效解决的同时，以环境污染为主体的“现代型水环境影响因素”愈演愈烈。虽然在实行家庭联产承包责任制为基础的农业生产经营模式的基础上，实现了农产品的市场化，并且促进了农业现代化的进一步发展[4]。但在利润目标的驱动下，为保障各自经济利益，农药和化肥过量施用使得农村土壤肥力降低，并通过地表径流和农田渗漏，造成水体严重污染，对农村生态环境产生巨大压力。相较城镇地区，农村基础设施不完备，污废水处理及垃圾回收处理设施缺乏，生活垃圾及人畜粪便等任意排放到河流和水塘中，往往造成水质变差，循环流动能力变低，污染邻近的土壤、地下水，影响居民健康，使得农村生态环境面临较大的承载压力。2012 年国务院下发了《全国农村饮水安全工程“十二五”规划》，强调居民饮用水安全问题关系到群众的身体健康和生命安全，对中国经济社会的可持续发展意义重大，并要求全力打好农村饮水安全的攻坚战。而中国农村地区受地理环境的影响，普遍存在居民长期饮用高氟、高砷、苦咸以及污染水的现状，危害人体健康，严重影响农村地区的生产和生活，制约了当地居民经济状况的改善。

（三）农村水利工程建设落后，基础设施建设亟待加强

农田水利工程是实现农业水资源长久可持续利用的有效物质载体。目前中国主要的农田水利工程大多数建成于 20 世纪 50～70 年代，受当时资金和科学技术条件的限制，大部分工程都存在着工程质量不高、建设标准较低、运行效率低下的问题，水利工程设备运行至今，早已无法满足农田的灌溉需求。虽然现代农田水利已经取得了阶段性的成就，但是多数地区水利设施的修建未能与农田整体规划有效融为一体，进而出现了农村水利设施使用相互制约或重复建设的局面，而“重建设，轻管理”的思想更使得水利工程的配套管理工作严重滞后于水利工程的建设，造成水利工程“有人用，无人管”的局面。由于缺乏有效的工程管理约束，农田水利工程作为准公共物品，导致多数灌溉工程折旧损坏严重，基本丧失了原本的灌溉排水功效。此外，虽然国家对农村水利工程给予有效的扶持，并且在水利规划审核和资金补助方面都给予一定优惠政策。但是，农村多属于经济欠发达区域，政府在农田水利方面的财政投入不足，长期以来，水利建设都是“国家拿钱，水利干事，农民受益”，农民已形成了“等、靠、养”的思想，

投资水利工程的积极性不高[5]，农田水利建设得不到长效的资金保障，水利工程发展举步维艰。

（四）农村水资源组织管理体制落后，缺乏有效的机制保障

截至目前，中国尚未形成清晰明确的水资源管理体系框架，整体性的统一管理体系仍处于起步探索阶段。受传统计划经济体制的影响，中国水资源的管理涉及水利、市政、城建、环保、农业等多个政府部门，管理效率低下，在具体的问题上出现了“多龙管水”的局面。其中，就农村水权制度而言，尽管中国水资源的所有权归国家所有，但农业水权交易作为一种“买卖交易”的制度安排尚未完善，农民用水户之间水资源余缺调剂的农业水权交易制度并未形成，农村交易水价也并未实现市场化[6]。对于农业水资源的基层管理组织制度，也在运行中暴露出诸多问题，主要体现在以下方面：基层管理体制不顺畅，运行机制不灵活；资金投入紧张，基层服务不断弱化；工作人员专业素质较低等。此外，中国农村水利工程制度产权及投资制度发展不健全，中国农村水利工程设施建设投资贡献明显，但是与农村经济发展需求相比较，农村水利投资比例偏低，虽然政府为了促进农田水利实现跨越式发展，制定了农田水利的财政补给政策，但政府补给的单一融资渠道已经造成了农田水利建设投资资金严重缺位，不能充分调动农民参与农田水利项目投资的积极性和主动性，农民作为农田水利直接受益者的主人翁意识不强[7]。农村水资源管理体制整体落后于农村水资源的发展利用需求，缺少强有力的运行机制保障。

第三节　中国农村水资源援助战略体系框架的构建

一、农村水资源援助战略框架构建原则

（一）突出用水效率，促进农村水资源的高效配置和使用

随着水资源供需矛盾的日益突出，作为稀缺资源，水资源的高效利用对缓解水资源短缺压力意义重大。效率在农村水资源的配置和使用中主要体现为水资源的配置效率和综合使用效率两方面。配置效率体现了水资源在不同行业、不同用途之间的分配的科学性和合理性，以及不同用水主体间量的比例所产生的综合效益的差异[8]。使用效率则重在体现单位资源的最大生产率，受制于主体的技术水平和节水空间。农村水资源援助战略的展开，应注重水资源效率，协调水资源配置效率和使用效率，实现水资源的帕累托最优配置和水资源的高效率使用。

（二）兼顾用水公平，保障农村用水权力合理分配

在经济学中，公平性反映了资源的不可替代性，具有继承性和延续性的特点。用水的公平性问题是水量分配中最基本的问题，也是水资源可持续利用的核心问题。实现水资源的代内公平和代际公平配置，要求水资源援助战略在协调不同区域以及不同社会基层对水资源需求的同时，协调好当代人与后代人间均等的用水机会。

（三）以实现水资源的可持续利用为最终目标

水资源作为生态环境的基本要素的同时，更是经济和社会发展的物质基础。水资源的可持续利用才能保障中国经济的持续发展和社会的持续进步，经济社会的可持续发展应建立在水资源的可持续利用基础上。水资源援助战略应在兼顾生态需水和社会经济需水的同时，力求实现水资源的可持续利用这一最终目标。

（四）力求达到农村水资源援助战略的科学性、前瞻性和战略性

中国农村水资源面临着巨大的挑战，水资源短缺、洪涝灾害、农田污染等都成为了中国地区经济发展的主要制约因素。农村水利工程技术落后以及农村水资源管理效率低下更使得农村水资源问题突出。面对多方面的突发状况，建立农村水资源管理框架是解决一系列农村水资源问题的根本任务，具有科学性和前瞻性的农村水资源援助战略必然能从制度上缓解农村用水压力。

二、农村水资源援助战略框架构建

中国的农业水资源管理制度初成于计划经济年代，在由计划经济向市场经济过渡的过程中得到进一步的发展和完善。但由于外界环境的不断变化，带有计划经济印记特征的农业水资源管理制度暴露出自身的制度缺陷。对于中国农村水资源问题的解决，其所需要的应对措施也是系统性、全面性以及综合性的。但是，农田污染治理、跨流域调水、普及农村节水技术等具体的技术性措施只有在得到有效的制度、体制、机制创新的支撑和保障下，才能产生持久的效益[9]。因此，中国急需深入制度层面，建立农村水资源援助战略体系来支撑水资源的可持续利用。农村水资源援助战略体系应充分考虑农业水资源的多维度属性特征，并综合建筑水文工程领域和社会经济领域对水资源的影响作用。农村水资源援助战略体系主要由农村水利工程援助体系、农村水资源统一管理体系、农田水利基建资金供给体系、农村水资源经济补偿援助体系、农村水资源配置管理体系、农村水资源法律保障体系 6 部分组成。

（一）农村水利工程援助体系

中国自然水资源呈现不均衡的分布局面，且水资源的分布与人口、耕地等要素的匹配程度较低。农村水利工程建设是关系国计民生的大事，水利工程建设任重道远。2011 年中央一号文件《中共中央　国务院关于加快水利改革发展的决定》指出："水利是现代农业建设不可或缺的首要条件，是经济社会发展不可替代的基础支撑，是生态环境改善不可分割的保障系统，具有很强的公益性、基础性和战略性。"针对中国农田水利等基础设施十分薄弱的具体状况，提出要突出加强农田水利等薄弱环节建设的重要措施。中国农村水利工程在长期开展的过程中，一直存在"重建轻管"的状况。关于水利工程管理的现代化问题，多数管理单位还继续停留在计划经济时代，至今尚未建立适应市场经济发展要求的现代化管理体系。作者从管理理念、管理制度和管理方法 3 方面对农村水利工程管理体系进行系统论述。坚持现代化的农村水利工程管理理念，应坚持以人为本的基本原则，将农民群众的切身利益放在首位，将农村水利工程的公益性质贯彻始终，在水利工程的建设运行中，树立正确的环境保护意识，实现水利工程项目经济效益、社会效益和生态效益的有效统一；建立法制化和规范化的农村水利工程管理制度，明确水利工程的管理体制，落实管理部门的权责，积极引导工程管理机制的高效运行，进一步完善专业化和市场化的工程维护体制，逐步实现工程管养业务的分离；实现科技化和信息化的工程管理方法，推进水利工程管理信息化基础建设的发展步伐，建立自动化的遥感监控系统，调控水利工程管理的发展方向，最终实现从"重建轻管"到"监管并重、重在管理"的管理方针的变化。

（二）农村水资源统一管理体系

中国尚未形成清晰明确的水资源管理框架，整体性的统一管理体系也仍处于起步探索阶段，受传统计划经济体制的影响，政府部门被赋予了水资源的主要管理责任，出现了"多龙管水"的局面，这种将水质与水量、地下水与地表水、城镇用水和农村用水分割管理的局面，导致管理水源的不管供水，管理供水的不管灌溉，管理灌溉的不管节约、管理节约的不管污染治理[10]，最终出现各政府部门管理脱节的局面。由于政府作为单一的管理主体，在管理上很难做到事事躬亲，而水资源管理靠政府发文件、地方照办的单一方式，势必造成政府管理负担的加重和管理效率的低下。中国农村水资源组织管理体系之间关系到中国农村水资源的运行效率。改革开放以来，中国已形成了由水行政主管部门、灌区专业管理和民主管理机构共同管理的农村水资源组织管理格局，并努力实现组织管理部门的市场化发展，确立农民用水户的核心地位，将农田灌溉管理的权力与责任下放，运用激励、补偿和竞争机制，实现管理组织部门的市场化发展。农村水资源统一管理并不是要实现农村水资源的集权化管理，而是在不断完善部门协商机制的同时，积极促进各涉水部门之间展开协商对话，真正实现对水资源的协同管理。

（三）农田水利基建资金供给体系

建立多元化的资金供给援助体系，保证农田水利资金投入的稳定性。水利工程在建设、运行以及管理养护的过程中需要资金充分供给作为物质前提。对比国外的融资途径，中国的农田水利工程项目大多是国家或各地方政府重点扶持的公益性质的项目，投入资金主要来源于国家各级政府的财政拨款，但随着水利工程项目的深入展开以及中国经济体制的改革，政府的拨款已难以满足水利工程项目日益增长的资金需求。虽然政府为了促进农田水利的发展，保证国家粮食安全，制定了农田水利的财政补给政策，但政府补给的单一融资渠道已经造成了农田水利建设投资资金严重缺位，不能充分调动农民参与农田水利项目投资的积极性和主动性，农民作为农田水利直接受益者的主人翁意识不强[11]。因此，建立政府、群众、社会各界共同参与的多层次、多渠道、多元化的资金供给保障体系才能扭转现有的融资局面，有效的缓解农田水利工程项目的资金压力。

（四）农村水资源经济补偿援助体系

通过经济补偿援助体系，确保用水的公平性。随着经济的发展以及城镇化进程的不断推进，水资源作为不具有排他性的公共资源，人们无法从根本上解决水资源的短缺问题，水危机的解决必须依赖于强有效的经济补偿援助体系。水资源从用水效益较低的产业向用水效益高的产业流动是实现帕累托最优的过程，也充分体现了水资源的经济价值。利用合理的经济补偿措施能有效调节各用水主体间的利益关系，保障农村用水权力的同时，促进水资源的合理配置[12]。在中国产业用水中，以农田用水为主体的第一产业用水有逐渐被二、三产业用水挤占的趋势，虽然水资源在产业间的流动，使水资源的经济效益得到增值，但第一产业因为用水权利的压缩，损失了部分经济收益，因此，基于不同产业间的效率和分配差异，各级政府的相关政策制定者提出了产业间的贴补政策，以保证各项产业的用水需求，并以“高水价、高贴补、高保障”的方式从高效行业抽取利润补贴低效行业[13]。通过获得合理的经济补偿来弥补损失，最终实现提高水资源效益的同时，又凸显了用水的公平性。在不同用水主体对水资源行使占有权、使用权和转让权时，经济性补偿援助体系能有效促进农村水权交易的市场化发展进程，也为水资源配置提供了体系保障。

（五）农村水资源配置管理体系

水权制度的建立是水资源管理制度改革的关键与核心[14]。通过明晰农业水权制度，规范农村用水制度，可以降低农村用水的外部性作用，提高农业用水效率，优化配置农业用水。在计划经济时期，水资源作为一种公有产权制度进行安排，1985年国务院《水利工程水费核定、计收和管理办法》的颁布，将中国农业水权制度推进了可交易水权制度阶段。但由于交易双方地位的不对等、交易价格的非市场化综合导致农业水权制度尚未真正确立，有待于理论制度上的规范和实践上的运用。中国水价制度进行了多次改革，但农业灌区的水价远低于供水的成本价格，并未实现交易水价的市场化。此外，农业灌溉用水的计量手段落后，农村水费的收取多是按照耕地面积或人均进行分摊，水费计量监控措施不规范。故农业水权制度、农业水价制度和农业水费管理制度为主体的农村水资源配置管理体系的建立，为提高农村用水效率提供了有效的制度保证。

（六）农村水资源法律保障体系

法律监督体系是保障水资源制度建设的重要支持力量，水利工程的规划建设以及水资源的管理需要法律的约束。中国水资源管理的法律体系主要包括三方面内容：一是由国家制定的相关法律；二是国务院发布的相关行政法规；三是水行政主管部门和地方政府颁布的各种执行规则、协调措施和对有关法规的解释。现行关于水资源管理主要有四部法律：《环境保护法》《中华人民共和国水法》《水土保持法》《水污染防治法》。其中，2002年10月1日颁布生效的《中华人民共和国水法》（修订）在旧《水法》的基础上，对水权、水资源的论证体制以及用水量的分配制度等内容作出了明确的规定，是中国目前水资源管理最重要的法律依据。但针对农村水资源问题，中国并没有形成制定专门性的法规，在农村基层运用的过程中，原有的法律保障体系明显着力不足，建立具有农村特色的水资源法律保障体系刻不容缓。因此，农村法律保障体系，应实现从法律层面上明确农村水资源组织管理部门的责任，并针对不同区域的状况，因地制宜地制定地方性水资源管理规章制度，使得水资源的法律管理体系更加完善并具操作性。

（七）技术支撑体系

在农村用水环节注重规模化运用简洁有效的节水技术，将更新灌溉节水技术与推广传统的喷灌、滴灌技术相结合，提高再生水的农业经济效益，促进农业用水集约化。技术支持体系的重点在农业水污染治理，明确农业水污染的基本监测标准，逐步降低化肥农药、其他非生物降解性物质及非内分泌干扰物质的排放量，维持农村水资源承载力。由于农业水污染问题与高度依赖化肥农药的农业生产模式密切相关，农业水污染治理长效机制势必要与推广生态农业和有机农业相结合，在农业水污染治理过程中促进中国农业的转型升级：运用流域气候特点稀释化肥农药施用量；通过生物链和生态环境中互利共生模式对微污染水质进行深度处理，对农村水源地进行生态修复；大力发展高层次设施农业和温室工厂化生产模式，采用可持续的农业生产技术，如温控和光控技术、无土栽培技术、可降解的光转换地膜技术、频振式和喷雾式杀虫技术，逐步降低产量对化肥农药的依赖强度。

（八）社会保障体系

通过加大国家财政补贴投入和扩大养老保险、医疗保险等补偿内容覆盖面来逐步提高中西部农村地区社会保障水平，保证农村居民社会保障补贴投入和发放的可持续性，在准确预测中国农村贫困地区社会保障基金的增长需求基础上，及时调整中国各级政府财政收支方案和社保补贴倾斜程度，缩小东中西部地区农村居民发展能力的差异，降低中国农村社会保障体系内部分化。不断完善农村社会保障基金的监管体系，整合现有社保基金监管和金融监管的资源与技术，纳入公众监督体系和互联网监控技术，尤其是要根据农村居民实际需求及时调整社会保障的相关法律法规，不仅要提高参保基金的市场运作效率和监管效率，在激励农村居民参保和激励基金增值两方面提高社会保障基金的规模。

（九）科教宣传体系

通过结合农业生产步骤和非农经济活动开展环节，推广农村水资源状况调查和节水护水教育，将水资源利用和农村居民发展能力、生存条件改善紧密结合，定期在农村地区举行节水技术应用和污水技术推广的讲座，借助开展水危机事件模拟应急训练等演习活动提高农村居民的水危机应对能力，强化农村居民对水污染和水短缺等事件的危机意识。

（十）危机应急管理体系

中国农村地区突发性水污染事件和洪涝干旱等极端突发性自然灾害都需要系统的危机应急管理体系进行专门处理。重视构建农村水危机预警机制，加大对水危机事前的基础研究的资金、技术和人力资源投入，结合大量实际案例根据事件性质、影响范围、扩散程度的可控性等因素研究水危机发生机理和评估水危机的风险程度，分类制定应急备选方案，增强应急方案的可靠程度和专家智库的灵敏程度，更新监测技术，逐步形成严密的危机应急管理流程和框架。在农村地区设置属地应急管理部门和常规模拟应急演练制度，提高政府和民众对水危机的防范意识和防范能力，把握水危机应急管理的主动权。在全国范围内广泛建立水危机事件应急响应系统，加强政府的信息披露力度，重视民众发挥在解决危机事件中的作用，认可互联网和自媒体在灾害通信系统中的传播作用，降低信息反馈对应急执行能力的内耗，提高政府对应急资源配置的调度能力和协调能力。将应急事件的事后重建和恢复纳入危机应急管理体系中，合理规划区域内危机后重建过程中的资源配置问题，增强农村地区灾后长期性重建工作绩效的透明度。

第四节　中国农村水资源援助战略的运行机制

在中国的新农村建设中，发挥政府-市场-公众互动运行机制是实施中国农村水资源援助战略的重要途径[15,16]。而且有效发挥政府-市场-公众互动运行机制可以从水资源利用与水资源产业兴起、农村产业经济结构调整、民间资本投资效率提升等方面分步骤分阶段地提高中国农村经济发展的质量，而且能为中国农村贫困地区从开发式扶贫逐渐转向全民参与式扶贫提供有益参考。

（一）政府对市场和公众的引导性支持服务机制

在农村水资源援助过程中政府仍须做好市场的“守夜人”和公众利益的“看门人”。首先，政府改进现有的制度和规则保障农村居民用水权利，结合各流域内农村居民的水资源条件和用水能力，在全国范围内分区域试行设立相对分离的水权交易市场；其次，在流域范围内建立水环境损失理赔评估体系和水环境强制责任险，完善中国的排污费制度和农村居民的水资源生态补偿制度，制定清晰可靠的水资源管理考核追究机制，通过经济利益和政治收益确保流域水资源质量，实现水资源产品的保值；最后，加大财政支持力度促成科研部门和高校等非营利机构在污水治理技术和节水技术的产业化转变，并在农村地区着力培养专门技术应用人才，为水资源援助项目开展提供可持续的人力资源。

（二）市场对农村水资源的基础性配置机制

重视发展农村污水治理产业，通过在农村地区试行污水循环利用模式和污水风险管理模式，借助农村地区污水治理质量提高和农村地区中水使用范围扩张来提高农村污水可直接利用程度，以农村再生水满足城镇地区工业用水需求，满足周边农村区域灌溉用水需求，成为农村资源交易收入的新增长点。此外，为满足中国能源供需缺口，在农村因地制宜发展清洁能源，如水电、风电、太阳能电和生物质能电产业，支持清洁能源跨区域交易，可以在一定程度上降低传统能源生产如矿产开采对农村水生态的污染破坏，还可以增加农村家庭的资源性收入，包括以年金形式的水资源生态补偿和能源使用补助。

（三）民间团体对农村扶贫的公益性赞助机制

重视民间资本对农村基础设施的投资建设。首先，可以通过设计兼顾公益性和盈利性的农村水资源援助项目，吸引更多的非盈利组织和非政府组织、银行和风险投资机构等民间资本为污水治理技术公司、农业节水技术公司、水利基建公司和环境污染理赔机构注入资金，通过 BOT 模式（即“建设—运营—转让”模式）提高资金的使用效率和技术服务的质量；其次，允许民间组织赞助农村居民自主选择和购买治污、节水和小型基建服务，以提高技术服务的对区域的适应性。

第五节　中国农村水资源援助策略实施的对策建议

正如减贫需要通过制度性的国家扶贫战略，农村水资源问题需要通过水资源援助战略来缓解，而这一战略的推进需要综合考虑资源、产权、财政、技术、法律等多方面内容。

（一）完善农村水权市场，促进农村水价机制的形成

（1）从根本上消除立法模糊，从法律层面上保障农村水权，完善农村水权市场的法律保障制度，赋予农村地区充分的用水权利。

（2）在完善中国水权市场的同时，应考虑重构限额的农村水权交易制度，明确农业生产用水权力，保证农村水权的初始分配，建立水权“承包到户”的县—乡镇—村—农户四级水权分配体系。

（3）在农村积极宣传水资源所有权归属国家，明确树立取水须有偿的观点，便于水权交易思想萌芽。

（4）建立农村水资源使用登记制度，统计取水主体、取水量以及对剩余水量的处分权等详细内容，提高水资源的资产化管理水平，促进水权交易成形。

（5）明确农户用水定额，用水量低于定额的农户，享有优惠水价，用水协作组织可将剩余水权回购，并给予农户奖励；对超出定额的用水实行累进加价政策，诱导农户间水权交易。

（6）在法律及制度成熟的基础上，尝试建立“水权交易所”，用水地区和企业可在交易所内以现货和期货方式买卖水权。村级单位在水权交易所备案后，可建立农户联网水权交易平台，实现村内农户间的用水交易。

（7）继续推行终端水价制度，加快末级渠系节水设施的改造和计量设施的配套，实现由“按亩收费”到“按方收费”计量方式的转变，提高农户节水意识。

（8）政府应加大对末级供水工程的补助力度，实现政府和农户共担水价成本，对于农村低保户和特困户，应确立合适的入网减免制度以及水费优惠制度。

（二）坚持城乡统筹发展，促进城乡水务一体化管理

在新农村建设和新型城镇化发展的攻坚时刻，城乡水务一体化应在统筹城乡发展方面努力率先实现突破。

（1）在新型城镇化、工业化背景下，农村作为城市的生态经济协作区，应大力推动“城市反哺农村、工业反哺农业”战略，在统筹水源、城乡人口密度等因素下，从城镇辐射的周边农村开始，构建区域城乡供水和污废水处理联网体系，对已建工程改管扩建、从“点”到“网”、联网整合，实现城乡供排水系统一体化发展。

（2）城镇化过程中，要重视小城镇建设，紧密联系广大农村地区，重视城乡统筹规划，在规划中着重考虑供、排水等基础设施跨行政区域的共建共享。

（3）从水源头到水龙头，让农户享有城市同等便利服务。实现水网像电网式的管理模式，落实供水班组与村庄“一对一”负责制，负责水质和水压检测、供水时间、维修服务等管理一条龙服务，确保农户的公共服务质量。

（4）整合“多龙管水”，提高行政管理效率。精简水资源管理体系，收归分割的管理体制，坚持水务问题由地区行政首长直接管理，并将任务细化，上下级领导相互负责，成果纳入发展观的考核，将结果与进一步安排和领导干部任命直接挂钩，克服原来体制下的部门分裂和城乡管理脱节。

（三）开拓农田水利融资新途径，深化小型农田水利工程产权改革

（1）在新型融资政策下，金融机构应做好农田水利建设的支持工作，对现行的水利项目合理对接，创新具有农田水利特色的信贷产品，并纳入金融机构综合评价中，推广经营收益权质押贷款、垫付贷款等新兴信贷产品。

（2）水利部门联合金融机构建立联席工作制度，强化联动机制效果，建立以政府资金为主体的农田水利建设项目投资平台，对平台内的企业和项目优先提供贷款，创新实现网上平台对接。

（3）应将农田水利建设的信贷投入纳入金融机构的综合评价指标中，对涉农水建设的信贷效果进行追踪评价，引导金融机构加大农田水利贷款投放力度。

（4）深化小微型农田水利工程的产权改革，明确落实各方利益和责任，各地应因地制宜地出台相关配套政策文件，以保证改革后续制度建设，合理化解经营

者、用水农户以及社会间的利益冲突。

（5）积极探索小微型农田水利设施产权流转形式，对于跨村使用的、收益范围较广的水利设施，宜组建“农户用水协作组织”，由该用水组织管理和经营；对于村集体范围内的小微型工程，可以选择拍卖、承包的方式，同时应完善农田水利工程维护财政补贴制度；对于公益性较强的小型水库，应选择承包和租赁作为首选改革方法。

（四）关注农村饮用水安全和防洪抗旱问题，加强农村水安全能力建设

（1）中国农村水资源问题突出表现在农村居民饮用水安全和干旱洪涝灾害方面。对于多村集中供水地区，建立完善以水质检验为中心的检测体系；对于小型分散供水工程和单村供水工程，水质监测更值得关注，如组建车载便携式水质监测车，实现定时定点到农村进行水样监测，在可能爆发水质污染问题前，应做好水质不达标的紧急预案和防御措施。

（2）农村作为洪涝干旱等灾害的敏感区域，通过建立财政补贴、税收减免等政策扶持体系，增加农村现代水利设施体系资金投入，建立联动效应的财政资金投入增长机制。

（3）强化农村基层水利人才队伍建设，鼓励大学生深入水利基层，建立大学生“水官”体制，充实水利基层，对系统内人员“青黄不接”现象，建立长效的基层水利技术培训机制，注重基层人力资源建设。

（4）对于农村防洪区，应定期实现对病险水库进行除险加固及排涝站的建设，对于自然水资源短缺区域，大力发展高效节水灌溉技术，建立现代新型农田灌排体系，综合提高中国农村水资源安全能力建设。

（五）健全农村水资源补偿和生态补偿制度，保护农村生态环境

（1）将农村水资源补偿和生态补偿制度纳入国家扶贫战略和“三农”政策中，在国家层面上起到示范引导作用，并将其作为地方政府绩效评估的重要组成部分，增强地方政府推进制度发展的主动积极性。

（2）设立农村水资源补偿基金和生态补偿基金，实现由政府独资向“受益者付费”方式的转变。成立专门的城乡协调补偿机构，专项负责相关事宜，落实水资源补偿和生态补偿资金的管理和使用，实现城乡间的良性互动。可将补偿资金用于扶持农村道路、供水、通信等设施建设，以及提高教育、医疗等公共服务能力，解决用水难、就医难、上学难等问题。

（3）完善生活垃圾处理、厕所改造等基础设施，加快城乡污废水处理一体化发展脚步。设置流动型垃圾箱，落实“户清扫、组保洁、村收集、镇转运、县收

集”的运转模式，开启“清理+维护”的农村绿色生活模式。

（4）稳步推广农业面源污染治理技术，探索农业污染控制的奖惩制度。推广低残留、低毒的农药和有机化肥的使用，结合渠道防渗、喷灌、微灌等灌溉技术，降低农药化肥残留对水体的污染程度。

（5）在农村积极开展生态环境保护的专项活动，普及技术下乡活动，力求“专家驻点，一村一点”，将技术与农户需求紧密结合，提高农村居民的环保意识和专业技能。

（六）实事求是，因地制宜开展“瞄准式”水资源援助

根据课题组对中国农村水贫困的研究状况，将中国分为东北、华北、华东、中南、西南和西北 6 大片区，并瞄准 6 大片区农村水资源特点和现存问题，因地制宜地进行水资源援助策略的研究。东北地区表现为季节性缺水及地下水污染，应在水权初始配置中保障农业水权，建设多村联片的集中供水工程，稳步普及节水设施，发展节水农业，实现农村垃圾及污废水集中处理，改善农村生态环境。华北地区显著特点为资源型缺水，应加大南水北调东线和中线的工程调水力度，提高农村高污染、高耗水等限制性产业取得取水许可证的门槛，约束企业行为，节约用水。华东地区表现为水质型缺水，应重点开展规模性集中供水工程，增加水净化和消毒处理设施以及水质监测配套设施投入，作为研究试点，率先落实城乡水务和污废水处理体系一体化的发展要求。中南地区特点为农业面源污染严重，丘陵区供水设施简陋，应加强对农村饮用水水源的保护，推进“谁投资，谁管理，谁受益”的小型农村排涝水利设施改革。西南地区喀斯特地貌密布，工程型缺水严重，工作重点在于兴建小型蓄水工程，如水窖、水塘以及雨水集蓄工程，增加引、蓄、提农村水利设施资金投入，逐步落实“工程承包到户”的小型农田水利产权改革。西北地区为中国干旱、半干旱农牧区，资源型缺水严重，应提高政府对缺水区补贴扶持力度，兴建集中连片、规模供水工程，提高农村地区用水入户率和供水保证率，加强水利工程技术培训宣传，将水源地生态环境保护放在重要位置，落实中下游对上游地区的水资源补偿和生态补偿机制，有效控制农村水贫困与经济贫困交织恶化的局面。

（七）实施农村水资源援助战略，促进公众参与互动机制建设

建立公众参与机制不仅是实施农村水资源援助战略的需要，更是一个国家实现民主现代化的重要标志。公众参与机制是社会群众可以通过合理、公平的渠道对水资源问题，就政府的重要决策以及决议进行协商对话的机制，中国农村水资源援助战略的实施能否有效的运作很大程度上取决于公众参与机制。公众参与机

制在充分发挥公众的监督权和决策参与权的同时，应保障农户知情权、参与权、监督权，增强农户的责任感；促进建立强制性的信息披露制度保证农户的知情权，通过加强电子政务建设，通过举办研讨会、听证会等制度形式，提高农村水资源管理的透明度；引导和支持用水协作组织和村委会合理贯彻“一事一议”制度，合理听取农户评价意见；给予公众参与以立法保障，使农村水资源利用整体在农户的监督框架下，提高行政管理效率，对政府部门在水资源管理过程中的执法行为进行有效监督，使行政部门的工作更加合理化、规范化和透明化。公众参与机制在推进水资源决策科学化、民主化和透明化的过程中，充分实现农户的主人翁权力，实现了还水于民、还权于民和还利于民。

参 考 文 献

[1] 曹茜, 刘锐. 基于WPI模型的赣江流域水资源贫困评价. 资源科学, 2012, 34(7): 1306-1311.

[2] 陈莉, 石培基, 魏伟, 等. 干旱区内陆河流域水贫困时空分异研究——以石羊河为例. 资源科学, 2013, 35(7): 1373-1379.

[3] 孙才志, 董璐. 基于灾害学视角的中国农村水贫困测度. 中国人口・资源与环境, 2014, 24(3): 83-92.

[4] 侯俊东, 吕军, 尹伟峰. 农户经营行为对农村生态环境影响研究. 中国人口・资源与环境, 2012, 22(3): 26-31.

[5] 刘洋, 易红梅, 陈传波, 等. 村级水资源的管理与利用研究——来自南方四个村的案例分析. 中国人口・资源与环境, 2005, 15(2): 94-98.

[6] 杜威漩. 中国农业水资源管理制度创新研究. 杭州: 浙江大学, 2005.

[7] 刘德地, 陈晓宏. 一种区域用水量公平性的评估方法. 水科学进展, 2008, 19(2): 268-272.

[8] 曲红梅. 水资源需求管理制度研究. 杭州: 浙江大学, 2007.

[9] 李雪松, 夏怡冰, 张立. 中国水资源制度创新目标模式. 水利经济, 2012, (3): 1-5.

[10] 赵丹桂. 网络治理视角下的我国农村水资源管理问题研究. 开封: 河南大学, 2012.

[11] 刘序. 内江市农村微型水利工程建设中存在的问题及对策研究. 雅安: 四川农业大学, 2013.

[12] 张春玲, 阮本青, 刘云, 等. 论竞争性用水的经济补偿机制. 中国水利水电科学研究院学报, 2005, (3): 183-187.

[13] 谢燕飞. 水资源分配社会保障制度建立研究. 兰州: 甘肃农业大学, 2006.

[14] 孙才志, 杨俊, 王会. 面向小康社会的水资源安全保障体系研究. 中国地质大学学报, 2007, 7(1): 52-56, 62.

[15] 刘普. 中国水资源市场化制度研究. 武汉: 武汉大学, 2010.

[16] 张一鸣. 中国水资源利用法律制度研究. 重庆: 西南政法大学, 2015.